卓越工程师培养计划
▪ EDA ▪

基于 PROTEUS 的 电路设计、仿真与制板 （第 3 版）

范道尔吉 周润景 周杰 编著

U0243082

电子工業出版社·

Publishing House of Electronics Industry

北京·**BEIJING**

内 容 简 介

本书是基于 PROTEUS 8.15 版软件撰写的。本书以实际操作过程为主线,通过丰富的实例讲解,系统介绍 PROTEUS 软件的使用方法。本书共 16 章,内容包括 PROTEUS 软件概述、PROTEUS ISIS 原理图设计、PROTEUS VSM 的分析设置、音频功率放大器设计实例、数字电路设计实例、单片机应用设计实例、微处理器应用设计实例、DSP 应用设计实例、基于 PROTEUS 的 Arduino 可视化设计、基于 PROTEUS 的 IoT 设计、PCB 设计简介、创建元器件、元器件封装的制作、PCB 设计参数设置、PCB 布局及布线、PCB 后续处理及光绘文件的生成。

本书注重实用性,图文解析详细,语言通俗易懂,层次分明,易于掌握。本书既适合电子设计工程师自学参考,也可以作为高等院校相关专业或职业培训的教材。

图书在版编目(CIP)数据

基于 PROTEUS 的电路设计、仿真与制板 / 范道尔吉,周润景,周杰编著. -- 3 版. -- 北京 : 电子工业出版社,2024. 8. --(卓越工程师培养计划). -- ISBN 978-7-121-48575-6

Ⅰ. TN702

中国国家版本馆 CIP 数据核字第 202462RU75 号

责任编辑:张　剑(zhang@phei.com.cn)
印　　刷:三河市华成印务有限公司
装　　订:三河市华成印务有限公司
出版发行:电子工业出版社
　　　　　北京市海淀区万寿路 173 信箱　　邮编:100036
开　　本:787×1092　　1/16　　印张:33　　字数:845 千字
版　　次:2013 年 7 月第 1 版
　　　　　2024 年 8 月第 3 版
印　　次:2025 年 1 月第 3 次印刷
定　　价:99.00 元

凡所购买电子工业出版社图书有缺损问题,请向购买书店调换。若书店售缺,请与本社发行部联系,联系及邮购电话:(010)88254888,88258888。

质量投诉请发邮件至 zlts@phei.com.cn,盗版侵权举报请发邮件到 dbqq@phei.com.cn。

本书咨询联系方式:zhang@phei.com.cn。

前　言

随着电子技术的发展，电子设计技术也在不断进步。PROTEUS 虚拟开发仿真平台是一款集数字电路、模拟电路、微控制器系统仿真及印制电路板（PCB）设计等功能于一体的电子设计自动化（EDA）软件。PROTEUS 软件可以在计算机虚拟环境下完成电路的软/硬件设计与调试。这种设计方式允许设计者在原理图设计阶段验证电路并优化电路性能，而不必面临传统电子电路设计中方案更换所带来的烦琐、重复购买元器件和制作 PCB 的问题。因此，PROTEUS 软件可以节省时间和经费，提高设计的效率和质量，使电子设计更加便捷、高效和精准。

PROTEUS 软件是嵌入式系统领域最先进的开发工具之一，它具有功能强大、操作简易等特点。PROTEUS 软件提供了丰富的元件库和元器件，包括电阻、电容、二极管、晶体管、MOS 管、变压器、继电器、放大器、激励源、微控制器、逻辑电路和仪表等。在 PROTEUS 软件中，用户可以使用交/直流电压表、交/直流电流表、逻辑分析仪、定时器/计数器、液晶屏、LED、按钮、键盘等进行测试。此外，PROTEUS 软件还提供了图形化分析功能，包括直流工作点、瞬态特性、交/直流参数扫描、频率特性、傅里叶分析、失真分析、噪声分析等多种分析功能。同时，PROTEUS 软件还能将仿真曲线绘制成图表，以便进行数据分析和展示。总之，PROTEUS 软件提供了全面且丰富的工具和功能，可满足各种电子设计和仿真需求。

本书与第 2 版相比，软件界面进行了更新，新版内容是基于 PROTEUS 8.15 版软件进行编写的，与之前的 PROTEUS 8.5 版软件相比，此版本有很多新增功能，界面也有一些变化。其中所用到的联调软件，如 Keil μVision5 及 IAR EMBEDDED WORKBENCH for 8051 等，也是较新的版本。

本书对第 2 版的章节及内容进行了修正和补充，其中新增章节"基于 PROTEUS 的 IoT 设计"能够仿真基于 PlayKit UNO、Arduin Yun 和树莓派 3B+搭建的物联网节点设备，更好地与物联网相结合；合并了第 2 版中的第 14 章 PCB 布局和第 15 章 PCB 布线，改为第 15 章 "PCB 布局及布线"，对其中的内容进行了更新和简化，以便读者阅读。

本书基于 PROTEUS 8.15 版软件，通过实例讲解 PROTEUS 软件的操作，包括原理图输入、可视化设计、电路仿真、软件调试及系统协同仿真等。

本书分为 16 章，其主要内容如下：

第 1 章主要介绍 PROTEUS ISIS 编辑环境、PROTEUS ISIS 菜单栏及编辑窗口。

第 2 章主要介绍原理图的设计方法与步骤，其中包括查找、放置元器件，原理图连线及一些批量操作。

第 3 章主要介绍 PROTEUS VSM 的分析设置，其中包括信号源、图表和虚拟仪器等的使用方法。

第 4 章介绍一个模拟电路设计实例，即音频功率放大器的设计，主要包括直流稳压电源设计、音调控制电路、工频陷波器、前级放大电路、功率放大器等。

第 5 章主要介绍利用 PROTEUS 软件进行仿真的多个数字电路设计实例，包括 110 序列检测器、RAM 存储器、竞赛抢答器等。

第 6 章主要介绍单片机应用设计实例，包括信号发生器的设计、直流电动机控制模块的设计、步进电动机控制模块的设计等，其中还包括源代码的编辑、目标代码的生成、第三方编辑器和第三方 IDE 的使用、单片机系统的调试及系统仿真等基础知识。

第 7 章主要介绍微处理器应用设计实例，其中包括 8253 定时器/计数器的设计、基于 8279 键盘显示控制器的设计。

第 8 章主要介绍 DSP 应用设计实例，其中包括基于 TMS320F28027 的 I²C 总线读写设计、PID 温度控制器的设计。

第 9 章主要介绍基于 PROTEUS 的 Arduino 可视化设计，其中包括 Arduino 工程可视化设计的流程。本章增加了两个设计实例，以帮助读者更快地掌握设计方法。

第 10 章主要介绍基于 PROTEUS 的 IoT 设计，可以仿真基于 PlayKit UNO、Arduino Yun 和树莓派 3B+搭建的物联网节点设备，更好地实现软件与硬件相结合。

第 11 章主要介绍 PCB 设计基础知识，其中包括 PCB 设计的编辑环境、菜单栏、工具栏、PCB 设计流程的介绍等。

第 12 章主要介绍元器件的创建操作，根据元器件的不同类别，分别介绍各类元器件的制作过程，不仅包括元器件原理图符号的创建，还有仿真模型的设计。

第 13 章主要介绍元器件封装的制作，不仅介绍焊盘的分类、制作，而且举例介绍各种元器件封装的过程。

第 14 章主要介绍 PCB 的设计参数设置，不仅包括板层的参数及其他设置参数，而且有一些可以便于操作和简化绘制的批量操作。

第 15 章主要介绍 PCB 设计的布局及布线流程，包括布局布线规则，并结合实例进行细化讲解。

第 16 章主要介绍 PCB 后续处理及光绘文件的生成，包括铺铜及其他一些光绘文件的生成操作。

本书由范道尔吉、周润景、周杰编著，其中第 1～7 章由范道尔吉编写，第 8、9 章由周杰编写，其余由周润景编写。另外，参加本书编写的还有张红敏和周敬。

由于编著者水平有限，加之编写时间紧迫，书中可能存在不准确或遗漏的地方，欢迎广大读者批评指正。读者的建议和意见对于本书的改进非常重要，我们将虚心接受并进行修订，以提高本书的内容质量。再次感谢广大读者的支持和理解。

编著者

目　录

第1章　PROTEUS 软件概述 1

　1.1　PROTEUS 软件的构成 1

　1.2　PROTEUS ISIS 及 PROTEUS ARES 概述 1

　　1.2.1　PROTEUS ISIS 概述 1

　　1.2.2　PROTEUS ARES 概述 2

　1.3　PROTEUS ISIS 编辑环境 2

　1.4　PROTEUS ISIS 菜单栏介绍 6

　　1.4.1　主菜单栏 6

　　1.4.2　主工具栏 7

　　1.4.3　工具箱 8

　1.5　编辑窗口显示导航 9

　　1.5.1　缩放工具 9

　　1.5.2　改变显示中心 10

　1.6　编辑窗口的设置 10

　　1.6.1　编辑窗口的图纸 10

　　1.6.2　编辑窗口的点状栅格 11

　　1.6.3　编辑图形风格 13

　　1.6.4　文本编辑器的设置 15

　　1.6.5　设置系统运行环境 16

　　1.6.6　设置键盘快捷方式（Set Keyboard Mapping）.. 16

　　1.6.7　显示设置 18

　思考与练习 18

第2章　PROTEUS ISIS 原理图设计 19

　2.1　PROTEUS ISIS 原理图输入流程 19

　2.2　原理图的设计方法与步骤 20

　　2.2.1　创建新设计文档 20

　　2.2.2　设置工作环境 21

　　2.2.3　查找元器件 22

　　2.2.4　在 PROTEUS ISIS 编辑窗口中放置元器件 28

　　2.2.5　元器件的替换 31

　　2.2.6　元器件的选中、复制、粘贴、对齐操作 31

　　2.2.7　编辑元器件 34

2.2.8　原理图连线 35

2.2.9　脚本操作 37

2.2.10　建立网络表 38

2.2.11　原理图电气规则检测 39

2.2.12　存盘及报表输出 39

2.3　PROTEUS ISIS 添加、编辑、放置连接端子 40

2.3.1　添加连接端子 40

2.3.2　编辑连接端子 40

2.3.3　放置连接端子 41

思考与练习 43

第 3 章　PROTEUS VSM 的分析设置 44

3.1　PROTEUS ISIS 信号源 44

3.1.1　直流信号源（DC Generator） 45

3.1.2　正弦波信号源（SINE Generator） 47

3.1.3　模拟脉冲信号源（PULSE Generator） 48

3.1.4　指数脉冲信号源（EXP Generator） 50

3.1.5　单频率调频波信号源（SFFM Generator） 52

3.1.6　分段线性信号源（PWLIN Generator） 54

3.1.7　文件信号源（FILE Generator） 56

3.1.8　音频信号源（AUDIO Generator） 57

3.1.9　数字单稳态逻辑电平信号源（DSTATE Generator） 58

3.1.10　数字单边沿信号源（DEDGE Generator） 60

3.1.11　单周期数字脉冲信号源（DPULSE Generator） 61

3.1.12　数字时钟信号源（DCLOCK Generator） 63

3.1.13　数字模式信号源（DPATTERN Generator） 64

3.2　基于图表的分析 67

3.2.1　基于模拟分析图表的电路分析（Analogue） 67

3.2.2　基于数字分析图表的电路分析（Digital） 71

3.2.3　基于混合分析图表的电路分析（Mixed） 72

3.2.4　基于频率分析图表的电路分析（Frequency） 74

3.2.5　基于转移特性分析图表的电路分析（TRANSFER） 76

3.2.6　基于噪声分析图表的电路分析（NOISE） 77

3.2.7　基于失真分析图表的电路分析（DISTORTION） 79

3.2.8　基于傅里叶分析图表的电路分析（Fourier） 81

3.2.9　基于音频分析图表的电路分析（Audio） 83

3.2.10　基于交互式分析图表的电路分析（Interactive） 85

3.2.11　基于一致性分析图表的电路分析（CONFORMANCE） 86

3.2.12　基于直流扫描分析图表的电路分析（DC Sweep） 89

3.2.13　基于交流扫描分析图表的电路分析（AC Sweep） 91

3.3 虚拟仪器 93
  3.3.1 示波器（Oscilloscope）... 93
  3.3.2 逻辑分析仪（Logic Analyser）... 96
  3.3.3 定时器/计数器（Counter Timer）.. 97
  3.3.4 虚拟终端（Virtual Terminal）.. 100
  3.3.5 SPI 调试器（SPI Debugger）... 103
  3.3.6 I²C 调试器（I²C Debugger）.. 105
  3.3.7 信号发生器（Signal Generator）.. 106
  3.3.8 模式发生器（Pattern Generator）.. 107
  3.3.9 电压表和电流表 114
  3.3.10 功率表（WATTMETER）.. 115
3.4 探针 115
  3.4.1 电压探针 116
  3.4.2 电流探针 116
思考与练习 117

第 4 章 音频功率放大器设计实例 118
4.1 设计要求 118
4.2 音频功率放大器简介 118
4.3 直流稳压电源设计 119
  4.3.1 原理分析与设计 119
  4.3.2 计算机仿真分析 120
4.4 音调控制电路 124
  4.4.1 原理分析与设计 125
  4.4.2 计算机仿真分析 127
4.5 工频陷波器 131
  4.5.1 原理分析与设计 132
  4.5.2 计算机仿真分析 133
4.6 前级放大电路 138
  4.6.1 原理分析与设计 139
  4.6.2 计算机仿真分析 139
4.7 功率放大器 140
  4.7.1 原理分析与设计 140
  4.7.2 计算机仿真分析 142
4.8 电路整体的协调及仿真 145
  4.8.1 电路各组成部分的协调连接 145
  4.8.2 带通滤波器的加入 146
  4.8.3 计算机辅助设计与分析 147
  4.8.4 电路整体的计算机仿真分析与验证 149
思考与练习 151

第 5 章 数字电路设计实例 152

  5.1 110 序列检测器电路分析 152

    5.1.1 设计任务 152

    5.1.2 设计思路 152

    5.1.3 设计过程 152

    5.1.4 系统仿真 155

  5.2 RAM 存储器电路分析 157

    5.2.1 设计任务 157

    5.2.2 设计原理 157

    5.2.3 系统仿真 159

  5.3 竞赛抢答器电路分析——数字单周期脉冲信号源与数字分析 164

    5.3.1 设计任务 164

    5.3.2 设计原理 164

    5.3.3 系统仿真及电路分析 169

    5.3.4 利用灌电流和或非门设计竞赛抢答器 174

  思考与练习 177

第 6 章 单片机应用设计实例 178

  6.1 信号发生器的设计 178

    6.1.1 设计要求 178

    6.1.2 设计原理 178

    6.1.3 汇编语言程序设计流程 182

    6.1.4 单片机的汇编语言程序源代码 184

    6.1.5 单片机的 C 语言程序源代码 188

    6.1.6 系统仿真 192

  6.2 直流电动机控制模块的设计 195

    6.2.1 设计要求 195

    6.2.2 设计原理 195

    6.2.3 程序设计流程 198

    6.2.4 ADC0808 的汇编语言程序源代码 199

    6.2.5 基础操作 200

    6.2.6 电路调试与仿真 203

  6.3 步进电动机控制模块的设计 220

    6.3.1 设计要求 220

    6.3.2 设计原理 220

    6.3.3 汇编语言程序设计流程 224

    6.3.4 步进电动机的汇编语言程序源代码 224

    6.3.5 系统调试及仿真 225

  6.4 温度采集与显示控制模块的设计 229

    6.4.1 设计要求 229

6.4.2　总体设计方案 229
6.4.3　设计原理 230
6.4.4　系统软件设计部分 236
6.5　PROTEUS 软件与 Keil 联调的应用 247
6.5.1　学习目的 248
6.5.2　学习任务 248
6.5.3　学习要求 249
6.5.4　Keil 的 μVision5 集成开发环境的使用 249
6.5.5　PROTEUS 软件与 Keil 的整合 262
6.5.6　进行 PROTEUS 软件与 Keil 的联调 263
6.6　PROTEUS 与 IAR EMBEDDED WORKBENCH 的联调应用 269
6.6.1　IAR EMBEDDED WORKBENCH 开发环境的使用 271
6.6.2　PROTEUS 软件与 IAR FOR 8051 的联调 285
思考与练习 289

第7章　微处理器应用设计实例 290
7.1　8253 定时器/计数器的设计 290
7.1.1　设计要求 290
7.1.2　设计原理 290
7.1.3　硬件设计 296
7.1.4　软件实现 298
7.1.5　系统仿真 299
7.2　基于 8279 键盘显示控制器的设计 302
7.2.1　设计要求 302
7.2.2　设计原理 302
7.2.3　硬件设计 305
7.2.4　软件实现 307
7.2.5　系统仿真 312
思考与练习 314

第8章　DSP 应用设计实例 315
8.1　基于 TMS320F28027 的 I^2C 总线读写设计 315
8.1.1　设计要求 315
8.1.2　设计原理 315
8.1.3　硬件设计 319
8.1.4　软件实现 320
8.1.5　系统仿真 323
8.2　PID 温度控制器的设计 325
8.2.1　设计要求 325
8.2.2　设计原理 325

8.2.3　硬件设计 327

8.2.4　软件实现 328

8.2.5　系统仿真 334

思考与练习 335

第 9 章　基于 PROTEUS 的 Arduino 可视化设计 336

9.1　可视化设计简介 336

9.1.1　概述 336

9.1.2　可视化设计的优点 337

9.1.3　传统单片机设计与可视化设计的区别 337

9.2　Arduino 工程可视化设计的编辑环境与设计流程 340

9.2.1　PROTEUS Visual Designer 概要 340

9.2.2　编辑环境的介绍 340

9.2.3　Arduino 工程可视化设计流程 345

9.3　基于可视化设计的数控稳压电源的设计与开发 351

9.3.1　数控稳压电源的设计任务 352

9.3.2　数控稳压电源系统方案 352

9.3.3　硬件设计与软件设计的可视化呼应 352

思考与练习 359

第 10 章　基于 PROTEUS 的 IoT 设计 360

10.1　IoT 设计简介 360

10.1.1　概述 360

10.1.2　PROTEUS IoT Builder 的特点 362

10.2　智能宠物屋设计 363

10.2.1　智能宠物屋原理图设计 363

10.2.2　智能宠物屋前面板设计 366

10.2.3　宠物屋流程图设计 371

10.3　智能宠物屋硬件电路调试 374

10.4　基于树莓派的 IoT 设计 376

10.4.1　树莓派简介 376

10.4.2　树莓派天气预报的 Python 设计 376

10.4.3　基于树莓派的闪烁 LED 设计 378

10.4.4　基于树莓派的可调 RGB 灯光设计 382

思考与练习 384

第 11 章　PCB 设计简介 385

11.1　PCB 设计环境简介 385

11.2　PROTEUS ARES 编辑环境 385

11.2.1　PROTEUS ARES 菜单栏介绍 386

11.2.2　PROTEUS ARES 工具栏 ……………………………………………………… 387

　　　11.2.3　PCB 设计流程 …………………………………………………………………… 388

11.3　PCB 板层结构介绍 …………………………………………………………………… 389

思考与练习 …………………………………………………………………………………… 389

第 12 章　创建元器件 …………………………………………………………………………… 390

12.1　概述 ……………………………………………………………………………………… 390

　　　12.1.1　PROTEUS 元器件类型 ……………………………………………………………… 390

　　　12.1.2　定制自己的元器件 ………………………………………………………………… 391

　　　12.1.3　制作元器件命令、按钮 …………………………………………………………… 391

　　　12.1.4　原理图介绍 ………………………………………………………………………… 392

12.2　自定义元器件符号 ……………………………………………………………………… 393

　　　12.2.1　制作单一元器件 …………………………………………………………………… 393

　　　12.2.2　制作同类多组件元器件 …………………………………………………………… 414

　　　12.2.3　把库中的元器件改成.bus 接口的元器件 ………………………………………… 422

　　　12.2.4　制作模块元器件 …………………………………………………………………… 429

12.3　检查元器件的封装属性 ………………………………………………………………… 434

12.4　完善原理图 ……………………………………………………………………………… 435

12.5　原理图的后续处理 ……………………………………………………………………… 436

思考与练习 …………………………………………………………………………………… 437

第 13 章　元器件封装的制作 …………………………………………………………………… 438

13.1　基本概念 ………………………………………………………………………………… 438

　　　13.1.1　元器件封装的具体形式 …………………………………………………………… 438

　　　13.1.2　元器件封装的命名 ………………………………………………………………… 440

　　　13.1.3　焊盘的介绍 ………………………………………………………………………… 440

　　　13.1.4　与封装有关的其他对象 …………………………………………………………… 445

　　　13.1.5　设计单位说明 ……………………………………………………………………… 445

13.2　元器件的封装 …………………………………………………………………………… 445

　　　13.2.1　插入式元器件封装 ………………………………………………………………… 446

　　　13.2.2　贴片式元器件封装的制作 ………………………………………………………… 458

　　　13.2.3　指定元器件封装 …………………………………………………………………… 463

思考与练习 …………………………………………………………………………………… 467

第 14 章　PCB 设计参数设置 …………………………………………………………………… 468

14.1　概述 ……………………………………………………………………………………… 468

14.2　设置电路板的工作层 …………………………………………………………………… 468

　　　14.2.1　电路板的层介绍 …………………………………………………………………… 468

　　　14.2.2　设置设计规则管理器 ……………………………………………………………… 469

　　　14.2.3　设置层的颜色 ……………………………………………………………………… 470

14.2.4　定义板层对 471
14.3　栅格设置 471
14.4　路径设置 472
14.5　批量操作设置 472
14.6　编辑环境设置 474
14.6.1　环境设置 474
14.6.2　编辑界面的缩放 475
14.6.3　编辑器界面的其他设置 475
思考与练习 476

第 15 章　PCB 布局及布线 477
15.1　概述 477
15.2　布局应遵守的原则 477
15.3　自动布局 478
15.4　手动布局 481
15.5　调整文字 485
15.6　布线的基本规则 486
15.7　设置约束规则 487
15.8　手动布线及自动布线 489
15.8.1　手动布线 489
15.8.2　自动布线 493
15.8.3　交互式布线 496
15.8.4　手动布线与自动布线相结合 498
思考与练习 505

第 16 章　PCB 后续处理及光绘文件的生成 506
16.1　铺铜 506
16.1.1　底层铺铜 506
16.1.2　顶层铺铜 507
16.2　输出光绘文件 508
16.2.1　输出光绘文件为 RS274X 形式 509
16.2.2　输出光绘文件为 Gerter X2 形式 514
思考与练习 515

参考文献 516

第 1 章　PROTEUS 软件概述

PROTEUS 软件是由英国 LabCenter Electronics 公司开发的，包括单片机、嵌入式系统的 EDA 软件，主要由 PROTEUS ISIS 和 PROTEUS ARES 两个软件构成，其中 PROTEUS ISIS 是一款便捷的电子系统仿真平台软件，PROTEUS ARES 是一款高级的布线编辑软件。该软件还集成了高级原理布图、混合模式 SPICE 电路仿真、PCB 设计及自动布线等功能，以实现一个完整的电子设计过程。

 ## 1.1　PROTEUS 软件的构成

PROTEUS 软件主要由 PROTEUS ISIS（电路设计与仿真平台）、PROSPICE（混合模式仿真器）、PROTEUS VSM（嵌入式仿真）和 PROTEUS ARES（PCB 设计）构成。其中各个部分的主要作用如下。

（1）PROTEUS ISIS：用于电路设计，可以绘制原理图、仿真电路，进行网络分析、布局打印等。

（2）PROSPICE：它是一个完全兼容 SPICE（模型仿真）标准的仿真器，支持使用 SPICE 语言描述的电路模型和元器件，并能够进行各种精确的电路分析，如直流分析、交流分析、暂态分析等。

（3）PROTEUS VSM：允许用户在 PROTEUS 环境中进行嵌入式系统的仿真，包括单片机、传感器、执行器等硬件设备。用户可以将其电路连接到虚拟的嵌入式系统中，对整个系统进行仿真和测试。

（4）PROTEUS ARES：用于电路布局和自动布线，可以将在 PROTEUS ISIS 上进行原理图设计的电路直接导入 PROTEUS ARES 中进行电路布局。

PROTEUS 软件可以实现从原理图设计到仿真验证再到 PCB 制作的一整套设计流程，为用户提供了完整的电子电路设计流程。

 ## 1.2　PROTEUS ISIS 及 PROTEUS ARES 概述

1.2.1　PROTEUS ISIS 概述

通过 PROTEUS 软件的 PROTEUS VSM（虚拟仿真技术），用户可以对模拟电路、数字电路、模数混合电路，以及基于微控制器的系统连同所有外围接口电子器件一起仿真。

PROTEUS VSM 有两种截然不同的仿真方式：交互式仿真和基于图标的仿真。其中交互式仿真可实时观测电路的输出，因此可用于检验设计的电路是否能正常工作，而基于图表的仿真能够在仿真过程中放大一些特别的部分，进行一些细节上的分析，因此基于图表的仿真可用于研究电路的工作状态和进行细节的测量。

PROTEUS 软件的模拟仿真直接兼容厂商的 SPICE 模型，采用扩充了的 SPICE3F5 电路仿真模型，能够记录基于图表的频率特性、直流电的传输特性、参数的扫描、噪声的分析、傅里叶分析等，具有超过 8000 种的电路仿真模型。

PROTEUS 软件的数字仿真支持 JDEC 文件的物理器件仿真，有全系列的 TTL 和 CMOS 数字电路仿真模型，同时一致性分析易于系统的自动测试。PROTEUS 软件支持许多通用的微控制器，如 PIC、AVR、HC11 及 8051；包含强大的调试工具，可对寄存器、存储器实时监测；具有断点调试功能及单步调试功能；对显示器、按钮、键盘等外部设备可以进行交互可视化仿真。此外，PROTEUS 软件可对 IAR C-SPY、Keil μVision3 等开发工具的源程序进行调试，可与 Keil、IAR 实现联调。

对于 PROTEUS ISIS 设计，PROTEUS 8.15 中的新增功能包括：

- 引入了模拟混合信号仿真功能，允许用户在同一个设计中同时进行模拟和数字信号的仿真。这对于需要在同一环境中验证模拟和数字部分的交互作用的设计非常有用。
- 提供了快速导入 SPICE 模型的功能，使用户能够更轻松地将现有的 SPICE 模型集成到 PROTEUS 中进行仿真和分析。
- 扩展了对器件引脚数量的支持，可以处理具有 64 个及以上引脚的元器件。
- 引入了与云服务的集成，允许用户将其项目和设计存储在云端，并与团队成员共享。

1.2.2　PROTEUS ARES 概述

PROTEUS ARES PCB 的设计采用了原 32 位数据库的高性能 PCB 设计系统，以及高性能的自动布局和自动布线算法；支持 16 个布线层、2 个丝网印刷层、4 个机械层，加上线路板边界层、布线禁止层、阻焊层；可以在任意角度放置元器件和焊盘连线；支持光绘文件的生成；具有自动的门交换功能；集成了高度智能的布线算法；有 1000 个以上标准的元器件引脚封装；支持输出到各种 Windows 设备上；可以导出其他线路板设计工具的文件格式；能自动插入最近打开的文档；元器件可以自动放置。

对于 PROTEUS ARES 设计，PROTEUS 8.15 中的新增功能包括：

- 在 ARES PCB 设计环境中改进了自动布线功能，可以提供更智能和更高效的布线算法。
- 改进了阻抗控制和阻抗匹配功能，使用户能够更准确地控制电路板上的信号阻抗，并进行阻抗匹配。这对于高频电路设计和保持信号完整性非常关键。
- 增强了信号完整性分析工具，使用户能够更全面地评估信号传输过程中的时序、延迟、噪声等参数。这有助于提高电路板的性能和可靠性。
- 引入了 3D PCB 视觉化功能，允许用户以三维形式查看和分析设计的电路板。

1.3　PROTEUS ISIS 编辑环境

PROTEUS 电路设计是在 PROTEUS ISIS 编辑环境中进行绘制的。PROTEUS ISIS 编辑环境具有友好的人机交互界面，而且设计功能强大，使用方便，易于上手。

PROTEUS ISIS 编辑环境可运行在 Windows Pe/2000/XP/7 及更高版本的操作系统上，其对计算机的配置要求不高，一般的配置就能满足要求。

单击"开始"菜单，选择"Proteus 8 Professional"，在出现的子菜单中选择"Proteus 8 Professional"选项，如图 1-1 所示。PROTEUS ISIS 编辑环境启动界面如图 1-2 所示。

图 1-1　选择"Proteus 8 Professional"选项　　　　图 1-2　PROTEUS ISIS 编辑环境启动界面

创建新项目，如图 1-3 所示。

图 1-3　在 PROTEUS ISIS 编辑环境中创建新项目

在创建新项目向导的第一页指定一个项目名称和保存路径，如图 1-4 所示。

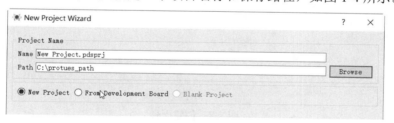

图 1-4　指定项目名称和保存路径

如果需要进行 PCB 设计，则选择默认的原理图设计模板，如图 1-5 所示。

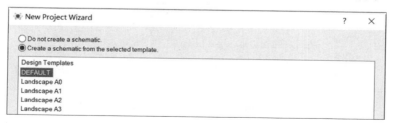

图 1-5　创建原理图设计模板

单击"Next"按钮，同样地，我们需要一个便于检查的 PCB 的布局页面，选择默认的模板，如图 1-6 所示。

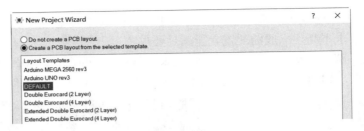

图 1-6   创建 PCB 布局模板

单击"Next"按钮，出现 PCB 图层的类型、材料及厚度等信息的界面，如图 1-7 所示。

图 1-7   PCB 图层信息

接着连续单击"Next"按钮，出现创建固件的界面，如图 1-8 所示。

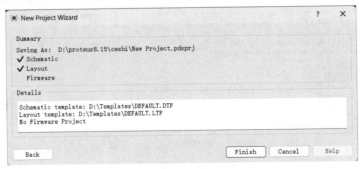

图 1-8   创建固件

我们不是模拟设计，因此对创建固件的界面不进行修改，继续单击"Next"按钮，出现我们创建的项目的简要说明，如图 1-9 所示。

图 1-9   项目的简要说明

单击"Finish"按钮，完成项目创建。该项目打开后有两个工程界面，一个是原理图编辑界面，另一个是 PCB 布局界面，单击"Schematic Capture"选项卡，将原理图编辑置于前台，如图 1-10 所示。

图 1-10　"Schematic Capture"选项卡

之后系统进入 PROTEUS ISIS 编辑环境，如图 1-11 所示。

图 1-11　PROTEUS ISIS 编辑环境

编辑窗口用于放置元器件、进行连线、绘制原理图、仿真及自建元器件模型等。预览窗口通常用来显示全部原理图。蓝框表示当前页的边界，电路设计须在框内完成，绿框表示当前编辑窗口显示的区域。当从对象选择器中选中一个新的对象时，预览窗口将预览选中的对象。

1.4　PROTEUS ISIS 菜单栏介绍

1.4.1　主菜单栏

PROTEUS ISIS 的主菜单栏包括 File（文件）、Edit（编辑）、View（视图）、Tool（工具）、Design（设计）、Graph（绘图）、Debug（调试）、Library（库）、Template（模板）、System（系统）、Help（帮助），如图 1-12 所示。

图 1-12　PROTEUS ISIS 的主菜单和主工具栏

- **File** 菜单：包括新建设计、打开设计、保存设计、导入/导出文件等功能，也可以用于打印、显示设计文档，以及退出 PROTEUS ISIS 系统等。
- **Edit** 菜单：包括撤销/恢复操作、查找与编辑元器件、选择所有对象、剪切、复制、粘贴对象，以及设置多个对象的层叠关系等功能。
- **View** 菜单：包括重新生成电路图、是否显示网格、设置原点、设置 X 轴光标、设置格点间距、缩放电路图及显示与隐藏各种工具栏等功能。
- **Tool** 菜单：包括自动布线、查找并标记、属性分配工具、全局注解、导入文本数据、元器件清单、电气规则检查、编译模型等功能。
- **Design** 菜单：具有编辑设计属性，编辑原理图属性，编辑设计说明，配置电源，新建、删除原理图，在层次原理图中总图与子图及各子图之间相互跳转，设计目录管理等功能。
- **Graph** 菜单：具有编辑仿真图形，添加仿真曲线、仿真图形，查看日志，导出数据，清除数据，检查图形，检查文件等功能。
- **Debug** 菜单：包括启动调试；暂停仿真；停止仿真；执行仿真；执行下一条指令；执行下一条源代码指令；程序一直执行，直到当前的子程序返回；程序一直执行，直到程序到达当前行；单步运行；断点设置和重新排布弹出窗口等功能。
- **Library** 菜单：具有选择元器件及符号、制作元器件及符号、设置封装、分解元器件、导入 BSDL、编译库、自动放置库、校验封装和调用库管理器等功能。
- **Template** 菜单：包括设置原稿、设计颜色、图像格式、文本格式、2D 图形默认值、连接点、应用模板格式和把设计保存为模板等功能。
- **System** 菜单：包括设置系统环境、文本格式、显示、键盘、性能、图纸尺寸、文本样式、动画、仿真参数及恢复默认设置等功能。
- **Help** 菜单：包括版权信息、PROTEUS ISIS 学习教程和示例等。

1.4.2 主工具栏

PROTEUS ISIS 的主工具栏位于主菜单下面两行，各菜单命令均以按钮的形式给出，包括 File 工具栏、View 工具栏、Edit 工具栏和 Design 工具栏四个部分。工具栏中每一个按钮都对应一个具体的菜单命令，主要是让用户可以快捷方便地使用命令。主工具栏按钮功能如表 1-1 所示。

表 1-1 主工具栏按钮功能

按　钮	对　应　菜　单	功　　能
	File→New Project	新建项目
	File→Open Project	打开项目
	File→Save Project	保存项目
	File→Close Project	关闭项目
	Home Page	打开主页
	Schematic Capture	原理图输入
	PCB Layout	PCB 布局
	3D Visualizer	3D 观察器
	Gerber Viewer	PCB 板观察器
	Bill of Materials	材料清单
	Source Code	源文件菜单
	Project Notes	工程说明
	Overview	概述
	Design Explorer	设计资源管理器
	View→Redraw Display	刷新
	View→Toggle Grid	栅格开关
	View→Toggle false origin	原点
	View→Center At Cursor	选择显示中心
	View→Zoom In	放大
	View→Zoom out	缩小
	View→Zoom To View Entire Sheet	显示全部
	View→Zoom To Area	缩放一个区域
	Edit→Undo	撤销
	Edit→Redo	恢复
	Edit→Cut To Clipboard	剪切
	Edit→Copy To Clipboard	复制
	Edit→Paste To Clipboard	粘贴

按　钮	对　应　菜　单	功　　能
	Block Copy	（块）复制
	Block Move	（块）移动
	Block Rotate	（块）旋转
	Block Delete	（块）删除
	Library→Pick Parts From Libraries	拾取元器件或符号
	Library→Make Device	制作元器件
	Library→Packaging Tool	封装工具
	Library→Decompose	分解元器件
	Tool→Wire Auto Router	自动布线器
	Tools→Search and Tag	查找并标记
	Tools→Property Assignment Tool	属性分配工具
	Design→New Sheet	新建图纸
	Design→Remove Sheet	移去图纸
	Exit to Parent Sheet	转到主原理图
	Tools→Electrical Rule Check	生成电气规则检查报告

1.4.3　工具箱

PROTEUS ISIS 的工具箱位于软件界面左侧部分，各菜单命令也都是以按钮的形式给出的，包括 Selection Mode 按钮、Component Mode 按钮、Junction Dot Mode 按钮和 Wire Lable Mode 按钮等。工具箱中每一个按钮都有自己对应的功能，各个按钮的功能如下所示。

Selection Mode 按钮：选择模式，可以单击任意元器件并编辑元器件的属性。

Component Mode 按钮：拾取元器件。

Junction Dot Mode 按钮：放置节点，可在原理图中标注连接点。

Wire Lable Mode 按钮：标注线段或网络名。

Text Script Mode 按钮：输入文本。

Buses Mode 按钮：绘制总线和总线分支。

Subcircuit Mode 按钮：绘制电子块。

Terminals Mode 按钮：在对象选择器中列出各种终端（输入、输出、电源和地等）。

Device Pins Mode 按钮：在对象选择器中列出各种引脚（如普通引脚、时钟引脚、反电压引脚和短接引脚等）。

Graph Mode 按钮：在对象选择器中列出各种仿真分析所需的图表（如模拟图表、数字图表、混合图表和噪声图表等）。

Active Popup Mode 按钮：对设计电路分割仿真时采用此模式。

Generator Mode 按钮：在对象选择器中列出各种激励源（如正弦激励源、脉冲激励源、指数激励源和 FILE 激励源等）。

Probe Mode 按钮：在原理图中添加探针（如电压探针和电流探针）。

Virtual Instruments Mode 按钮：在对象选择器中列出各种虚拟仪器（如示波器、逻辑分析仪、定时器/计数器和模式发生器等）。

除上述按钮外，系统还提供了 2D 图形模式按钮，可供画线、画弧等，具体如下。

2D Graphics Line Mode 按钮：直线图标，用于创建元器件或表示图表时画线。

2D Graphics Box Mode 按钮：方框图标，用于创建元器件或表示图表时绘制方框。

2D Graphics Circle Mode 按钮：圆图标，用于创建元器件或表示图表时画圆。

2D Graphics Arc Mode 按钮：弧线图标，用于创建元器件或表示图表时绘制弧线。

2D Graphics Closed Path Mode 按钮：任意形状图标，用于创建元器件或表示图表时绘制任意形状图标。

A 2D Graphics Text Mode 按钮：文本编辑图标，用于插入各种文字说明。

2D Graphics Symbols Mode 按钮：符号图标，用于选择各种符号图标。

2D Graphics Markers Mode 按钮：标记图标，用于产生各种标记图标。

对于具有方向性的对象，系统还提供了各种旋转按钮（需要选中对象），具体如下。

Rotate Clockwise 按钮：顺时针方向旋转按钮，以 90° 偏置顺时针改变元器件的放置方向。

Rotate Anti-clockwish 按钮：逆时针方向旋转按钮，以 90° 偏置逆时针改变元器件的放置方向。

X-mirror 按钮：水平镜像旋转按钮，以 Y 轴为对称轴，按 180° 偏置旋转元器件。

Y- mirror 按钮：垂直镜像旋转按钮，以 X 轴为对称轴，按 180° 偏置旋转元器件。

1.5　编辑窗口显示导航

PROTEUS ISIS 提供了两种编辑窗口显示导航工具：缩放（Zooming）工具与改变显示中心（Center At Cursor）工具。其中缩放工具用于调整原理图的显示范围，而改变显示中心工具用于调整图页的显示区域。

1.5.1　缩放工具

PROTEUS ISIS 中提供了多种放大与缩小原理图的方式。

- 使用鼠标滚轮缩放原理图（向前滚动滚轮将放大原理图；向后滚动滚轮将缩小原理图）。
- 使用功能键缩放原理图（将鼠标指向想要进行缩放的部分，并按下放大功能键 F6 或缩小功能键 F7，编辑窗口将以鼠标指针的位置为中心重新显示）。
- 按住 Shift 键，用鼠标左键将期望放大的部分选中，此时选中的部分将会被放大（鼠标可在编辑窗口操作，也可在预览窗口操作）。
- 使用工具栏中的 Zoom In（放大）、Zoom Out（缩小）、Zoom All（显示全部）或 Zoom Area（缩放一个区域）图标缩放编辑窗口。工具栏缩放工具如图 1-13 所示。

图 1-13　工具栏缩放工具

F8 键为 Zoom All 的快捷键。按下 F8 键，PROTEUS 软件将显示整张电路原理图。

1.5.2　改变显示中心

与缩放功能一样，PROTEUS ISIS 中也提供了多种改变编辑窗口显示中心的方式。

- 在编辑窗口按住滚轮不放，同时移动鼠标，此时编辑窗口的显示中心将随着鼠标的移动而移动。当出现期望显示的部分，单击鼠标左键，编辑窗口将显示期望显示的部分。
- 将鼠标放置在期望显示的部分，按下 F5 键，编辑窗口将显示期望显示的部分。
- 在编辑窗口中按下 Shift 键，用鼠标"撞击"边框，可改变编辑窗口的显示中心。
- 在预览窗口的期望显示部分单击鼠标左键，即可改变编辑窗口的显示中心。
- 使用工具栏中的 Center At Cursor（改变显示中心）按钮改变显示中心。工具栏改变显示中心工具如图 1-14 所示。

图 1-14　工具栏改变显示中心工具

1.6　编辑窗口的设置

1.6.1　编辑窗口的图纸

在绘制电路时，首先须按照电路的大小选择图纸，PROTEUS ISIS 中提供了图纸选项。

单击"System"→"Set Sheet Sizes"，将出现如图 1-15 所示的对话框。

对于各种不同应用场合的电路设计，图纸的大小也不一样。系统默认图纸大小为 A4，如果用户要将图纸大小更

图 1-15　设置图纸大小

改成标准 A3 大小，则将 A3 的复选框选中，单击"OK"按钮确认即可。

系统提供的图纸样式有以下几种：

- 美制：A0、A1、A2、A3、A4，其中 A4 最小。
- 用户自定义：User。

1.6.2　编辑窗口的点状栅格

在设计电路图时，图纸上的点状栅格为放置元器件和连接线路带来了很大帮助，也使电路图中元器件的对齐、排列更加方便。

1. 点状栅格的显示与隐藏设置

单击"View"→"Toggle Grid"（快捷键为 G），设置窗口中点状栅格的显示与隐藏。点状格栅的显示与隐藏如图 1-16 所示。

（a）显示点状栅格

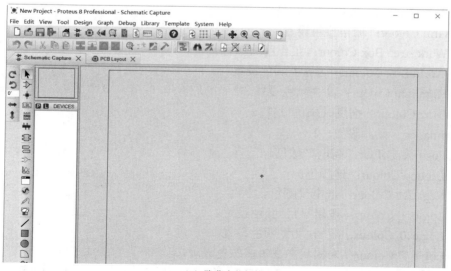

（b）隐藏点状栅格

图 1-16　点状栅格的显示与隐藏

单击工具栏中的 Toggle Grid 图标（见图 1-17）也可实现对点状栅格的操作。

图 1-17　Toggle Grid 图标

2. 点状栅格的颜色设置

"Set Design Colours" 选项如图 1-18 所示。单击 "Template" → "Set Design Colours"，将弹出 "Edit Design Defaults"（编辑设计默认选项）对话框，如图 1-19 所示。

图 1-18　"Set Design Colours" 选项

图 1-19　"Edit Design Defaults" 对话框

下面具体介绍其中的功能。

- Colour：颜色设置。
  - Paper Colour：图纸颜色设置。
  - Grid Colour：栅格颜色设置。
  - Work Area Box Colour：工作区框颜色设置。
  - World Box Colour：边界框颜色设置。
  - Highlight Colour：高亮颜色设置。
  - Drag Colour：拖曳时颜色设置。
- Animation：动画设置。
  - Positive Colour：高电平颜色。
  - Ground Colour：地颜色。
  - Negative Colour：低电平颜色。
  - Logic '1' Colour：逻辑 '1' 颜色设置。
  - Logic '0' Colour：逻辑 '0' 颜色设置。
  - Logic '?' Colour：未知状态逻辑值颜色设置。

这里主要设置栅格颜色，单击 "Grid Colour" 选项的下拉按钮，将弹出调色板，如图 1-20 所示。

图 1-20　点状栅格的颜色设置界面

用户可以选择期望的颜色，单击"OK"按钮即可改变点状栅格的颜色。

通过上述对话框可将图纸颜色、工作区框颜色、边界框颜色、高亮颜色、拖曳时颜色等按用户期望的颜色进行设置。同理，也可对 Graph Colour Configuration（图形颜色配置）中的 Analogue Traces（模拟跟踪曲线）、不同类型的 Digital Traces（数字跟踪曲线）等进行设置，如图 1-21 所示。

图 1-21　图形颜色配置

1.6.3　编辑图形风格

图形的轮廓、填充色及线宽等也可以根据用户的需要进行设置，具体操作如下所述。单击"Template"→"Set Graphics Styles"，即可编辑图形风格，如图 1-22 所示。

图 1-22　编辑图形风格

使用这一对话框可以编辑图形风格，如线型、线宽、线的颜色及图形的填充色等。在

"Style"选项的下拉菜单中可选择不同的系统图形风格。单击"New"按钮，将弹出如图 1-23 所示的对话框。

用户在"New style's name"栏中输入新的风格的名称，如 peal，并单击"OK"按钮，将出现如图 1-24 所示的对话框。

图 1-23　创建新的图形风格对话框　　　　　图 1-24　设置新的图形风格

在这一对话框中，用户可自定义图形风格，如颜色、线型等。

（1）单击"Template"→"Set Text Styles"，可以编辑全局字体风格，如图 1-25 所示。

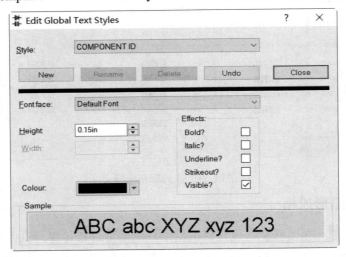

图 1-25　编辑全局字体风格

单击打开"Font face"的下拉列表，可从中选择期望的字体，还可设置字体的高度、颜色，以及是否加粗、倾斜、加下划线等。在"Sample"区域可以预览更改设置后的字体风格。

同理，单击"New"按钮可创建新的图形文本风格。

（2）单击"Template"→"Set 2D Graphics Defaults"，可以编辑图形字体格式，如图 1-26 所示。

出现这一对话框后，可在"Font face"中选择图形文本的字体类型，在"Text Justification"选择区域可选择字体在文本框中的水平位置、垂直位置，在"Effects"选择区域可选择字体的效果，如加粗、倾斜、加下划线等，而在"Character Sizes"设置区域可以设置字体的高度和宽度。

（3）单击"Template"→"Set Junction dots"，可以编辑交点，如图 1-27 所示。

图 1-26　编辑图形字体格式

图 1-27　编辑交点

在其中可以设置电路图中交叉连接线路交点的大小及其形状，各参数设置完成后单击"OK"按钮，即可完成对交点的设置。

　　模板的改变只影响到当前运行的 PROTEUS ISIS，尽管这些模板有可能被保存并且在别的设计中调用。为了使下次开始一个设计的时候这个改变依然有效，用户必须用保存为默认模板的命令去更新默认的模板，这个命令用"Template"→"Save Design as Template"菜单命令进行调用。

1.6.4　文本编辑器的设置

单击"System"→"Set Text Editor"，将出现如图 1-28 所示的对话框。

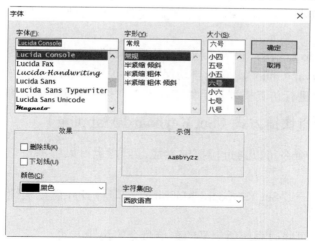

图 1-28　设置文本格式

该对话框可以对文本的字体、字形、大小、效果、颜色等进行设置。

1.6.5   设置系统运行环境

单击"System"→"System Settings"，即可打开系统环境设置对话框，如图 1-29 所示。

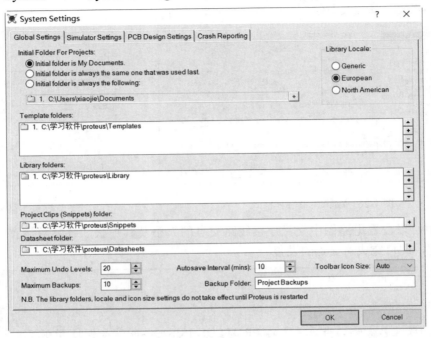

图 1-29   系统环境设置对话框

其中的各选项卡含义如下。

- Global Settings：全局设置。
- Simulator Settings：仿真器设置。
- PCB Design Settings：PCB 设计的设置。
- Crash Reporting：崩溃报告。

在全局设置中可进行初始工程文件、模板文件、库文件等文件保存路径的设置，选项区域包括：

- Maximum Undo Levels：最大可撤销操作数的设置。
- Autosave Interval（mins）：系统自动保存时间设置（min）。

仿真器设置中可进行仿真模型及组件路径设置和仿真结果路径设置。

1.6.6   设置键盘快捷方式（Set Keyboard Mapping）

原理图中的很多命令可以通过快捷键完成，用户也可以根据自己的习惯更改快捷键，具体操作如下。

单击"System"→"Set Keyboard Mapping"，即可打开键盘快捷方式设置对话框，如图 1-30 所示。

使用这一对话框可修改系统所定义的菜单命令的快捷方式。

其中，单击打开"Command Groups"的下拉菜单后，可在其中选择相应的选项，同时在列表栏中显示该选项下的可用的命令（Available Commands）。在列表栏下方的说明栏中显示所选中的选项的意义。而"Key sequence for selected command"栏中显示所选中选项的键盘快捷方式。使用"Assign"和"Unassign"按钮可编辑或删除系统设置的快捷方式。

单击打开对话框最下方的"Options"下拉菜单，如图 1-31 所示。

图 1-30　键盘快捷方式设置对话框　　　　　　图 1-31　"Options"选项卡菜单

使用其中的"Reset to default map"选项，即可恢复系统的默认设置。而"Export to file…"选项可将上述键盘快捷方式导出到文件，"Import form file…"选项为从文件导入。

下面单击打开"Command Groups"的下拉菜单，选中"Schematic Window (View Menu) Commands"，出现如图 1-32 所示的内容，其所属命令的说明和快捷键会在相应位置显示出来。这里选的是刷新命令，其快捷键为 R，若要删除它，可单击"Unassign"按钮；若要重新设置它，将光标指向快捷键，按下要设置的快捷键字母，此时相应的键名就会出现在"Key sequence for selected command"栏中，先单击"Assign"按钮完成确认，再单击"OK"按钮退出，则设置完成。

图 1-32　选中"Schematic Window (View Menu) Commands"

快捷键可以设置为单键，也可以设置为与 Ctrl、Shift 等键组合的任意组合。

1.6.7   显示设置

单击 "System" → "Set Display Options"，出现如图 1-33 所示的显示设置界面，在这里可以选择不同的图形模式，也可以设置动画等参数。

图 1-33   显示设置界面

下面具体介绍该界面：

- Graphics Mode：图形模式。
  - Use Windows GDI Graphics：Windows GDI 图形。
  - Use Double Buffered Windows GDI Graphics：双缓冲 Windows GDI 图形。
  - Use Open GL Graphics (Hardware Accelerated)：Open GL 图形。
  - Use Direct2D Graphics (Hardware Accelerated)：使用 2D 图形模式。
- Anto-Pan Animation：自动平移动画。
  - Pan Distance：平移距离。
  - Number of Steps：平移步长。
  - Pan Time (ms)：时间。
- Highlight Animation：高亮动画。
  - Animation Interval (ms)：动画时间间隔。
  - Attack Rate：捕捉率。
  - Release Rate：释放率。

思考与练习

（1）简述 PROTEUS 软件具有哪些功能。

（2）PROTEUS 8.15 版本有哪些优势及创新？

（3）怎样创建一个新的工程，以及具体步骤是什么？

第2章 PROTEUS ISIS 原理图设计

2.1 PROTEUS ISIS 原理图输入流程

电路设计的第一步为原理图输入。PROTEUS ISIS 原理图输入流程如图2-1 所示。原理图的具体设计步骤如下。

（1）**新建设计文档**。在进入原理图设计之前，首先要构思好原理图，即必须先知道所设计的项目需要哪些电路来完成，用何种模板；然后用 PROTEUS ISIS 编辑环境来画出电路原理图。

（2）**设置编辑环境**。根据实际电路的复杂程度来设置图纸的大小，注释的风格等。在电路图设计的整个过程中，图纸的大小都可以不断地调整，设置合适的图纸大小是完成原理图设计的第一步。

（3）**放置元器件**。先根据需要从元器件库中添加相应的类，然后从添加元器件对话框中选取需要添加的元器件，将其布置到图纸的合适位置，并对元器件的名称、标注进行设定，根据元器件之间的走线等联系对元器件在工作平面上的位置进行调整和修改，使得原理图美观而且易懂。

（4）**原理图布线**。根据实际电路的需要，利用 PROTEUS ISIS 编辑环境所提供的各种工具、指令进行布线，将工作平面上的元器件用导线连接起来，构成一幅完整的电路原理图。

图 2-1　PROTEUS ISIS 原理图输入流程

（5）**建立网络表**。在完成上述步骤之后，就可以看到一张完整的电路图了，但是要完成电路板的设计，还需要生成一个网络表文件。网络表是电路板与电路原理图之间的纽带。

（6）**电气规则检查**。当完成原理图布线后，利用 PROTEUS ISIS 编辑环境所提供的电气规则检查命令对设计进行检查，并根据系统提供的错误检查报告修改原理图。

（7）**调整**。如果原理图已通过电气规则检查，那么原理图的设计就完成了，但是对于一般电路设计而言，尤其是较大的项目，通常需要对电路进行多次修改才能够通过电气规则检查。

（8）**报表输出、存盘**。PROTEUS ISIS 提供了多种报表输出格式，同时可以对设计好的原理图和报表进行存盘和输出打印。

2.2　原理图的设计方法与步骤

为了更直观地说明电路原理图的设计方法和步骤，下面就以图 2-2 所示的简单电路为例，介绍 PROTEUS ISIS 电路原理图的设计方法和步骤。

图 2-2　PROTEUS ISIS 原理图输入示例电路[①]

2.2.1　创建新设计文档

首先进入 PROTEUS ISIS 编辑环境。

单击"File"→"New Design"，在弹出的模板对话框中选择"DEFAULT"模板，并将新建的设计保存在 F 盘根目录下，保存文件名为"New Project"。"New Project"设计文档如图 2-3 所示。

图 2-3　New Project 设计文档

---

① 全书此类图片中省略标注了 F 和 Ω 且元器件标注中的部分数字在正文中为下标。

2.2.2　设置工作环境

下面对工作环境进行设置。这里只介绍常用的一些设置。

（1）**图纸大小设置**：单击"System"→"Set Sheet Sizes"，在出现的对话框中选中 A4 的单选框，单击"OK"按钮确认，即可完成图纸大小的设置，如图 2-4 所示。

（2）**设置图纸颜色**：PROTEUS 中的原理图图纸一般默认为灰色，有些时候为了打印或美观，可以将图纸底色设置为白色或其他颜色，单击"Template"→"Set Design Colours"，出现如图 2-5 所示的界面。

图 2-4　图纸大小的设置

图 2-5　"Edit Design Defaults"编辑界面

这里将图纸颜色设置为白底，即单击"Paper Colour"，选取白色后单击"OK"按钮即可，如图 2-6 所示。

图 2-6　编辑图纸颜色为白色

（3）**可视化工具**：PROTEUS ISIS 具有友好的用户界面及强大的原理图编辑功能。在 PROTEUS ISIS 原理图编辑窗口，系统提供了两种可视工具。

- 当光标掠过元器件、符号、图形等对象时，将出现围绕对象的虚线框，如图 2-7 所示。

图 2-7   当光标掠过元器件时，将出现围绕对象的虚线框

- 光标对界面具有智能识别功能，即光标会自动根据相应功能改变其显示式样。

光标掠过元器件出现虚线框，以提示用户可对当前元器件进行操作，而不同样式的光标则提示用户在当前位置单击将会出现不同的操作。

不同样式的光标代表用户可进行的不同操作如下：

⬉——标准指针：用于选择操作模式。

✐——放置指针：单击鼠标左键放置对象。

✐——"热"画线指针：单击鼠标左键，开始画线或结束画线。"热"指在用光标连接电路时，在电路中可放置"线"起始点或结束点的位置。

✐——"热"画总线指针：单击鼠标左键，开始画总线或结束画总线。"热"指在用光标连接电路时，在电路中可放置"总线"起始点或结束点的位置。

🖐——选中指针：当对象上出现此图标后，单击鼠标左键，对象被选中。

🖐⊕——选中移动指针：当对象上出现此图标后，按下鼠标左键并拖动光标，对象可被拖动到期望的位置。

↕——连接线移动指针：此光标样式出现在线段上。当线段上出现此图标后，按下鼠标左键并拖动光标，线段可被拖动到期望的位置。

🖐▪——属性分配工具指针：当出现此图标时，单击鼠标左键可为对象分配属性。（使用"Tool"→"Property Assignment Tool"时将出现此样式的光标。）

其他样式的光标及其功能将在电路绘制中介绍。

2.2.3   查找元器件

在查找元器件前，首先要了解一下 PROTEUS 库，PROTEUS 库包括元器件库、符号库、封装库。对应每个库，又分为系统库和用户库。系统库为只读，不能进行添加或删除对象操作；用户库可读可写，能添加对象或删除对象。这里只讲元器件库。

元器件根据能否仿真，又可以分为仿真模型和非仿真模型。非仿真模型是为 PCB 设计的，若设计能仿真的电路，则电路中的元器件必须具有仿真模型。在 PROTEUS ISIS 编辑窗口查找元器件的方法如下。

绘制原理图的首要任务是从元器件库选取绘制电路所需的元器件。

PROTEUS ISIS 提供了两种从元器件库选取元器件的方法。

1. 直接查找

单击对象选择器顶端左侧的"**P**"按钮，如图 2-8 所示。

图 2-8　从对象选择器中选取

或使用库浏览图标的键盘快捷方式 P（在英文输入法下）。

或在原理图编辑窗口单击鼠标右键，将弹出右键菜单，在其中单击"Place"→"Component"→"From Libraries"。

执行上述任一操作，都将弹出如图 2-9 所示的元器件库浏览对话框。

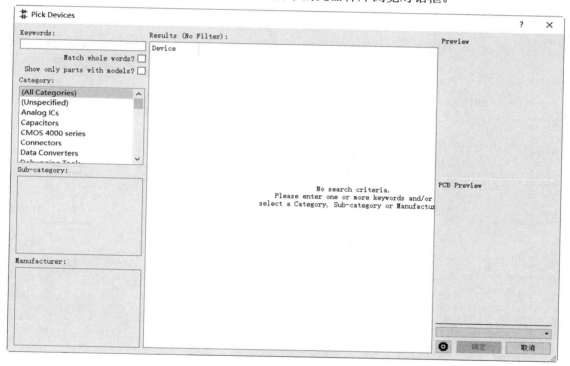

图 2-9　元器件库浏览对话框

在元器件库查找期望的元器件。PROTEUS ISIS 提供了多种查找元器件的方法。当原理图给出元器件名时，在"Keywords"区域输入元器件名，如"BATTERY"，在"Showing local results"区域中将显示出元器件库中的元器件名称或元器件描述中带有"Battery"的元器件，如图 2-10 所示。

此时用户可根据元器件所属类别、子类及生产厂家进一步查找所需元器件，如图 2-11 所示。

图 2-10　在"Keywords"区域输入元器件"BATTERY"后的系统查找结果

图 2-11　根据元器件所属类别、子类及生产厂家进一步查找所需元器件

在"Showing local results"列表区单击鼠标右键，将弹出右键菜单，如图 2-12 所示。

选择相应的选项将在"Showing local results"列表区的标题栏中增加相应的元器件信息，如勾选"Manufacturer"（生产厂家）选项，如图 2-13 所示。

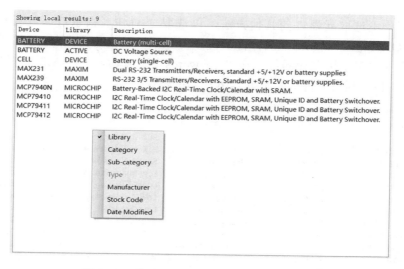

图 2-12　"Showing local results"的右键菜单

图 2-13　增加元器件信息

此时在"Showing local results"列表区将增加"Manufacturer"的信息，如图 2-14 所示。

在结果列表的所需的元器件"BATTERY"上双击，元器件将出现在对象选择器中，如图 2-15 所示。

Showing local results: 9			
Device	Library	Manufacturer	Description
BATTERY	DEVICE		Battery (multi-cell)
BATTERY	ACTIVE		DC Voltage Source
CELL	DEVICE		Battery (single-cell)
MAX231	MAXIM	Maxim	Dual RS-232 Transmitters/Receivers, standard +5/+12V or battery supplies
MAX239	MAXIM	Maxim	RS-232 3/5 Transmitters/Receivers. Standard +5/+12V or battery supplies.
MCP7940N	MICROCHIP	Microchip	Battery-Backed I2C Real-Time Clock/Calendar with SRAM.
MCP79410	MICROCHIP	Microchip	I2C Real-Time Clock/Calendar with EEPROM, SRAM, Unique ID and Battery Switchover.
MCP79411	MICROCHIP	Microchip	I2C Real-Time Clock/Calendar with EEPROM, SRAM, Unique ID and Battery Switchover.
MCP79412	MICROCHIP	Microchip	I2C Real-Time Clock/Calendar with EEPROM, SRAM, Unique ID and Battery Switchover.

图 2-14　增加信息后的显示结果

将库元器件添加到对象选择器

P L　DEVICES
BATTERY

图 2-15　将库元器件添加到对象选择器

下面介绍一下选取元器件的其他方法，以选取 LAMP（指示灯）、CAPACITOR（电容）、RESISTOR（电阻）、NPN（晶体管）和 BUTTON（触电开关）为例。

- 通过相关关键字选取元器件：在"Keywords"区域输入"LAMP"，此时"Showing local results"列表区将出现如图 2-16 所示的信息。

Showing local results: 18			
Device	Library	Manufacturer	Description
4511	CMOS		BCD To 7-Segment Latch/Decoder/Drive
4511.IEC	CMOS		BCD To 7-Segment Latch/Decoder/Drive
AD8036	ANALOGD	Analog Devices	Single, Unity Gain Stable - Low Distortio
AD8036AN	ANALOGD	Analog Devices	Low Distortion, Wide Bandwidth Voltage
AD8036AR	ANALOGD	Analog Devices	Low Distortion, Wide Bandwidth Voltage
AD8037AN	ANALOGD	Analog Devices	Low Distortion, Wide Bandwidth Voltage
AD8037AR	ANALOGD	Analog Devices	Low Distortion, Wide Bandwidth Voltage
IRGB14C40L	IRIGBT	International Rectifier	430V, 20A @ 25癌, 125W, Internal Clamp
IRGS14C40L	IRIGBT	International Rectifier	430V, 20A @ 25癌, 125W, Internal Clamp
IRGSL14C40L	IRIGBT	International Rectifier	430V, 20A @ 25癌, 125W, Internal Clamp
LAMP	ACTIVE		Animated Light Bulb
LAMP-FIL	DEVICE		Lamp / light bulb
LAMP-NEON	DEVICE		Neon indicator lamp
STGB10NB37LZ	STIGBT	SGS-Thompson	N-CHANNEL CLAMPED 10A - D2PAK Int
STGB10NB37LZT4	STIGBT	SGS-Thompson	N-CHANNEL CLAMPED 10A - D2PAK Int
STGB20NB32LZ	STIGBT	SGS-Thompson	N-CHANNEL CLAMPED 20A - D2PAK Int
STGB20NB32LZ-1	STIGBT	SGS-Thompson	N-CHANNEL CLAMPED 20A - I2PAK Inte
STGB7NB40LZ	STIGBT	SGS-Thompson	N-CHANNEL CLAMPED 14A D2PAK Inter

图 2-16　在"Keywords"区域输入"LAMP"时，"Showing local results"列表区出现的信息

选取其中的"LAMP"即可满足电路设计要求。

- 按照元器件的逻辑命名习惯查找元器件：在"Keywords"区域输入"CAPACITOR"，此时在"Showing local results"列表区将出现如图 2-17 所示的信息。

Showing local results: 1		
Device	Library	Description
CAPACITOR	ASIMMDLS	Capacitor primitive

图 2-17　在"Keywords"区域输入"CAPACITOR"时，"Showing local results"列表区出现的信息

用户可以按照此方法依次搜索元器件 RESISTOR（电阻）、NPN（晶体管）和 BUTTON（触电开关）以满足电路设计要求。

- 通过索引系统查找库元器件。当用户不确定元器件的名称或不清楚元器件的描述时，可采用这一方法。先清除"Keywords"区域的内容，然后选择"Category"目录中的"Resistors"类，如图 2-18 所示。

2. 复合查找方式

首先在"Keywords"区域输入"2K2"，然后选择"Category"目录中的"Resistors"类，如图 2-19 所示。

图 2-18　清除"Keywords"区域的内容　　　　图 2-19　在"Keywords"区域输入"2K2"

此时将在"Showing local results"列表区出现如图 2-20 所示的信息。

图 2-20　在"Showing local results"列表区列出"Resistors"类中包含"2K2"关键字的元器件

采用上述方法，用户可以快速找到设计电路所需元器件。

3．相关说明

- **库元器件查找结果列表**：软件将查找与查找条件相匹配的元器件名、元器件，并将其显示在列表中。在框中找到元器件后，可以单击该元器件，从弹出的选择列表菜单中取舍各项显示与否（见图 2-21），如分类、子类、厂家等。
- **结果排序**：单击搜索列表上方的列标题，如 Device（元器件名）、Library（库名）等，则相应列表对搜索结果按字母顺序排序，如图 2-22 所示，Library（库）以字母顺序排列。
- **仿真模型**：若电路设计需要仿真，则元器件需要有仿真模型，这时如果勾选"Show only parts with models？"，则查找结果只显示有仿真模型的元器件，如图 2-23 所示。

图 2-21   查找列表显示库、分类、子类、厂家信息

图 2-22   结果排序

图 2-23   有仿真模型的元器件列表

例图原理图的元器件名称、所属类、所属子类如表 2-1 所示。

表 2-1   例图原理图的元器件名称、所属类、所属子类

元器件名称	所 属 类	所 属 子 类
LAMP	Optoelectronics	Lamps
CAPACITOR	Capacitors	Animated
BATTERY	Simulator Primitives	Sources
NPN	Modeling Primitives	Analog(SPICE)
BUTTON	Switches& Relays	Switches
RESISTOR	Modeling Primitives	Analog(SPICE)

2.2.4   在 PROTEUS ISIS 编辑窗口中放置元器件

将添加到对象选择器中的元器件放置到 PROTEUS ISIS 编辑窗口。

1. 放置元器件

在 PROTEUS ISIS 编辑窗口中放置元器件的步骤如下：

- 设置 PROTEUS ISIS 为元器件模式，即元器件图标被选择，如图 2-24 所示。
- 在对象选择器中，单击 "BATTERY"，即选中 BATTERY 元器件，此时在预览窗口出现所选元器件的外观，同时状态栏显示对象选择器及预览窗口的状态，如图 2-25 所示。

图 2-24   设置 PROTEUS ISIS 为元器件模式   图 2-25   在对象选择器中选择 BATTERY 元器件

预览窗口中不仅显示元器件的外观，也显示元器件的方向。用户可使用旋转按钮或翻转按钮改变元器件的方向，如图 2-26 所示。

图 2-26   预览窗口显示旋转后的元器件

图 2-26 所示的预览窗口中显示的元器件为执行顺时针旋转后的方向。

将光标移向编辑窗口，并单击，此时电源轮廓出现在光标下方，如图 2-27 所示。这一轮廓将随着光标在编辑窗口中移动。

在期望放置的位置单击，元器件将被放置到编辑窗口中的该位置，如图 2-28 所示。

图 2-27   编辑窗口出现电源的轮廓（BATTERY）   图 2-28   元器件被放置到编辑窗口

2．其他元器件的放置

在图 2-2 中，R1 电阻为垂直放置，因此首先放置一垂直放置的电阻。

在对象选择器中选择"RESISTOR"，此时在预览窗口出现如图 2-29 所示的电阻外观。

图 2-29   选择 MINRES1K 电阻

在编辑窗口期望放置 R1 电阻的位置双击，R1 电阻将被放置到对应位置，如图 2-30 所示。

图 2-30   在编辑窗口放置垂直放置的 R1 电阻

在移动标记对象时，可使用小键盘区的按钮"+""−"旋转对象。按照上述方式放置其他元器件，元器件放置完成如图 2-31 所示。

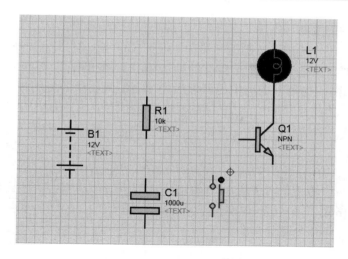

图 2-31　元器件放置完成

2.2.5　元器件的替换

若要用另一元器件代替已放置好的元器件，则可以将另一元器件拖动到该元器件上，且保证有一个引脚正好重叠，此时单击将会出现如图 2-32 所示的界面，单击"Replace"按钮即可完成替换。

图 2-32　替换元器件

2.2.6　元器件的选中、复制、粘贴、对齐操作

1．元器件的选中

1）单个元器件的选中

将光标移到对象上，当元器件被包围、以高亮状态显示且光标变为手型时，单击，单个元器件被选中，如图 2-33 所示，"BATTERY"已被选中。

2）多个元器件的选中

按住 Ctrl 键，将光标逐个移到要选中的元器件上且光标变成手型时，单击即可选中多个元器件。

图 2-33　选中单个元器件

2．元器件的复制、粘贴

1）单个元器件的复制、粘贴

选中需复制的元器件，右击，先在出现的菜单中选中"Copy to Clipbord"，再在需放置元器件的地方右击，在出现的菜单中单击"Paste from Clipbord"，即可粘贴。也可以在选中元器件后先单击工具栏中的复制按钮，再单击粘贴按钮即可。

2）多个元器件的复制、粘贴

按住 Ctrl 键，一一选中需复制的元器件，松开 Ctrl 键，右击，先在出现的菜单中选中"Copy to Clipbord"，再在需放置元器件的地方右击，在出现的菜单中单击"Paste from Clipbord"，即可粘贴。也可以在选中元器件后先单击工具栏中的复制按钮 📋，再单击粘贴按钮 📋 即可。

在复制时，为了避免标号重复，要实时对元器件进行编号，此时就要执行实时标号命令，即单击"Tools"→"Global Annotator"，出现如图 2-34 所示的界面，按图 2-34 中的参数进行设置，即可实现实时编号。

图 2-34　　"Annotator"编辑

3．元器件批量对齐

在绘制原理图时，有时需要将元器件批量对齐，具体操作如下。

首先选中需对齐的元器件，如图 2-35 所示。单击"Edit"→"Align Objects"，出现如图 2-36 所示的对话框，该对话框包括了左对齐、上对齐、居中纵对齐、居中水平对齐、右对齐、底对齐六种对齐方式，这里选择了上对齐，故勾选第 2 个，完成编辑后，单击"OK"按钮，元器件实现上对齐，如图 2-37 所示。

图 2-35　选中对象

图 2-36　　"Align"编辑对话框

图 2-37　完成对齐的元器件

4．端口的批量编号

在绘制原理图时，若有很多输入输出端口，则需要对端口一一按顺序编号，通过批量编号可以节省大量时间。下面介绍批量编号的具体过程。

全选排列的端口，单击"Tool"→"Property Assignment Tool"或直接单击工具栏中的按钮 ，或者按键盘上的 A 键，就会出现如图 2-38 所示的界面。在该对话框的"String"栏中填写"net=BD#"，其中"BD"为前缀，"Count"栏为起始编号值，"Increment"为编号增量，填写完之后单击"OK"按钮即可完成端口编号批量编写。

> **说明**
>
> 也可以用此操作批量修改电阻电容的参数值，前提条件是这些值是一样的，比如要求批量修改一些电阻的阻值为 330Ω，如图 2-39 所示，选中这几个电阻，按下 A 键，会出现如图 2-40 所示的界面，只需要在"String"栏中填写"VALUE=330"，然后单击"OK"按钮即可。批量修改完阻值后的电阻如图 2-41 所示。

图 2-38　"Property Assignment Tool"对话框一

图 2-39　选中电阻

图 2-40　"Property Assignment Tool"对话框二

图 2-41　修改完阻值的电阻

除此之外，从图 2-40 中能够看出在此处还可以批量修改元器件的 REF、VALUE、DEVICE、PINSWAP，以及终端的 NET、TYPE、SYMBOL，引脚的 NAME、NUM、TYPE 等。应用的范围可以根据用户自己的需要来标定。

2.2.7　编辑元器件

在放置元器件以后，通过选中相应的元器件并单击，即可打开元器件的编辑对话框。下面以 LAMP 元器件的编辑对话框为例，详细介绍元器件的编辑方式。

LAMP 元器件的编辑步骤如下：

（1）用光标指向 LAMP 元器件，并右击。此时，LAMP 元器件将高亮显示。

（2）单击 LAMP 元器件，将弹出如图 2-42 所示的 LAMP 编辑元器件对话框。

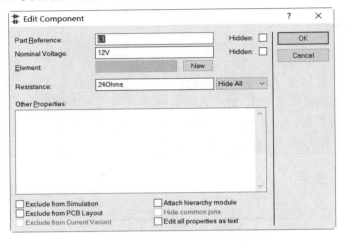

图 2-42　LAMP 编辑元器件对话框

此对话框中包含如下项目。

• Part Reference：此处列出了元器件在原理图中的参考号。

• Hidden：复选框，选择元器件参考号是否出现在原理图中。

• Nominal Voltage：LAMP 电压标称值。

• Resistance：LAMP 阻抗。

在这一元器件的编辑中，设置 LAMP 的电压标称值为 12V。

（3）单击"OK"按钮，元器件的编辑结束。

按照上述步骤，分别编辑 BATTERY 的电压值为 12V；C1 的电容值为 22 000μF；R1 的电阻值（0hms）为 2k2Ω。编辑后的原理图如图 2-43 所示。

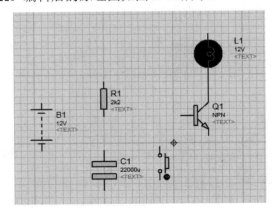

图 2-43　编辑后的原理图

2.2.8　原理图连线

1．自动连线

PROTEUS ISIS 编辑环境没有提供画线工具。这是因为 PROTEUS ISIS 具有智能化，在我们想要连接电路图时可以自动检测线路。PROTEUS ISIS 提供了自动连线和手动连线两种方式，它们使用工具栏中的自动连线器按钮 来切换即可，当需要自动连线时，将其按下，不需要的时候抬起即可。自动连线可以在光标的引导下自动以直线或直角形式连线，当中途有障碍物时，其可自动绕开障碍物，操作方便简单，下面具体介绍自动连线的过程。

在两个元器件间进行连线的步骤如下：

（1）单击第一个对象连接点。

（2）如果用户想让 PROTEUS ISIS 自动定出连线路径，那么只需单击另一个连接点即可；如果用户想自己决定连线路径，那么只需在想要拐点处单击即可。

> 在此过程的任何一个阶段，用户都可以按 Esc 键来放弃画线。

按照上述步骤，分别将 LAMP、BATTERY 等连接。连接后的原理图如图 2-44 所示。

2．移动和改变连线操作

有些时候连线不合适，需要移动、改变连线，具体操作如下。

（1）在各种操作模式下，将光标移至连线处且连线中出现高亮时直接右击（或者将光标移至连线处后，单击鼠标左键再单击鼠标右键），在菜单中选择"Drag Wire"即可实现线的移动和拖曳（见图 2-45）。

图 2-44　连接后的原理图

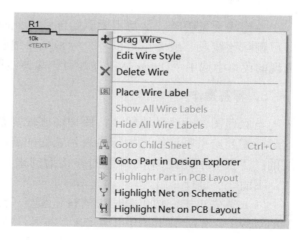

图 2-45　选中"Drag Wire"

（2）单击工具按钮 ，移动光标到线，出现手型时单击选中连线，连线以高亮状态显示，这时若出现双向箭头，则可直接按住鼠标左键实现连线在垂直方向的移动。若出现四个箭头的形状，则按住鼠标左键可以实现任意角度的拖曳连线。

3．连线的复制

当连线是齐排、平行的时候可以复制，特别是在连接单片机和排阻的过程中，复制连线可以提高连线效率，下面就以 51 单片机和排阻为例，介绍连线如何复制。

如图 2-46 所示，首先将 P0.0 引脚与 RP1 的 2 引脚连接。然后将光标移到 P0.1 引脚上，当光标变为绿色的铅笔形状时，双击就可以实现连线的自动复制，将其他线按照此方法复制，复制完成后如图 2-47 所示。

图 2-46　连接一条线　　　　　　　　　　　　　　图 2-47　复制连线

4．连线删除

当连线不正确时，常常需要删除连线，此时只需要将光标移至该线段，双击鼠标右键即可删除该线段。或者也可以将光标移至该线段，当线段上出现高亮的方块时，右击，在出现的菜单中选中"Delete Wire"即可删除该线段。

5．标签操作

当原理图中元器件比较多，原理图比较复杂的时候，常常需要将原理图分成几部分，这时就需要给引脚连线添加标签表示它们的连接关系。同一标签标注的线段代表它们是相连的。下面以 AT89C51 与排阻的连接为例来具体介绍标签操作。标签操作有两种方法进入，下面一一进行介绍。

（1）首先单击左边工具栏中的按钮 LBL ，进入标签模式；然后将光标移动到要放置标签的线段上，光标上此时会出现"×"符号，单击出现如图 2-48 所示的界面，在"String"栏中填写标签名；最后单击"OK"按钮完成编辑，这时标签就添加好了，如图 2-49 所示。按照同样的操作将其他线的标签添加好，如图 2-50 所示。

（2）在任何模式下先选中该线段，然后右击，在出现的菜单中选中"Place Wire Lable"，其他步骤与上面的方法相同。

图 2-48　"Edit Wire Lable"编辑框

图 2-49　添加好的标签

图 2-50　将单片机与排阻用标签表示连接关系

2.2.9　脚本操作

在原理图画好之后经常需要对各个部分进行注释,一方面是注释各个部分的功能,另一方面是为了注释有些属性,这时就用到了脚本操作。下面具体介绍脚本操作的步骤。

(1)放置脚本:单击左侧工具栏中的按钮▇,将光标移至编辑区,在需要放置脚本的地方单击,就会弹出如图 2-51 所示的界面。在编辑框中填写需要添加的注释。

图 2-51　"Edit Script Block"编辑框

（2）编辑脚本：当添加了脚本之后需要修改时，只需要双击脚本就会出现脚本编辑框，在其中可以修改脚本内容及属性等。

（3）修改完成后，单击"OK"按钮即可完成修改，退出编辑。

2.2.10　建立网络表

彼此连接在一起的一组元器件引脚称为网络（Net）。例如，图 2-44 中 BATTERY 的正极与 R1 的上边的引脚连在一起，称为网络。

单击"Tool"→"Netlist Compiler"将出现网络表配置对话框，如图 2-52 所示。

图 2-52　网络表配置对话框

在这一对话框中，可设置网络表的输出形式、模式、范围、深度及格式。这里按其默认设置输出网络表。输出的网络表如图 2-53 所示。

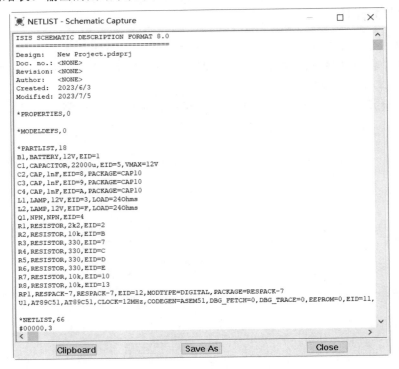

图 2-53　输出的网络表

2.2.11　原理图电气规则检测

单击"Tool"→"Electrical Rule Check"将出现电气规则检测报告单，如图 2-54 所示。

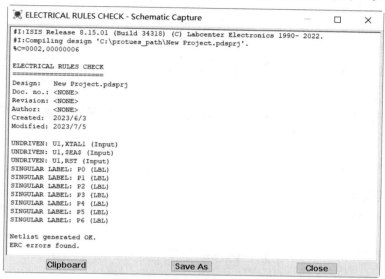

图 2-54　电气规则检测报告单

在这一电气规则检测报告单中，系统提示用户网络表已生成，并且无电气错误，即用户可以执行下一步操作。

2.2.12　存盘及报表输出

我们将设计好的原理图文件，通过单击"File"→"Save Design"进行存盘。同时，也可单击"Tool"→"Bill of Materials"输出 BOM 文档。至此，一个简单的原理图设计完成。

按下列步骤操作，进一步熟悉在 PROTEUS ISIS 编辑窗口中如何放置元器件。

（1）在电源 BATTERY 上单击后，按下鼠标左键，并移动光标，此时元器件将随着光标的移动而移动，在期望元器件放置的位置释放鼠标左键。

（2）在电源 BATTERY 上右击，在弹出的菜单中选择"Rotate Clockwise"，即可旋转元器件，可以调整元器件在电路图中的方向，以便更好地布局和连接电路。

（3）若想要将元器件恢复到原位，则可以使用小键盘区中的"+""−"键将元器件恢复至原位。

（4）在编辑窗口的空白处单击，即可取消对运算放大器的选择。

（5）在 MINRES1K 元器件上右击，在弹出的菜单中选择"Drag Object"，移动光标，此时电阻轮廓将随着光标的移动而移动，在期望元器件放置的位置单击放置对象。

（6）在编辑窗口右击，在弹出的菜单中选择"Clear Selection"，取消对元器件的选择。

（7）从编辑窗口的左上部开始，按下鼠标左键，并拖动光标，此时在编辑窗口中将出现一个方框，释放鼠标左键，则方框中的元器件被选中。

（8）使用方框周围的手柄，将方框调整到合适的尺寸，即方框内只包含期望选中的元器件。

（9）将光标放置在方框中按下鼠标左键，移动光标，则方框及其选中的元器件将随着光标的移动一起移动，在期望放置的位置释放鼠标左键，此时方框及其选中的元器件将被放置在新的位置。

（10）在空白处单击，清除对元器件的选择。

2.3   PROTEUS ISIS 添加、编辑、放置连接端子

在多数原理图中需要添加电源、地、输入、输出、总线等连接端子。下面介绍一下如何添加、编辑、放置连接端子。

2.3.1   添加连接端子

本节将介绍如何添加连接端子。

单击"TERMINALS"按钮，此时在对象选择器中列出了可用的连接端子类型，如图 2-55 所示。

图 2-55   单击"TERMINALS"按钮时，在对象选择器中列出可用的连接端子类型

将连接端子放置到编辑窗口，并将其与运算放大器 741 连接。

选择对象选择器中的连接端子"POWER"，查看预览窗口，调整连接端子的方向。调整后连接端子的方向如图 2-56 所示。

图 2-56   调整后连接端子的方向

将其放置到运算放大器 741 的引脚 7 上。

2.3.2   编辑连接端子

PROTEUS ISIS 中提供了多种编辑连接端子的方法，用户可采用下述方法编辑连接端子。

（1）双击连接端子。

（2）在连接端子上右击，在弹出的菜单中选择"Edit Properties"。

（3）设置编辑窗口为"selection"模式，在连接端子上单击，连接端子将以高亮形式显示，右击，在弹出的菜单中选择"Edit Properties"。

其中将光标移至连接端子上右击，在打开的菜单中会出现"Edit Properties"，如图 2-57 所示。

之后单击"Edit Properties"，此时系统将弹出编辑连接端子属性的对话框，在"String"栏中输入"+12v"[①]，如图 2-58 所示。

图 2-57　采用右键菜单编辑端子属性

图 2-58　编辑端子属性对话框

单击"OK"按钮，退出编辑窗口。此时完成对连接端子的编辑，如图 2-59 所示。

图 2-59　编辑后的连接端子

2.3.3　放置连接端子

将连接端子+12V 与运算放大器 741 的 7 引脚相连。

（1）参照上述方式放置、编辑-12V 端子，并将其与运算放大器 741 的 4 引脚相连。

（2）选择对象选择器中的连接端子"GROUND"，查看预览窗口，调整连接端子的方向，将其放置到电阻 R1 下方，如图 2-60 所示，并将其与电阻 R1 的下端引脚相连。

（3）选择对象选择器中的连接端子"DEFAULT"，在编辑窗口中放置两个默认连接端子，分别编辑其连接端子名为"DAC1"与"DAC2"，如图 2-61 所示。

---

① 为与图片保持一致，此处的 v 小写。

图 2-60   放置连接端子 "GROUND"

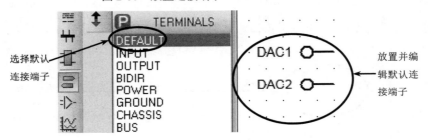

图 2-61   放置并编辑默认连接端子

（4）按照图 2-62 所示的连接电路，在连线交会点处 PROTEUS ISIS 将自动放置连接点。

图 2-62   连接后的电路

思考与练习

（1）简述 PROTEUS ISIS 原理图设计流程。

（2）熟悉并掌握如何快速查找元器件。

（3）熟悉电路布线流程。

（4）如何批量编辑元器件属性？

（5）PROTEUS ISIS 有哪些连接端子？

第3章 PROTEUS VSM 的分析设置

PROTEUS VSM 中的整个电路分析是在 ISIS 原理图设计模块下延续下来的。在原理图中，电路激励、虚拟仪器、曲线图及直接布置在线路上的探针一起出现在电路中，任何时候都能通过按下运行按钮或空格对电路进行仿真。

PTOTEUS VSM 有两种截然不同的仿真方式：交互式仿真和基于图表的仿真。交互式仿真用于检验用户所设计的电路是否能正常工作；基于图表的仿真用来研究电路的工作状态和进行细节的测量。

PTOTEUS VSM 可以仿真模拟电路、数字电路、模数混合电路，还可以进行微处理器的协同仿真。本章将依次详细介绍 PROTEUS VSM 中的电路分析。

 ## 3.1 PROTEUS ISIS 信号源

信号源为电路提供输入信号，并允许用户对它的参量进行设置。PROTEUS ISIS 为用户提供了各种类型的信号源，如表 3-1 所示，并允许对其参数进行设置。

表 3-1 信号源

名　称	符　号	意　义
DC		直流信号源
SINE		正弦波信号源
PULSE		模拟脉冲信号源
EXP		指数脉冲信号源
SFFM		单频率调频波信号源
PWLIN		分段线性信号源
FILE		FILE 信号源
AUDIO		音频信号源
DSTATE		数字单稳态逻辑电平信号源
DEDGE		数字单边沿信号源
DPULSE		单周期数字脉冲信号源

续表

名　称	符　号	意　义
DCLOCK	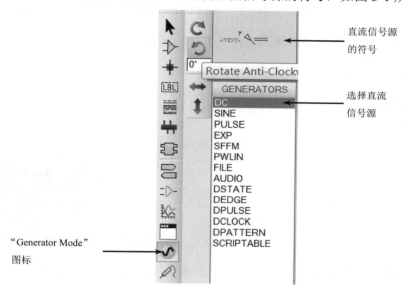	数字时钟信号源
DPATTERN		数字模式信号源

3.1.1   直流信号源（DC Generator）

DC 信号发生器用于产生模拟直流电压或电流。这一信号发生器只有单一的属性：电压值或电流值。

（1）在 PROTEUS ISIS 中单击工具箱中的"Generator Mode"图标◎，出现如图 3-1 所示的信号源列表。

（2）单击"DC"，则在预览窗口中出现直流信号源的符号，如图 3-1 所示。

图 3-1   信号源列表

（3）在编辑窗口双击，则直流信号源被放置到原理图编辑界面中，可使用镜像、翻转工具调整直流信号源在原理图中的位置。

（4）在原理图编辑区中，双击直流信号源符号，出现如图 3-2 所示的属性设置对话框。

（5）默认为直流电压源，可以在右侧设置电压源的大小。

（6）如果需要直流电流源，则在图 3-2 中选中左侧下方的"Current Source？"，右侧自动出现电流值的标记，根据需要填写即可，如图 3-3 所示。

（7）单击"OK"按钮，完成属性设置。

（8）用虚拟示波器观测输出。单击工具箱中的"Virtual Instrument"图标▣，则对象选择器列出其所包含的项目，如图 3-4 所示。

（9）选择 OSCILLOSCOPE 后，在编辑窗口中单击，可将示波器添加到编辑窗口。

（10）连接直流信号源与示波器，如图 3-5 所示。

图 3-2　直流信号源的属性设置对话框（电压源）　图 3-3　直流信号源的属性设置对话框（电流源）

图 3-4　对象选择器所包含的项目

图 3-5　直流信号源与示波器连接图

（11）单击运行按钮 ▶ ，出现如图 3-6 所示的仿真波形（直流信号源的电压值为 3V）。
用户可以直接将信号发生器放置到已存在的线上，或将其放置在空白处后连接。

图 3-6　直流信号源的输出曲线

3.1.2　正弦波信号源（SINE Generator）

正弦波信号源用来产生固定频率的连续正弦波。

（1）在 PROTEUS ISIS 环境中单击工具箱中的"Generator Mode"图标，出现信号源的名称列表。

（2）单击"SINE"，则在预览窗口出现正弦波信号源的符号。

（3）在编辑窗口双击，则正弦波信号源被放置到原理图编辑界面中。可使用镜像、翻转工具调整正弦波信号源在原理图中的位置。

（4）在原理图编辑区中双击正弦波信号源符号，出现如图 3-7 所示的属性设置对话框。

图 3-7　正弦波信号源的属性设置对话框

正弦波信号源属性设置对话框的主要选项含义如下。

① Offset (Volts)：补偿电压，即正弦波的振荡中心电平。

② Amplitude (Volts)：正弦波频率的三种定义方法，其中 Amplitude 振幅即半波峰值电压，Peak-Peak 为峰值电压，RMS 为有效值电压，以上三个电压值选一项即可。

③ Timing：正弦波频率的三种定义方法，其中 Frequency (Hz)为频率，单位为赫兹；Period (Secs)为周期，单位为秒；Cycles/Graph 为占空比，要单独设置。（前两项选一项即可。）

④ Delay：延时，指正弦波的相位，有两个选项，选填一个即可。其中 Time Delay (Secs)是时间轴的延时，单位为秒，Phase (Degrees)为相位，单位为度。

（5）在"Generator Name"栏中输入正弦波信号源的名称，如"SINE SOURCE 1"，在相应的项目中设置相应的值。单击"OK"按钮，完成设置。

（6）连接两个正弦波信号源到示波器上，在"Generator Name"栏中输入两个信号源的名称，并在相应的项目中设置相应的值，本例使用了两个正弦波信号源，其指标如表 3-2 所示。

表 3-2　两个正弦波信号源的指标

信号源名称	补偿电压/V	幅值/V	频率/kHz	相位
Sine Source 1	0	1	1	0°
Sine Source 2	2	2	2	90°

（7）设置完成后，单击"OK"按钮。此时信号输入源编辑完成。

（8）用示波器观测输出，连接电路如图 3-8 所示。

图 3-8　正弦波信号源与示波器连接图

（9）单击运行按钮，观察示波器的输出曲线，如图 3-9 所示。

图 3-9　正弦波信号源的输出曲线

3.1.3　模拟脉冲信号源（PULSE Generator）

模拟脉冲信号源能产生各种周期的输入信号，如方波、锯齿波、三角波及单周期短脉冲。

（1）在 PROTEUS ISIS 环境中单击工具箱中的"Generator Mode"图标，出现如图 3-1 所示的信号源的名称列表。

（2）单击"PULSE"，则在预览窗口出现模拟脉冲信号源的符号。

（3）在编辑窗口双击，则模拟脉冲信号源被放置到原理图编辑界面中。可使用镜像、翻转工具调整模拟脉冲信号源在原理图中的位置。

（4）在原理图编辑区中，双击模拟脉冲信号源符号，出现属性设置对话框，按图 3-10 所示的参数进行设置。

图 3-10　模拟脉冲信号源属性设置对话框

其中，主要参数说明如下：

① Initial (Low) Voltage：初始（低）电压值。

② Pulsed (High)Voltage：脉冲（高）电压值。

③ Start (Secs)：起始时间。

④ Rise Time (Secs)：上升时间。

⑤ Fall Time (Secs)：下降时间。

⑥ Pulse Width：脉冲宽度。它有两种设置方法，Pulse Width (Secs)指定脉冲宽度；Pulse Width (%)指定占空比。

⑦ Frequency/Period：频率或周期。

（5）设置完成后，单击"OK"按钮。

（6）在"Generator Name"栏中输入信号发生器的名称，并在相应的项目中设置合适的值。本例中模拟脉冲信号源的指标如表 3-3 所示。

表 3-3　模拟脉冲信号源的指标

Generator Name	Initial(Low) Voltage/V	Pulsed(High) Voltage/V	Start (Secs)/ms	Rise Time (Secs)/ms	Fall Time (Secs)/ms	Pulse Width/%	Frequency /Hz
Pulse Source	0	2	0	1	1	70	100

（7）设置完成后，单击"OK"按钮。此时信号输入源编辑完成。

（8）用示波器观测输出，连接图如图 3-11 所示。

（9）输出曲线如图 3-12 所示。

上升/下降时间不能为 0，即不可能产生无时延的方波。

图 3-11　模拟脉冲信号源与示波器连接图

图 3-12　模拟脉冲信号源的输出曲线

3.1.4　指数脉冲信号源（EXP Generator）

指数脉冲信号源产生指数函数的输入信号，其参数可以通过属性对话框来设置。

（1）在 PROTEUS ISIS 环境中单击工具箱中的"Generator Mode"图标，出现信号源的名称列表。

（2）单击"EXP"，则在预览窗口中出现指数脉冲信号源的符号。

（3）在编辑窗口双击，则指数脉冲信号源被放置到原理图编辑界面中。可使用镜像、翻转工具调整指数脉冲信号源在原理图中的位置。

（4）在原理图编辑区中，双击指数脉冲信号源符号，出现如图 3-13 所示的属性设置对话框。

其中，主要参数说明如下：

① Initial (Low) Voltage：初始（低）电压值。

② Pulsed (High) Voltage：脉冲（高）电压值。

③ Rise start time (Secs)：上升沿起始时间。

④ Rise time constant (Secs)：上升沿持续时间。

⑤ Fall start time (Secs)：下降沿起始时间。

⑥ Fall time constant (Secs)：下降沿持续时间。

（5）在"Generator Name"栏中输入指数脉冲信号源的名称，并在相应的项目中输入合适的值。

（6）设置完成后，单击"OK"按钮。

本例中指数脉冲信号源的指标如表 3-4 所示。

表 3-4　指数脉冲信号源的指标

Generator Name	Initial (Low) Voltage/V	Initial (High) Voltage/V	Rise start time (Secs)/s	Rise time constant (Secs)/s	Fall start time (Secs)/s	Fall time constant (Secs)/s
EXP　Source	0	1	0.5	0.5	3	1

（7）设置完成后，单击"OK"按钮。此时信号输入源编辑完成。

（8）用模拟图表观测输出。单击工具箱中的"Simulation Graph"图标 ，在对象选择器中将出现各种仿真分析所需的图表（如模拟、数字、噪声、混合、AC 变换等），如图 3-14 所示。

图 3-13　指数脉冲信号源属性设置对话框

图 3-14　PROTEUS ISIS 编辑窗口中的
"Simulation Graph"工具箱

（9）选择"ANALOGUE"选项，并在编辑窗口单击，即可将图表添加到窗口。选中图表并单击，将弹出如图 3-15 所示的对话框。

图 3-15　模拟编辑图表对话框

图 3-16　PROTEUS ISIS 编辑窗口的
Inter-sheet Terminal 工具箱

在该对话框中设置"Stop Time"值，即图标仿真的结束时间，本例中设置"Stop Time"为 7s。

（10）单击工具箱中的"Inter-sheet Terminal"图标 ，在对象选择器中将出现各种终端，如图 3-16 所示。

（11）选择"DEFAULT"选项，在编辑窗口单击，即可将默认终端添加到窗口。

（12）单击"EXP Source"指针，并将其拖动到图表中，连接图如图 3-17 所示。

（13）在模拟图表上单击，按下空格键，模拟图表进行仿真。指数脉冲信号源模拟图表的输出曲线如图 3-18 所示。

图 3-17　指数脉冲信号源与模拟图表连接图

图 3-18　指数脉冲信号源模拟图表的输出曲线

3.1.5　单频率调频波信号源（SFFM Generator）

（1）在 PROTEUS ISIS 环境中单击工具箱中的"Generator Mode"图标 ，出现如图 3-1 所示的信号源的名称列表。

（2）单击"SFFM"，则在预览窗口中出现单频率调频波信号源的符号。

（3）在编辑窗口中双击，则单频率调频波信号源被放置到原理图编辑界面中。可使用镜像、翻转工具调整单频率调频波信号源在原理图中的位置。

（4）在原理图编辑区中，双击单频率调频波信号源符号，出现如图 3-19 所示的属性设置对话框。

其中，主要参数说明如下：

① Offset (Volts)：电压偏置值。

② Amplitude (Volts)：电压幅值。

③ Carrier Freq. (Hz)：载波频率 f_C。

④ Modulation Index：调制指数 M_{DI}。

⑤ Signal Freq. (Hz)：信号频率 f_S。

经调制后，输出信号为 $V = V_O + V_A \sin[2\pi f_C t + M_{DI} \sin(2\pi f_S t)]$。

（5）在"Generator Name"栏中输入单频率调频波信号源的名称，并在相应的项目中输入合适的值。

（6）设置完成后，单击"OK"按钮。

图 3-19　单频率调频波信号源属性设置对话框

本例中单频率调频波信号源的指标如表 3-5 所示。

表 3-5　单频率调频波信号源的指标

Generator Name	V_O/V	V_A/V	f_C/Hz	M_{DI}/s	f_S/Hz
SFFM Source	0	1	1	0.5	1

（7）设置完成后，单击"OK"按钮。此时信号输入源编辑完成。

（8）用模拟图表观测输出。单击"SFFM Source"指针，并将其拖动到图表中。本例中设置图表的"Stop Time"为 3s。连接图如图 3-20 所示。

（9）在模拟图表上单击，按下"Space"按钮，模拟图表进行仿真。单频率调频波信号源的输出曲线如图 3-21 所示。

图 3-20　单频率调频波信号源与模拟图表连接图

图 3-21　单频率调频波信号源的输出曲线

3.1.6　分段线性信号源（PWLIN Generator）

（1）在 PROTEUS ISIS 环境中单击工具箱中的"Generator Mode"图标，出现如图 3-1 所示的信号源的名称列表。

（2）单击"PWLIN"，则在预览窗口中出现分段线性信号源的符号。

（3）在编辑窗口双击，则分段线性信号源被放置到原理图编辑界面中。可使用镜像、翻转工具调整分段线性信号源在原理图中的位置。

（4）在原理图编辑区中，双击分段线性信号源符号，出现如图 3-22 所示的编辑对话框。

其中，主要参数说明如下：

① Time/Voltages 项：用于显示波形，X 轴为时间轴，Y 轴为电压轴。单击右上的三角按钮，可弹出放大了的曲线编辑界面。

② Scaling 项。

- X Min：横坐标（时间）最小值显示。
- X Max：横坐标（时间）最大值显示。
- Y Min：纵坐标（时间）最小值显示。
- Y Max：纵坐标（时间）最大值显示。
- Minimum rise/fall time (Secs)：最小上升/下降时间。

（5）选中分段线性信号源并单击，进入分段线性信号发生器编辑对话框，如图 3-22 所示。

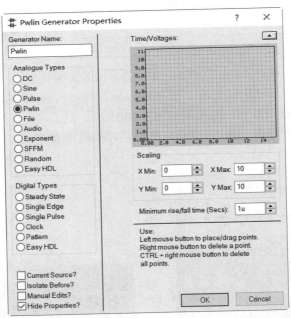

图 3-22　分段线性信号发生器编辑对话框

（6）在打开的分段线性信号源的图形编辑区中的任意点单击，则完成从原点到该点的一条直线，把鼠标向右移动，在任意位置单击，又出现一连接的直线段，用户可编辑自己满意的分段线性信号源曲线，如图 3-23 所示。

图 3-23　分段线性信号源的任意图形编辑

（7）编辑完成后，单击"Close"按钮，关闭曲线编辑器。单击"OK"按钮，此时信号输入源编辑完成。

（8）用模拟图表观测输出。单击"Pwlin Source"指针，并将其拖动到图表中。本例中设置图表的"Stop Time"为 24s。连接图如图 3-24 所示。

图 3-24　分段线性信号源与模拟图表连接图

（9）在模拟图表上单击，按下"Space"按钮，模拟图表进行仿真。分段线性信号源的输出曲线如图 3-25 所示。

图 3-25　分段线性信号源的输出曲线

如果用户试图编辑一个垂直边沿，则分段线性曲线编辑器将按照 Minimum rise/fall time（最小上升/下降时间）设定值分离垂直边沿上的两个点。

3.1.7　文件信号源（FILE Generator）

（1）在 PROTEUS ISIS 环境中单击工具箱中的"Generator Mode"图标 ，出现如图 3-1 所示的信号源的名称列表。

（2）单击"FILE"，则在预览窗口出现文件信号源的符号。

（3）在编辑窗口双击，则文件信号源被放置到原理图编辑界面中。可使用镜像、翻转工具调整文件信号源在原理图中的位置。

（4）在原理图编辑区中，双击文件信号源符号，出现如图 3-26 所示的属性设置对话框。

在"Data File"栏中输入数据文件的路径及文件名，或单击"Browse"按钮进行路径及文件名选择，即可使用已经编制好的数据文件。

文件信号源与分段线性信号源相同，只是数据由 ASCII 数据文件产生。

ASCII 数据文件的每一行为一个时间和电压数据对，时间和电压数据对之间用空格分开（也可使用 Tab 键）。时间值按升序排列，所有的值都为单精度浮点数。

（5）在"Generator Name"栏中输入文件信号源的名称，如"File Source"。

（6）编辑完成后，单击"OK"按钮，完成文件信号源的设置。

下面以一个例子来说明此种文件的格式：以下为三个周期的锯齿波，上升时间为 0.9ms，下降时间为 0.1ms，振幅为 1V。使用 UltraEdit 软件编辑 File Source.bak 文件。File Source.bak 文件如图 3-27 所示。

图 3-26　文件信号源的属性设置对话框

图 3-27　File Source.bak 文件

文件的完整数据如下：

```
0          0
0.9E-3     1
1E-3       0
1.9E-3     1
2E-3       0
```

```
2.9E-3  1
3E-3    0
```

（7）在"Generator Name"栏中输入信号发生器的名称"File Source"，并在"Data File"栏中输入数据文件路径及名称。

（8）编辑完成后，单击"OK"按钮。此时信号输入源编辑完成。

（9）用模拟图表观测输出。单击"File Source"指针，并将其拖动到图表中。本例中设置图表的"Stop Time"为 4ms。连接图如图 3-28 所示。

（10）在模拟图表上单击，按下"Space"按钮，模拟图表进行仿真。文件信号源的输出曲线如图 3-29 所示。

图 3-28　文件信号源与模拟图表连接图　　　　图 3-29　文件信号源的输出曲线

3.1.8　音频信号源（AUDIO Generator）

（1）在 PROTEUS ISIS 环境中单击工具箱中的"Generator Mode"图标 ⟳，出现如图 3-1 所示的信号源的名称列表。

（2）单击"AUDIO"，则在预览窗口出现音频信号源的符号。

（3）在编辑窗口双击，则音频信号源被放置到原理图编辑界面中。可使用镜像、翻转工具调整音频信号源在原理图中的位置。

（4）在原理图编辑区中，双击音频信号源符号，出现如图 3-30 所示的音频信号源的属性设置对话框。

（5）在"Generator Name"栏中输入音频信号源的名称，如"Audio Source"，在"WAV Audio File"列表中，通过单击"Browse"按钮找到一个后缀为"*.wav"的音频文件的文件路径，如"F:\proteus8.1\Alarm_Sound.wav"，加载进去。

（6）编辑完成后，单击"OK"按钮，完成音频信号源的设置。

音频文件的默认扩展名为 wav，并且应与待分析电路在同一路径下。若不在同一路径，须指定路径。

（7）在"Generator Name"栏中输入信号发生器的名称"Audio Source"，并在"WAV Audio File"栏中输入目标文件的路径及其文件名"C:\protues_path\Alarm_Sound.wav"。Alarm_Sound.wav 的部分内容如图 3-31 所示。

（8）使用系统的默认设置。单击"OK"按钮。此时信号输入源编辑完成。

（9）用音频图表观测输出。单击工具箱中的"Simulation Graph"图标 ⟪，在对象选择器中将出现各种仿真分析所需的图表。

图 3-30　音频信号源的属性设置对话框　　　　图 3-31　Alarm_Sound.wav 的部分内容

（10）选择"AUDIO"选项，并在编辑窗口单击，即可将图表添加到窗口。

（11）单击"Audio Source"指针，并将其拖动到图表中。本例中设置图表的"Stop Time"为 1s。连接图如图 3-32 所示。

（12）在音频图表上单击鼠标左键，按下"Space"按钮，对音频图表进行仿真。音频信号源的输出曲线如图 3-33 所示。

图 3-32　音频信号源与音频图表连接图　　　　图 3-33　音频信号源的输出曲线

3.1.9　数字单稳态逻辑电平信号源（DSTATE Generator）

（1）在 PROTEUS ISIS 环境中单击工具箱中的"Generator Mode"图标⊘，出现如图 3-1 所示的信号源的名称列表。

（2）单击"DSTATE"，则在预览窗口出现数字单稳态逻辑电平信号源的符号。

（3）在编辑窗口双击，则数字单稳态逻辑电平信号源被放置到原理图编辑界面中。可使用镜像、翻转工具调整数字单稳态逻辑电平信号源在原理图中的位置。

（4）在原理图编辑区中，双击数字单稳态逻辑电平信号源，出现如图 3-34 所示的数字单稳态逻辑电平信号源属性设置对话框。

图 3-34　数字单稳态逻辑电平信号源属性设置对话框

（5）在"Generator Name"栏中输入数字单稳态逻辑电平信号源的名称，如"DState Source 1"，在"State"选项组中，逻辑状态为"Weak Low"（弱低电平）。

（6）编辑完成后，单击"OK"按钮，完成数字单稳态逻辑电平信号源的设置。

（7）在"Generator Name"栏中输入信号发生器的名称，并在相应的项目中设置合适的值。

本例中使用七个数字单稳态逻辑电平信号源，来查看它们的输出。七个数字单稳态逻辑电平信号源的名称与指标如表 3-6 所示。

表 3-6　数字单稳态逻辑电平信号源的名称与指标

名称	指标
DState Source 1	Power Rail High
DState Source 2	Strong High
DState Source 3	Weak High
DState Source 4	Floating
DState Source 5	Weak Low
DState Source 6	Strong Low
DState Source 7	Power Rail Low

（8）设置完成后，单击"OK"按钮。此时信号输入源编辑完成。

（9）分别用模拟图表和数字图表观测输出。单击"DState Source 1"～"DState Source 7"指针，并将其拖动到图表中。本例中设置图表的"Stop Time"为 1s。连接图如图 3-35 所示。

（10）分别在数字图表、模拟图表上单击，按下"Space"按钮，数字图表、模拟图表进行仿真。数字单稳态逻辑电平信号源的输出曲线如图 3-36 所示。

其中，Power Rail High、Strong High、Weak High 重合；Weak Low、Strong Low、Power Rail Low 重合。

图 3-35　数字单稳态逻辑电平信号源与数字图表、模拟图表连接图

（a）模拟图表中的 DState 输出曲线

（b）数字图表中的 DState 输出曲线

图 3-36　数字单稳态逻辑电平信号源的输出曲线

3.1.10　数字单边沿信号源（DEDGE Generator）

（1）在 PROTEUS ISIS 环境中单击工具箱中的"Generator Mode"图标，出现如图 3-1 所示的信号源的名称列表。

图 3-37　数字单边沿信号源的属性设置对话框

（2）单击"DEDGE"，则在预览窗口出现数字单边沿信号源的符号。

（3）在编辑窗口双击，则数字单边沿信号源被放置到原理图编辑界面中。可使用镜像、翻转工具调整数字单边沿信号源在原理图中的位置。

（4）在原理图编辑区中，双击数字单边沿信号源，出现如图 3-37 所示的数字单边沿信号源的属性设置对话框。

（5）先在"Generator Name"栏中输入数字单边沿信号源的名称，如"DEDGE 1"，然后在"Edge Polarity"中选择"Positive(Low-To-High) Edge"项，在"Edge At(Secs)"项中输入"500m"，即选择边沿发生在 500ms 处。

（6）编辑完成后，单击"OK"按钮，完成数字单边沿信号源的设置。

（7）在"Generator Name"栏中输入信号发生器名称，并在相应的项目中设置合适的值。本例中数字单边沿信号源的指标如表 3-7 所示。

表 3-7　数字单边沿信号源的指标

Generator Name	Edge Polarity	Edge At(Secs)/s
DEDGE Source	Positive(Low-To-High) Edge	1

（8）设置完成后，点击"OK"按钮。此时信号输入源编辑完成。

（9）用数字图表观测输出。单击"DEDGE Source"指针，并将其拖动到图表中。本例中设置图表的"Stop Time"为 2s。连接图如图 3-38 所示。

（10）在数字图表上单击，按下"Space"按钮，对数字图表进行仿真。数字单边沿信号源的输出曲线如图 3-39 所示。

图 3-38　数字单边沿信号源与数字图表连接图　　图 3-39　数字单边沿信号源的输出曲线

3.1.11　单周期数字脉冲信号源（DPULSE Generator）

（1）在 PROTEUS ISIS 环境中单击工具箱中的"Generator Mode"图标 ⊘，出现如图 3-1 所示的信号源的名称列表。

（2）单击"DPULSE"，则在预览窗口出现单周期数字脉冲信号源的符号。

（3）在编辑窗口双击，则单周期数字脉冲信号源被放置到原理图编辑界面中。可使用镜像、翻转工具调整单周期数字脉冲信号源在原理图中的位置。

（4）在原理图编辑区中，双击单周期数字脉冲信号源，出现如图 3-40 所示的单周期数字脉冲信号源属性设置对话框。

主要有以下参数设置。

① Pulse Polarity（脉冲极性）：Positive(Low-High-Low) Pulse（正脉冲）和 Negative(High-Low-High) Pulse（负脉冲）。

② Pulse Timing（脉冲定时）：Start Time(Secs)为起始时刻；Pulse Width(Secs)为脉宽；Stop Time(Secs)为停止时间。

（5）在"Generator Name"栏中输入单周期数字脉冲信号源的名称，如"DPulse Source"，并在相应的项目中设置合适的值。

（6）编辑完成后，单击"OK"按钮，完成单周期数字脉冲信号源的设置。

（7）在"Generator Name"栏中输入信号源的名称，并在相应的项目中设置合适的值。本例中单周期数字脉冲信号源的指标如表 3-8 所示。

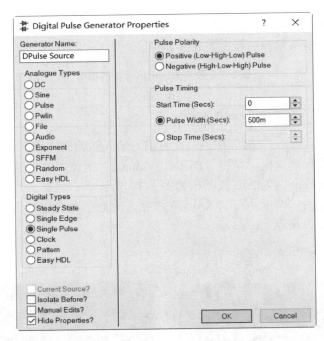

图 3-40　单周期数字脉冲信号源属性设置对话框

表 3-8　单周期数字脉冲信号源的指标

Generator Name	Pulse Polarity	Start Time(Secs)/μs	Pulse Width/μs	Stop Time
DPluse Source	Negative (High-Low-High) Pluse	1.3	1.2	—

（8）设置完成后，点击"OK"按钮。此时信号输入源编辑完成。

（9）用数字图表观测输出。单击工具箱中的"Simulation Graph"图标，在对象选择器中将出现各种仿真分析所需的图表。

（10）选择"DIGITAL"选项，并在编辑窗口单击，即可将图表添加到窗口。

（11）单击"DPluse Source"指针，并将其拖动到图表中。本例中设置图表的"Stop Time"为 3μs。连接图如图 3-41 所示。

（12）先在数字图表上单击，然后单击"Space"按钮，对数字图表进行仿真。单周期数字脉冲信号源的输出曲线如图 3-42 所示。

图 3-41　单周期数字脉冲信号源与数字图表连接图　　　图 3-42　单周期数字脉冲信号源的输出曲线

3.1.12　数字时钟信号源（DCLOCK Generator）

（1）在 PROTEUS ISIS 环境中单击工具箱中的"Generator Mode"图标 ，出现如图 3-1 所示的信号源的名称列表。

（2）单击"DCLOCK"，则在预览窗口出现数字时钟信号源的符号。

（3）在编辑窗口双击，则数字时钟信号源被放置到原理图编辑界面中。可使用镜像、翻转工具调整数字时钟信号源在原理图中的位置。

（4）在原理图编辑区中，双击数字时钟信号源，出现如图 3-43 所示的数字时钟信号源属性设置对话框。

图 3-43　数字时钟信号源属性设置对话框

（5）在"Generator Name"栏中输入数字时钟信号源的名称，如"DClock Source"，并在"Timing"选项组中把"Frequency (Hz)"的频率设为 1kHz。

（6）编辑完成后，单击"OK"按钮，完成信号源的设置。

（7）在"Generator Name"栏中输入信号源的名称，并在相应的项目中设置合适的值。本例中数字时钟信号源的指标如表 3-9 所示。

表 3-9　数字时钟信号源的指标

Generator Name	Clock Type	First Edge At/ms	Frequency/kHz	Period(Secs)
DClock Source	Low-High-Low Clock	10	1	—

（8）设置完成后，单击"OK"按钮。此时信号输入源编辑完成。

（9）用数字图表观测输出。单击"DClock Source"指针，并将其拖动到图表中。本例中设置图表的"Stop Time"为 20ms。连接图如图 3-44 所示。

（10）在数字图表上单击，单击"Space"按钮，对数字图表进行仿真。数字时钟信号源的输出曲线如图 3-45 所示。

图 3-44　数字时钟信号源与数字图表连接图　　　图 3-45　数字时钟信号源的输出曲线

3.1.13　数字模式信号源（DPATTERN Generator）

（1）在 PROTEUS ISIS 环境中单击工具箱中的"Generator Mode"图标 ⟳，出现如图 3-1 所示的信号源的名称列表。

（2）单击"DPATTERN"，则在预览窗口出现数字模式信号源的符号。

（3）在编辑窗口双击，则数字模式信号源被放置到原理图编辑界面中。可使用镜像、翻转工具调整数字模式信号源在原理图中的位置。

（4）在原理图编辑区中，双击数字模式信号源，出现如图 3-46 所示的数字模式信号源属性设置对话框。

图 3-46　数字模式信号源属性设置对话框

（5）在"Generator Name"栏中输入数字模式信号源的名称，如"Dpattern Source"，其中右边各项含义如下。

① Initial State：初始状态。

② First Edge At (Secs)：脉冲宽度。

③ Equal Mark/Space Timing?：等标记/间距定时。

④ Pulse width (Secs)：脉冲宽度。

⑤ Specific Number of Edges：指定脉冲边沿数目。

⑥ Standard High-Low Pulse Train：标准高低脉冲序列。

⑦ Specific pulse train：指定脉冲轨迹。

（6）在指定脉冲轨迹项的下边单击"Edit"按钮，出现如图 3-47 所示的数字模式信号源的轨迹编辑区。

图 3-47　数字模式信号源的轨迹编辑区

（7）在图 3-47 中，通过单击可以确定轨迹，其有高电平、低电平和浮动电平三种电平可用。单击"OK"按钮完成轨迹编辑，返回图 3-48 和图 3-49 所示的对话框和曲线。

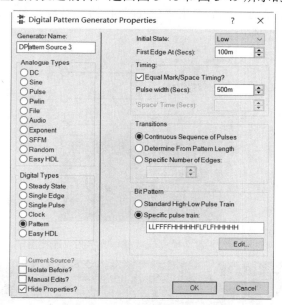

图 3-48　DPattern Source3 编辑对话框

图 3-49　DPattern Source3 曲线

（8）单击"OK"按钮完成属性设置。

（9）在"Generator Name"栏中输入信号发生器的名称，并编辑信号。在本例中使用三个信号源，它们的指标如表 3-10 所示。

表 3-10   数字模式信号源指标

Generator Name	Initial State	First Edge/ms	Timing/ms		Transitions		Bit Pattern	
DPattern Source1	Low	100	Equal mark/space timing	√	Specific Number of Edge	10	Standard High-Low Pulse Train	
			Pulse Width（Secs）	500				
DPattern Source2	Low	100	Mark Time	300	Continuous Sequence Pluses	Specific Pulse Train	11000HLfhl，如图 3-49 所示	
			Space Time	700				
DPattern Source3	Low	100	Equal mark/space timing	√	Continuous Sequence Pluses	Specific Pulse Train	使用 Edit 进行编辑，如图 3-50 所示	
			Pulse Width（Secs）	500				

（10）设置完成后，单击"OK"按钮。此时信号输入源编辑完成。

（11）用数字图表观测输出。单击"DPattern Source1""DPattern Source 2"和"DPattern Source 3"三个指针，并拖动到图表中。本例中设置图表的"Stop Time"为 15s。连接图如图 3-50 所示。

（12）在数字图表上单击，然后单击"Space"按钮，对数字图表进行仿真。数字模式信号源的输出曲线如图 3-51 所示。

图 3-50   数字模式信号源与数字图表连接图

图 3-51   数字模式信号源的输出曲线

3.2　基于图表的分析

图表分析可以得到整个电路分析结果，并且可以直观地对仿真结果进行分析。同时，图表分析能够在仿真过程中放大一些特别的部分，进行一些细节上的分析。另外，图表分析也是唯一一种能够在实时状态中分析相应结果的方法，比如交流小信号分析、噪声分析和参数扫描等都可以采用图表分析法。

图表在仿真中是一个十分重要的部分。它不仅是结果的显示媒介，而且定义了仿真类型。通过放置一个或若干个图表，用户可以观测到各种数据（数字逻辑输出、电压、阻抗等），即通过放置不同的图表来显示电路在各方面的特性。

单击工具箱中的按钮 ，在对象选择器中列出所有的电路分析图表的名称，如图 3-52 所示。电路分析图表及其含义如表 3-11 所示。

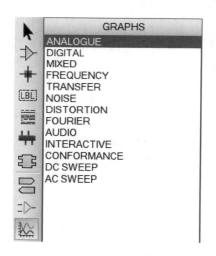

图 3-52　电路分析图表列表

表 3-11　电路分析图表及其含义

名　　称	含　　义
ANALOGUE	模拟分析图表
DIGITAL	数字分析图表
MIXED	混合分析图表
FREQUENCY	频率分析图表
TRANSFER	转移特性分析图表
NOISE	噪声分析图表
DISTORTION	失真分析图表
FOURIER	傅里叶分析图表
AUDIO	音频分析图表
INTERACTIVE	交互分析图表
CONFORMANCE	一致性分析图表
DC SWEEP	直流扫描分析图表
AC SWEEP	交流扫描分析图表

3.2.1　基于模拟分析图表的电路分析（Analogue）

模拟分析图表用于绘制一条或多条电压或电流随时间变化的曲线。

1. 放置模拟分析图表

（1）单击工具箱中的"Simulation Graph"按钮 ，在对象选择器中将出现各种仿真分析所需的图表，选择"ANALOGUE"仿真图表。

（2）在编辑窗口期望放置图表的位置单击，并拖动鼠标，此时将出现一个矩形图表轮廓，如图 3-53 所示。

（3）在期望的结束点单击，放置图表，如图 3-54 所示。

图3-53　放置图表

图3-54　图表

图表与其他元器件在移动、删除和编辑等方面的操作相同。

图表的大小可以调整：右击图表使其被选中，此时图表四边出现小黑方框，光标向方框拖动即可调整图表大小。

2．放置探针和发生器

每个发生器都默认自带一个探针，因此不需要再为发生器放置探针。有3种方法可以放置发生器和探针。

（1）依次选中探针或发生器，将其拖动到图表中。图表有左右两条竖轴，探针或发生器靠近哪边被拖入，其名字就被放置在哪条轴上，图表中的探针/发生器与原理图的名字相同。

（2）当原理图中没有被选中的探针或发生器时，单击"Graph"→"Add Trace"依次选择选项中对应的探针，单击"OK"按钮，则把对应选中的探针放置到图表中，以字母顺序排序。

（3）如果原理图中有被选中的探针或发生器，那么单击"Graph"→"Add Trace"后再单击"OK"按钮，则把所有选中的探针放置到图表中，并以字母顺序排序。

不同的探针名和发生器名由不同的颜色表示。

同其他元器件一样，右击探针名（或发生器名）则选中探针名（或发生器名），探针名（或发生器名）变为白色，拖动探针名（或发生器名）可以调整顺序，也可以通过拖动把左边竖轴的探针名（或发生器名）放到右边的竖轴。

3．设置模拟分析图表

双击模拟分析图表，将弹出如图3-55所示的模拟分析图表编辑对话框。

图3-55　模拟分析图表编辑对话框

对话框中包含如下设置内容。

Graph title：图表标题。

Start time：仿真起始时间。

Stop time：仿真终止时间。

Left Axis Label：左边坐标轴标签。

Right Axis Label：右边坐标轴标签。

设置完成后，单击"OK"按钮。

本例中添加的探针和发生器为 OUTPUT 及 INPUT 两信号，设置停止时间为 1ms。编辑后的图表如图 3-56 所示。

图 3-56　编辑后的图表

4．仿真

对图 3-57 所示的电路进行仿真。

图 3-57　模拟图表仿真电路图

将光标放在图标上，单击"Graph"→"Simulate"（快捷键为空格键）即可。仿真命令使电路开始仿真，图表也随仿真的结果进行更新。

仿真日志记录。仿真日志记录最后一次的仿真情况，单击"Graph"→"View Log"（快捷键为 Ctrl+V）可实现仿真日志的记录。

当仿真中出现错误时，仿真日志中可显示详细的出错信息。

如果再一次执行仿真，则可看到图表并没有发生变化，可在编辑瞬时图表对话框中选择"Always Simulate"，此时就可看到图表在动态刷新。

当可以看到图表上的波形，但并不能看清细节时，单击图表的标题栏，可把图表最大化（全编辑窗口显示）。模拟分析图表以窗口形式出现，如图 3-58 所示。

分析完成后，单击图表标题栏可恢复原编辑窗口。

图 3-58　模拟分析图表以窗口形式出现

（1）当显示窗口中两条曲线幅值相差较大时（例图如图 3-59 所示，电路如图 3-57 所示），可以用分离的方法。

图 3-59　例图（当两条曲线幅值相差较大时）

选中 OUTPUT 信号，按下鼠标左键将其拖动到右边的竖轴将其分离，这时可以看到如图 3-60 所示的显示窗口。

图 3-60　分离曲线

从图 3-60 可以到两边的竖轴单位是不同的。

（2）测量时，需放置两条测量线（平行于竖轴）：在图表中单击，出现一条红线（基本指针），按下 Ctrl 键，在图表中单击，出现另一条绿线（参考指针）。使用基本指针与参考指针进行测量如图 3-61 所示。

图 3-61　使用基本指针与参考指针进行测量

移动测量线时也一样：单击鼠标移动粉红线，按下 Ctrl 键单击鼠标则移动蓝线。

删除测量线：光标指向任一竖轴的标值（如右轴的 625m 等），单击鼠标，删除绿线；光标指向任一竖轴的标值，按下 Ctrl 键，单击鼠标，删除红线。

每个图表中只能出现两条测量线，分别对两个量进行测量。

当前仿真状态图表底部为状态栏，显示的数据都是绝对值。其中，DX 显示时间相对量；DY 显示幅值相对量。

3.2.2　基于数字分析图表的电路分析（Digital）

数字分析图表用于绘制逻辑电平值随时间变化的曲线，图表中的波形代表单一数据位或总线的二进制电平值。

1．放置数字分析图表

单击工具箱中的"Simulation Graph"按钮 ，在对象选择器中将出现各种仿真分析所需的图表。选择"DIGITAL"仿真图表，在编辑窗口期望放置图表的位置单击，并拖动鼠标，此时将出现一个矩形图表轮廓。在期望的结束点单击就可以放置图表。数字分析图表如图 3-62 所示。

图 3-62　数字分析图表

2．设置数字分析图表

双击图表将弹出如图 3-63 所示的数字分析图表编辑对话框。

图 3-63　数字分析图表编辑对话框

对话框中包含如下设置内容。

Graph title：图表标题。

Start time：仿真起始时间。

Stop time：仿真终止时间。

Left Axis Label：左边坐标轴标签。

Right Axis Label：右边坐标轴标签。

3．进行仿真

对数字分析图表仿真例图（见图 3-64）进行仿真。

将 S、R、U1：A（Q）和 U1：B（$\overline{Q}$）添加到数字分析图表。运行 Graph 或 Simulate（快捷键为空格键）仿真命令，即可开始仿真。数字分析图表的输出结果如图 3-65 所示。

图 3-64　数字分析图表仿真例图

图 3-65　数字分析图表的输出结果

3.2.3　基于混合分析图表的电路分析（Mixed）

混合分析图表可以在同一图表中同时显示模拟信号和数字信号的波形。

1．放置混合分析图表

单击工具箱中的"Simulation Graph"按钮，在对象选择器中选择"MIXED"仿真图表。在编辑窗口期望放置图表的位置单击，并拖动鼠标，在期望的结束点单击，放置混合分析图表，如图 3-66 所示。

2．设置混合分析图表

双击图表将弹出如图 3-67 所示的混合分析图表属性编辑对话框。

图 3-66　混合分析图表

图 3-67　混合分析图表属性编辑对话框

对话框中包含如下设置内容。

Graph title：图表标题。

Start time：仿真起始时间。

Stop time：仿真终止时间。

Left Axis Lable：左边坐标轴标签。

Right Axis Lable：右边坐标轴标签。

设置完成后，单击"OK"按钮，结束设置。

3．进行仿真

本例中使用图 3-68 所示的电路进行仿真。

（1）添加探针和发生器。添加第一个数字探针时，光标放置在图标上，右击后单击 "Add Trace"，出现如图 3-69 所示的"Add Transient Trace"对话框。

图 3-68　混合电路仿真例图

图 3-69　"Add Transient Trace"对话框

在"Trace Type"中选择"Digital"型曲线，并在"Probe P1"中选择对应的数字探针，单击"OK"按钮，可将输入模式信号源添加到混合分析图表中。

其他探针的添加可以采用菜单命令，也可采用拖动的方法。添加探针后的图表如图 3-70 所示。

（2）设置仿真时间为 10s，使用空格键开始仿真。混合分析图表仿真结果图如图 3-71 所示。

图 3-70　添加探针后的图表　　　　　　　图 3-71　混合分析图表仿真结果图

3.2.4　基于频率分析图表的电路分析（Frequency）

频率分析图表的作用是分析电路在不同频率工作状态下的运行情况。但它不像频谱分析仪，所有频率一起被考虑，而是每次只分析一个频率。因此，频率分析相当于在输入端接一可改变频率的测试信号，在输出端接一交流电表测量不同频率所对应的输出，同时可得到输出信号的相位变化情况。频率分析还可以用来分析不同频率下的输入、输出阻抗。

此功能在非线性电路中使用时是没有实际意义的。因为频率分析的前提是假设电路为线性的，也就是说，如果在输入端加一标准的正弦波，那么在输出端也要相应得到一标准的正弦波。实际上完全线性的电路是不存在的，但是一般情况下我们认为线性的电路是在此分析允许范围内的。另外，由于系统是在线性情况下引入复数算法（矩阵算法）进行的运算，因此其分析速度要比瞬态分析快许多。

频率分析图表用于绘制小信号电压增益或电流增益随频率变化的曲线，即绘制波特图。波特图可描绘电路的幅频特性和相频特性，但它们都是以指定的输入发生器为参考，在进行频率分析时，图表的 X 轴表示频率，两个 Y 轴可分别显示幅值和相位。

1．放置频率分析图表

单击工具箱中的"Simulation Graph"按钮，在对象选择器中选择"FREQUENCY"仿真图表。在编辑窗口期望放置图表的位置单击，并拖动鼠标，在期望的结束点单击，放置频率分析图表。频率分析图表如图 3-72 所示。

2．设置频率分析图表

双击图表将弹出如图 3-73 所示的频率分析图表编辑对话框。

对话框中包含如下设置内容。

Graph title：图表标题。

Reference：参考发生器。

Start frequency：仿真起始频率。

图 3-72　频率分析图表　　　　　　　图 3-73　频率分析图表编辑对话框

Stop frequency：仿真终止频率。

Interval：间距取值方式（系统提供了三种取值方式：DECADES 十倍频程、OCTAVESL 八倍频程、INEAR 线性取值）。

No.Steps/Interval：步幅数。

在频率分析中，幅值和相位都需设置一个参考值，我们通过设置参考发生器来实现这一点。图表中参考发生器的幅值为 1V，相位为 0dB。原理图中的任何一个发生器都可被设为参考发生器，图中的其他发生器在频率分析时一般被忽略。

在进行仿真时一定要选择一个参考发生器并把它拖入图中，否则仿真不能正确进行。

编辑完成后，单击"OK"按钮完成设置。

3．进行仿真

本例使用图 3-74 所示的电路进行仿真。频率分析图表的设置如表 3-12 所示。

表 3-12　频率分析图表的设置

标　题	参考发生器	起始频率/Hz	终止频率/MHz	间距取值方式	步　长
FREQUENCY RESPONSE	INPUT	10	1	DECADES	10

单击"Graph"→"Simulate"（快捷键为空格键），开始仿真。此时，图表也随仿真的结果进行更新。频率分析图表仿真结果如图 3-75 所示。

图 3-74　仿真电路　　　　　　　　　图 3-75　频率分析图表仿真结果

如上所述，测量时，需放置两条测量线（平行于竖轴）：在图表中单击，出现一条绿线；按下 Ctrl 键，在图表中单击，出现另一条红线。

移动测量线：单击移动绿线，按下 Ctrl 键单击则移动红线。

删除测量线：光标指向任一竖轴的标值（如左轴的–200m、400m 等），单击，删除绿线；鼠标指向任一竖轴的标值，按下 Ctrl 键，单击，删除红线。

图表底部为状态栏，显示的数据都是绝对值。其中 DX 显示时间相对量；DY 显示幅值相对量。

3.2.5　基于转移特性分析图表的电路分析（TRANSFER）

转移特性分析是一种非线性分析。用于分析在给定激励信号的情况下电路的时域响应。

1．放置转移特性分析图表

单击工具箱中的"Simulation Graph"按钮 ，在对象选择器中选择"TRANSFER"仿真图表。在编辑窗口期望放置图表的位置单击，并拖动鼠标，在期望的结束点单击，放置图表，如图 3-76 所示。

2．设置转移特性分析图表

双击转移特性分析图表，将弹出如图 3-77 所示的转移特性分析图表属性设置对话框。

图 3-76　转移特性分析图表

图 3-77　转移特性分析图表属性设置对话框

对话框中包含如下设置内容。

Graph title：图表标题。

Source 1：横轴仿真源。　　　　　　　　　Source 2：信号源。

Start value：横轴仿真源的仿真起始值。　　Start value：信号源仿真起始值。

Stop value：横轴仿真源的仿真终止值。　　Stop value：信号源仿真终止值。

No.Steps：步幅数。　　　　　　　　　　　No.steps：步幅数。

Left Axis：左边坐标轴标签。　　　　　　　Right Axis：右边坐标轴标签。

按照电路要求设置转移特性分析图表。编辑完成后，单击"OK"按钮完成设置。

3．进行仿真

本例使用图 3-78 所示的电路进行仿真（其中，VCE=1V）。

图 3-78　转移特性分析电路

转移特性分析图表的设置如表 3-13 所示。

表 3-13　转移特性分析图表的设置

图 表 标 题	DC TRANSFER CURVE ANALYSIS		
源 1	VCE	源 2	IB
源 1 仿真起始值/V	0	源 1 仿真起始值/μV	100
源 1 仿真终止值/V	10	源 1 仿真终止值/mV	1
步长	100	步长	10

单击"Graph"→"Simulate"（快捷键为空格键），开始仿真。此时，图表也随仿真的结果进行更新。转移特性分析图表分析结果图如图 3-79 所示。

图 3-79　转移特性分析图表分析结果图

3.2.6　基于噪声分析图表的电路分析（NOISE）

电阻或半导体元器件会自然而然地产生噪声，这对电路工作会产生相当程度的影响。系统提供噪声分析就是将噪声对输出信号所造成的影响数字化，以供设计师评估电路性能。

在分析时，SPICE 模拟装置可以模拟电阻及半导体元器件产生热噪声，各元器件在设置电压探针时（因为该分析不支持噪声电流，所以 PROSPICE 不考虑电流探针）所产生的噪声将在该点求和，即该点的总噪声。分析曲线的横坐标表示的是该分析所在的频率范围，纵坐标表示的是噪声值（分左、右 Y 轴，左 Y 轴表示输出噪声值，右 Y 轴表示输入噪声值。一般以 $V/\sqrt{Hz}$ 为单位，也可通过编辑图表对话框设置为 dB，0dB 对应 $1\,V/\sqrt{Hz}$）。电路工作点将按照一般处理方法计算，在计算工作点之外的各时间，除了参考输入信号，各信号发生装置将不被分析系统考虑，因此分析前不必移除各信号发生装置。因为 PROSPICE 在分析过程中计算所有电压探针噪声的同时考虑了它们相互间的影响，所以人们无法知道某个探针的独立噪声分析结果。分析过程将对每个探针逐一处理，因此仿真时间大概与电压探针的数量成正比。应当注意的是，噪声分析不考虑外部电、磁等对电路的影响。

噪声分析图表可显示随频率变化时节点的等效输入、输出噪声电压，同时可产生单个元器件的噪声电压清单。

图 3-80　噪声分析图表

1. 放置噪声分析图表

单击工具箱中的"Simulation Graph"按钮 ，在对象选择器中选择"NOISE"仿真图表。在编辑窗口期望放置图表的位置单击，并拖动鼠标，在期望的结束点单击，放置噪声分析图表，如图 3-80 所示。

2. 设置噪声分析图表

双击图表将弹出如图 3-81 所示的噪声分析图表编辑对话框。

图 3-81　噪声分析图表编辑对话框

对话框中包含如下设置内容。

Title：图表标题。

Reference：参考发生器。

Start frequency：起始仿真频率。

Stop frequency：终止仿真频率。

Interval：间距取值方式（系统提供三种取值方式：DECADES 十倍频程、OCTAVESL 八倍频程、INEAR 线性取值）。

No.Steps/Interval：步幅数。

按照电路实际要求设置噪声分析图表。编辑完成后，单击"OK"按钮完成设置。

3. 进行仿真

本例使用图 3-74 所示的电路进行仿真。噪声分析图表的设置如表 3-14 所示。

表 3-14　噪声分析图表的设置

标　　题	参考发生器	起始仿真频率/Hz	终止仿真频率/MHz	间距取值方式	步　　长
NOISE ANALYSIS	INPUT	10	1	DECADES	10

单击"Graph"→"Simulate"（快捷键为空格键），开始仿真。此时，图表将随仿真的结果进行更新。噪声分析图表仿真结果如图 3-82 所示。

图 3-82　噪声分析图表仿真结果

3.2.7　基于失真分析图表的电路分析（DISTORTION）

失真是由电路传输函数中的非线性部分产生的，仅由线性元器件组成的电路（如电阻、电感、线性可控源）不会产生任何失真。失真分析可用于检测电路中的谐波失真和互调失真。

PROTEUS ISIS 的失真分析可仿真二极管、双极性晶体管、场效应管、面结型场效应晶体管（JFET）和金属氧化物半导体场效应晶体管（MOSFET），用于确定由测试电路所引起的电平失真程度。

对于单频率信号，PROTEUS ISIS 失真分析可确定电路中每一节点的二次谐波和三次谐波造成的失真；对于互调失真，即电路中有频率分别为 F1、F2 的交流信号源，PROTEUS ISIS 频率分析则给出电路节点在 F1+F2、F1−F2 及 2F1−F2 这些不同频率上的谐波失真。

失真分析对于研究瞬态分析中不易观察到的小失真比较有效。

1. 放置失真分析图表

单击工具箱中的"Simulation Graph"按钮 ，在对象选择器中选择"DISTORTION"仿真图表。在编辑窗口期望放置图表的位置单击，并拖动鼠标，在期望的结束点单击，放置失真分析图表，如图 3-83 所示。

图 3-83　失真分析图表

2．设置失真分析图表

双击图表将弹出如图 3-84 所示的失真分析图表编辑对话框。

图 3-84　失真分析图表编辑对话框

对话框中包含如下设置内容。

Graph title：图表标题。

Reference：频率为 F1 的发生器。

IM ratio：F2 与 F1 的比率。

Start frequency：F1 起始仿真频率。

Stop frequency：F1 终止仿真频率。

Interval：间距取值方式，系统提供三种取值方式（DECADES 十倍频程、OCTAVESL 八倍频程、INEAR 线性取值）。

No.Steps/Interval：步幅数。

其中 IM ratio 是在仿真电路的互调失真时用于设置 F2 与 F1 的比率；此时设置的频率范围为 F1 的频率范围，F2 的频率范围为 F1 的频率乘以 F2 与 F1 的比率；IM ratio 的值设置为 0 到 1 之间的数。当 IM ratio 设置为 0 时，系统仿真电路的谐波失真。

按照电路实际要求设置失真分析图表。编辑完成后，单击"OK"按钮，完成设置。

3．进行仿真

本例使用图 3-74 所示电路进行仿真。失真分析图表的设置如表 3-15 所示。

表 3-15　失真分析图表的设置

标　　题	参考发生器	起始仿真频率/Hz	终止仿真频率/MHz	间距取值方式	步　　长	IM ratio
DISTORTION ANALYSIS	INPUT	10	1	DECADES	10	0

单击"Graph"→"Simulate"（快捷键为空格键），开始仿真。图表也随仿真的结果进行更新。失真分析图表仿真结果如图 3-85 所示。

失真分析将生成每个谐波的幅值和相位信息。

对于单频率谐波畸变，在图表中将出现两条曲线，分别表示信号的二次谐波和三次谐波。

对于互调失真，将按照二次谐波与基波的比率输入两个频率信号。每一轨迹将有三条曲线分别显示 F1+F2、F1–F2 和 2F1–F2。

图 3-85　失真分析图表仿真结果

在定义二次谐波与基波的比率时须小心。因为，如果 F2/F1＝0.5，则 F1–F2 等于 F2，且 F1–F2 曲线将没有意义。

无论在何种失真分析下，将指针放置到曲线图表上后，在状态栏的右边都会显示曲线的类型。失真曲线的状态显示如图 3-86 所示。

图 3-86　失真曲线的状态显示

3.2.8　基于傅里叶分析图表的电路分析（Fourier）

傅里叶分析方法用于分析一个时域信号的直流分量、基波分量和谐波分量，即把被测节点处的时域变化信号进行离散傅里叶变换，求出它的频域变换规律，将被测节点的频谱显示在分析图窗口中。在进行傅里叶分析时，必须要先选择被分析的节点，一般将电路中的交流激励源的频率设为基频，若电路中有几个交流激励源，则可将基频设为交流激励源频率的最小公因数。

PROTEUS ISIS 系统为模拟电路频域分析提供了傅里叶分析图表。系统先对电路进行瞬态分析，然后对瞬态分析结果执行快速傅里叶变换（FFT）。为了优化 FFT 分析，仿真图表中提供了多种窗函数。

由傅里叶分析计算系统失真度（D）的计算公式为：$D \approx \sqrt{\dfrac{V_{om2}^2 + V_{om3}^2}{V_{om1}^2}}$，其中 V_{om1}^2 是基波幅度，而 V_{om2}^2、V_{om3}^2 为二次谐波与三次谐波。

1．放置傅里叶分析图表

图 3-87　傅里叶分析图表

单击工具箱中的"Simulation Graph"按钮 ，在对象选择器中选择"FOURIER"仿真图表。在编辑窗口期望放置图表的位置单击，并拖动鼠标，在期望的结束点单击，放置傅里叶分析图表。傅里叶分析图表如图 3-87 所示。

2．设置傅里叶分析图表

双击图表将弹出如图 3-88 所示的傅里叶分析图表编辑对话框。

图 3-88　傅里叶分析图表编辑对话框

对话框中包含如下设置内容。

Graph title：图表标题。

Start time：仿真起始时间。

Stop time：仿真终止时间。

Max Frequency：最大频率。

Resolution：分辨率。

Window：窗函数。

Left Axis Label：左边坐标轴标签。

Right Axis Label：右边坐标轴标签。

按照电路实际要求设置傅里叶分析图表。编辑完成后，单击"OK"按钮完成设置。

3. 进行仿真

本例使用图 3-89 所示的电路进行仿真。

傅里叶分析图表的设置如表 3-16 所示。

表 3-16　傅里叶分析图表的设置

图 表 标 题	仿真起始时间/s	仿真终止时间/ms	最大频率/kHz	分 辨 率	窗 函 数
FFT OF REAL SOUARE WAVE	0	100	20	125	None

单击"Graph"→"Simulate"（快捷键为空格键），开始仿真。此时，图表也随仿真的结果进行更新。傅里叶分析曲线如图 3-90 所示。

图 3-89　傅里叶分析例图

图 3-90　傅里叶分析曲线

3.2.9　基于音频分析图表的电路分析（Audio）

音频分析用于用户从设计的电路中听电路的输出（要求系统具有声卡）。实现这一功能的主要图表工具为音频分析图表。这一分析图表与模拟分析图表在本质上是一样的，只是在仿真结束后，会生成一个时域的 wav 文件窗口，并且可通过声卡输出声音。

1. 放置音频分析图表

单击工具箱中的"Simulation Graph"按钮 ，在对象选择器中选择"AUDIO"仿真图表。在编辑窗口期望放置图表的位置单击，并拖动鼠标，在期望的结束点单击，放置音频分析图表。音频分析图表如图 3-91 所示。

图 3-91　音频分析图表

2. 设置音频分析图表

在图表中放置测量探针，设置音频分析图表，如图 3-92 所示。

图 3-92　设置音频分析图表

对话框中包含如下设置内容。

Graph title：图表标题。

Start time：仿真起始时刻。

Stop time：仿真终止时刻。

Play mode：播放模式（系统提供了四种播放模式：MONO、INPUT、OUTPUT 和 STEREO）。

Loop time：循环时间。

Sample Bits：采样位（系统提供了两种采样位：8 或 16）。

Sample Rate：采样率（系统提供了 11025、22050、44100 三种采样率）。

按电路实际要求编辑完成后，单击"OK"按钮完成设置。

3．进行仿真

本例使用图 3-93 所示的电路进行仿真。

音频分析图表的设置如表 3-17 所示。

表 3-17　音频分析图表的设置

Graph title	Start time/s	Stop time/ms	Play mode	Loop time/ms	Sample Bits	Sample Rate
AUDIO ANALYSIS	0	1	MONO	2	16	44100

单击"Graph"→"Simulate"（快捷键为空格键），开始仿真。此时，图表也随仿真的结果进行更新。音频分析曲线如图 3-94 所示。

图 3-93　音频分析例图

图 3-94　音频分析曲线

根据实际仿真生成合适长度的波形，选择启动时间、停止时间和循环时间。通过分析对比可知，分析 1ms 内的音频电路将明显比分析 1s 内的音频电路快得多。

为信号选择一个采样分辨率和采样率，以使信号不失真。在不需要创建大的文件或缺少磁盘空间的情况下，使用 16 位的采样分辨率。大多数计算机的扬声器系统选择 43.1k 的采样率。

按空格键，调用 PROSPICE。按 Ctrl+空格键，重播音频文件，而不进行仿真。

3.2.10　基于交互式分析图表的电路分析（Interactive）

交互式分析图表结合了交互式仿真与图表仿真的特点，在仿真过程中，系统建立交互式模型，但分析结果却是用一个瞬态分析图表记录和显示的。交互式分析特别适用于观察电路中的某一单独操作对电路产生的影响（如变阻器阻值变化对电路的影响），相当于将一个示波器和一个逻辑分析仪结合在一个装置上。

在分析过程中，系统按照混合模型瞬态分析的方法进行运算，但仿真是在交互式模型下运行的。因此，像开关、键盘等各种激励的操作将对结果产生影响。同时，仿真速度也取决于交互式仿真中设置的时间步长。应当引起注意的是，在分析过程中，系统将获得大量数据，处理器每秒将会产生数百万事件，产生的各种事件将占用许多兆内存，这就很容易使系统崩溃，因此不宜进行长时间仿真，这就是说，当短时间仿真不能实现目的时，可以应用逻辑分析仪来实现。另外，和普通交互式仿真不同的是，有许多电路不支持该分析。

在通常情况下，可以借助交互式仿真中的虚拟仪器来观察电路中的某一单独操作对电路产生的影响，但有时需要将结果用图表的方式显示出来以便更详细地分析，这就需要用交互式分析实现。

1．放置交互式分析图表

单击工具箱中的"Simulation Graph"按钮 ，在对象选择器中选择"INTERACTIVE"仿真图表。在编辑窗口期望放置图表的位置单击，并拖动鼠标，在期望的结束点单击，放置交互式分析图表。交互式分析图表如图 3-95 所示。

图 3-95　交互式分析图表

2．设置交互式分析图表

双击交互式分析图表，将弹出如图 3-96 所示的交互式分析图表编辑对话框。

对话框中包含如下设置内容。

Graph title：图表标题。

图 3-96　交互式分析图表编辑对话框

Start time：仿真起始时刻。

Stop time：仿真终止时刻。

Left Axis Label：左边坐标轴标签。

Right Axis Label：右边坐标轴标签。

设置完成后，单击"OK"按钮，结束设置。

3．进行仿真

本例使用图 3-97（a）所示的电路进行仿真。

单击"Graph"→"Simulate"（快捷键为空格键），开始仿真。此时，图表也随仿真的结果进行更新。交互式分析的电路图和结果图如图 3-97 所示。

（a）

（b）

图 3-97　交互式分析的电路图和结果图

3.2.11　基于一致性分析图表的电路分析（CONFORMANCE）

一致性分析用于比较两组数字仿真结果。这一分析图表可以快速测试改进后的设计是否会带来不期望的副作用。一致性分析作为测试策略的一部分，通常应用于嵌入式系统的分析中。

一致性分析可以在图表中保存两组结果，并分别称其为测试结果与参考结果。

电路是否具有一致性，由初始迹线（First Trace）判断，它以不同的颜色显示，以与其他曲线区分。

1. 放置一致性分析图表

单击工具箱中的"Simulation Graph"按钮 图，在对象选择器中将出现各种仿真分析所需的图表，选择"CONFORMANCE"仿真图表。

在编辑窗口期望放置图表的位置单击，并拖动鼠标，在期望的结束点单击，放置图表。一致性分析图表如图 3-98 所示。

图 3-98   一致性分析图表

双击一致性分析图表，将弹出如图 3-99 所示的一致性分析图表的属性编辑对话框。

图 3-99   一致性分析图表的属性编辑对话框

对话框中包含如下设置内容。

Graph title：图表标题。

Start time：仿真起始时刻。

Stop time：仿真终止时刻。

Left Axis Label：左边坐标轴标签。

Right Axis Label：右边坐标轴标签。

根据电路实际需要设置一致性分析图表，编辑完成后，单击"OK"按钮，完成设置。

2. 建立电路

本例中使用图 3-100 所示的电路进行一致性分析演示。

这一电路由 U_1、R_1 和 C_1 构成了典型的 555 单稳态触发器，由数字脉冲发生器在 1ms 处触发，其中 TP 的设置为 Start Time(Secs)：1ms；Pulse Width：205μs。同时结果输出波形显示在模拟分析图表中。

一致性分析例图的模拟仿真结果图如图 3-101 所示。

图 3-100　一致性分析例图[①]

图 3-101　一致性分析例图的模拟仿真结果图

电路仿真结果应具有以下特性。

（1）在触发发生之前，输出为低电平。

（2）触发端变为低电平后，输出马上变为高电平。

（3）当触发变回高电平，输出仍保持为高电平。

（4）输出保持高电平约 1.5ms 后，变为低电平。

3．control trace 的获取

为了完成一致性分析，需在触发信号的每一边沿及输出信号的每一边沿采样输出数据。本例中采用图 3-102 所示的 control trace 电路。其中，数字脉冲信号源的设置如表 3-18 所示。

表 3-18　数字脉冲信号源的设置

Generator Name	Pulse Polarity	Start Time(Secs)/ms	Pulse Width/μs
U2（D0）	Positive (Low-High-Low) Pulse	995	10
U2（D1）	Positive (Low-High-Low) Pulse	1.2	10
U2（D2）	Positive (Low-High-Low) Pulse	2.4	200

用户通过选择最后两个采样点的间距来设置延迟时间的容限。

用户可使用数字时钟发生器或模式发生器产生控制信号；采用单时钟信号发生器将使电路每隔一定间隔进行查证，因此常采用这一方法。

放置一致性分析图表，确保 control trace 在图表的顶端。

将 CONTROL、TR、OUTPUT 指针放置到一致性分析图表中，并进行编辑。一致性分析图表结果如图 3-103 所示。

---

① 此类图片中的 U1、R1、C1 的 "1" 在正文中均为下标。

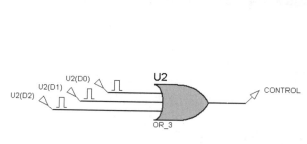

图 3-102　control trace 电路

图 3-103　一致性分析图表结果

若要验证结果是否与期望的结果相同，则 control trace 电路就要验证在期望的时间点处的跳变是否与期望的结果相同。我们可以打开一致性分析图表编辑对话框，并按"Store Results"按钮。这一操作将使得当前显示的结果成为参考结果，且图线将以暗色显示，如图 3-104 所示。

① 保存设计。

② 现假设元器件不足，R_1 和 C_1 值须改变。例如，$R_1 = 15\text{k}\Omega$ 和 $C_1 = 100\text{nF}$，此时对设计进行一致性分析。结果如图 3-105 所示。

图 3-104　将获取的 control trace 保存

图 3-105　更改变量值后系统的仿真结果图

3.2.12　基于直流扫描分析图表的电路分析（DC Sweep）

直流扫描分析可以观察电路元器件参数值在使用者定义的范围内发生变化时对电路工作状态（电压或电流）的影响（如观察电阻值、晶体管放大倍数、电路工作温度等参数变化对电路工作状态的影响），也可以通过扫描激励元器件参数值来测量元器件直流传输特性。

PROTEUS ISIS 系统为模拟电路分析提供了直流扫描分析图表，使用该图表，可以显示随扫描变化的动态电压值或电流值。

1. 放置直流扫描分析图表

单击工具箱中的"Simulation Graph"按钮，在对象选择器中将出现各种仿真分析所需的图表，选择"DC SWEEP"仿真图表。

在编辑窗口期望放置图表的位置单击，并拖动鼠标，在期望的结束点单击，放置图表。直流扫描分析图表如图 3-106 所示。

2. 设置直流扫描分析图表

双击直流扫描分析图表，将弹出如图 3-107 所示的直流扫描分析图表编辑对话框。

图 3-106　直流扫描分析图表

图 3-107　直流扫描分析图表编辑对话框

对话框中包含如下设置内容。

Graph title：图表标题。

Sweep variable：扫描变量。

Start value：扫描变量起始值。

Stop value：扫描变量终止值。

Nominal value：标称值。

No.steps：步幅数。

Left Axis Label：左边坐标轴标签。

Right Axis Label：右边坐标轴标签。

根据电路实际需要设置直流扫描分析图表，编辑完成后，单击"OK"按钮，完成设置。

3．进行仿真

本例中使用图 3-108 所示的电路进行仿真。

直流扫描分析图表的设置如表 3-19 所示。

表 3-19　直流扫描分析图表的设置

Graph title	Sweep variable	Start value/mV	Stop value/mV	Nominal value	No.steps
DIODE CHARACTERISTIC	V	−800	800	0	50

单击"Graph"→"Simulate"（快捷键为空格键），开始仿真。此时，图表也随仿真的结果进行更新。直流扫描分析仿真结果图如图 3-109 所示。

图 3-108　直流扫描分析例图　　　　　　图 3-109　直流扫描分析仿真结果图

3.2.13　基于交流扫描分析图表的电路分析（AC Sweep）

交流扫描分析图表可以建立一组反映元器件在参数值发生线性变化时的频率特性曲线，主要用来观测相关元器件参数值发生变化时对电路频率特性的影响。

交流扫描分析时，系统内部完全按照普通的频率特性分析计算有关值，不同的是由于元器件参数不固定而增加了运算次数，所以每次相应的计算一个元器件参数值对应的结果。

与频率特性分析相同，左、右 Y 轴分别表示幅度（dB）和相位值。

1．放置交流扫描分析图表

单击工具箱中的"Simulation Graph"按钮，在对象选择器中选择"AC SWEEP"仿真图表。在编辑窗口期望放置图表的位置单击，并拖动鼠标，在期望的结束点单击，放置图表。交流参数扫描分析图表如图 3-110 所示。

2．设置仿真图表

双击交流参数扫描分析图表，将弹出如图 3-111 所示的交流参数扫描分析图表编辑对话框。

图 3-110　交流参数扫描分析图表

图 3-111　交流参数扫描分析图表编辑对话框

对话框中包含如下所示的设置内容。

Graph title：图表标题。

Reference：参考信号源。

Sweep var：扫描变量。

Start frequency：参考信号源仿真起始频率。

Start value：仿真起始值。

Stop frequency：参考信号源仿真终止频率。

Stop value：仿真终止值。

Interval：间距取值方式（DECADES 为十倍频程；OCTAVESL 为八倍频程；INEAR 为线性取值）。

Nom.value：标称值。

No.Steps/Interval：步幅数。

No.steps：步幅数。

按照电路要求设置交流参数扫描分析图表。编辑完成后，单击"OK"按钮，完成设置。

3．进行仿真

本例中使用图 3-112 所示的电路进行仿真。交流扫描分析图表的设置如表 3-20 所示。

图 3-112　交流扫描分析例图

表 3-20　交流扫描分析图表的设置

Graph title		AC SWEEP ANALYSIS	
Reference	R1(1)	Sweep variable	X
Start frequency	10Hz	Start value	1
Stop frequency	1MHz	Stop value	10
Interval	DECADES	Nom.value	4.5
No.Steps/Interval	100	No.steps	6

单击"Graph"→"Simulate"（快捷键为空格键），开始仿真。此时，图表也随仿真的结果进行更新。交流扫描分析仿真结果如图 3-113 所示。

图 3-113　交流扫描分析仿真结果

3.3　虚拟仪器

　　PROTEUS ISIS 为用户提供了多种虚拟仪器，单击工具箱中的按钮，在对象选择器中列出所有的虚拟仪器，如图 3-114 所示。虚拟仪器及其含义如表 3-21 所示。

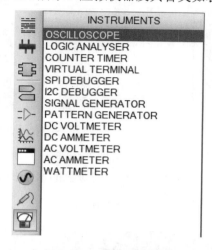

图 3-114　虚拟仪器列表

表 3-21　虚拟仪器及其含义

名　　　称	含　　义
OSCILLOSCOPE	示波器
LOGIC ANALYSER	逻辑分析仪
COUNTER TIMER	定时器/计数器
VIRTUAL TERMINAL	虚拟终端
SPI DEBUGGER	SPI 调试器
I2C DEBUGGER	I2C 调试器
SIGNAL GENERATOR	信号发生器
PATTERN GENERATOR	模式发生器
DC VOLTMETER	直流电压表
DC AMMETER	直流电流表
AC VOLTMETER	交流电压表
AC AMMETER	交流电流表
WATTMETER	功率表

3.3.1　示波器（Oscilloscope）

　　（1）在 PROTEUS ISIS 环境中单击工具箱中的"Virtual Instrument Mode"按钮，出现信号源的名称列表。

　　（2）单击"OSCILLOSCOPE"，则在预览窗口出现示波器的符号。

（3）在编辑窗口单击，出现示波器的拖动图像，将其拖动到合适位置，再次单击，示波器被放置到原理图编辑区中。虚拟的示波器如图 3-115 所示。

（4）示波器的四个接线端 A、B、C、D 应分别接四路输入信号，信号的另一端应接地。该示波器能同时观看四路信号的波形。

（5）按图 3-116 连线。把 1kHz、1V 的正弦激励信号加到示波器 A 通道。

图 3-115　虚拟的示波器　　　　　　　图 3-116　正弦信号与示波器的接法

（6）单击仿真运行按钮 ▶ 开始仿真，出现如图 3-117 所示的仿真运行后的示波器运行界面。可以看到，左面的图形显示区有四条不同颜色的水平扫描线，其中 A 通道由于接了正弦信号，因此已经显示出正弦波形。

图 3-117　仿真运行后的示波器运行界面

（7）示波器的操作区分以下几部分。

① Channel A：A 通道。

② Channel B：B 通道。

③ Channel C：C 通道。

④ Channel D：D 通道。

⑤ ![Position] Position：示波器显示垂直机械位置调节旋钮，用于调节所选通道波形的垂直位置。

⑥ 选择开关：选择通道显示波形类型。

⑦ 旋钮：用于调节垂直刻度系数。旋转图中的箭头可设置调节系统；另外，在文本框中输入数据，按回车键也可设置调节系数。

⑧ Trigger：示波器触发信号设置，用于设置示波器触发信号的触发方式。

⑨ Level：触发电平，用于调节电平。

⑩ 选择开关：触发电平类型。

⑪ 触发方式：触发电平的触发方式。

⑫ Auto：自动设置触发方式。

⑬ One-Shot：单击触发。

⑭ Cursors：选择指针模式。

⑮ Horizontal：示波器显示水平机械位置调节窗口。

⑯ 滑动拨钮：用于调节波形的触发点位置。

⑰ 旋钮：用于调节水平比例尺因子。

通道区：每个通道区的操作功能都一样，主要有两个旋钮，"Position"用来调整波形的垂直位移；下面的旋钮用来调整波形的 Y 轴增益，白色区域的刻度表示图形区每格对应的电压值。内旋钮是微调，外旋钮是粗调。在图形区读波形的电压时，会把内旋钮顺时针调到最右端。

触发区：其中"Level"用来调节水平坐标，水平坐标只在调节时才显示。"Auto"按钮一般为红色选中状态。"Cursors"按钮被选中后，可以在图标区标注横坐标和纵坐标，从而读波形的电压和周期，如图 3-118 所示。在此界面中右击会出现快捷菜单，在此菜单中可以选择清除所有的标注坐标、打印及颜色设置。

图 3-118　触发区"Cursors"按钮的使用

水平区："Position"用来调整波形的左右位移，下面的旋钮可以调整扫描频率。当读周期时，应把内环的微调旋钮顺时针转到底。

3.3.2　逻辑分析仪（Logic Analyser）

逻辑分析仪"LOGIC ANALYSER"是通过将连续记录的输入信号存入大的捕捉缓冲器进行工作的。这是一个采样过程，具有可调的分辨率，用于定义可以记录的最短脉冲。在触发期间，驱动数据捕捉处理暂停，并检测输入数据。触发前后的数据都可以显示。因其具有非常大的捕捉缓冲器（可存放 10 000 个采样数据），所以支持放大/缩小显示和全局显示。同时，用户还可移动测量标记，对脉冲宽度进行精确定时测量。

逻辑分析仪如图 3-119 所示。其中 A0～A15 为 16 路数字信号输入，B0～B3 为总线输入，每条总线支持 16 位数据，主要用于接收单片机的动态输出信号。运行后，可以显示 A0～A15、B0～B3 的数据输入波形。

图 3-119　逻辑分析仪

逻辑分析仪的使用方法如下。

（1）把逻辑分析仪放置到原理图编辑区，在 A0 通道上接 10Hz 的方波信号，A1 通道接低电平，A2 通道接高电平。

（2）单击仿真运行按钮，出现其仿真操作界面，如图 3-120 所示。

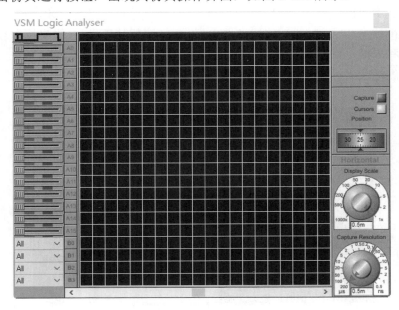

图 3-120　逻辑分析仪的仿真操作界面

（3）先调整一个分辨率，类似于示波器的扫描频率，在图 3-120 中调捕捉分辨率"Capture Resolution"，单击光标按钮"Cursors"使其不再显示。按捕捉按钮"Capture"，开始显示波形，该按钮先变红，再变绿，稍后显示如图 3-121 所示的波形。

（4）调整水平显示范围按钮"Display Scale"，或在图形区滚动鼠标滚轮，可调节波形，使其左右移动。

（5）如果希望的波形没有出现，则可以再次调整分辨率，单击捕捉按钮，就能重新生成波形。

（6）"Cursors"光标按钮被按下后，在图形区单击，可标记横坐标的数值，即可以测出波形的周期、脉宽等。

从图 3-121 可以观察到，A0 通道显示方波，A1 通道显示低电平，A2 通道显示高电平，这两条线紧挨着。其他没有接线的通道 A3～A15 一律显示低电平，B0～B3 由于不是单线而是总线，所以有两条高低电平来显示，若有输入，则波形应为我们平时分析存储器读写时序时见到的数据或地址的波形。

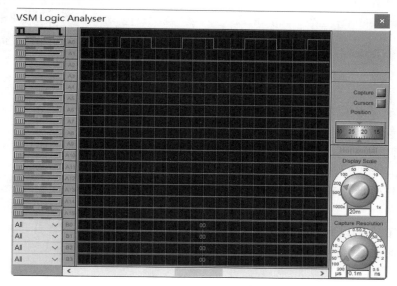

图 3-121　逻辑分析仪的仿真结果

3.3.3　定时器/计数器（Counter Timer）

PROTEUS VSM 提供的定时器/计数器是一个通用的数字仪器，可用于测量时间间隔、信号频率和脉冲数。

定时器/计数器支持以下操作模式。

- 定时器方式（显示秒），分辨率为 1μs。
- 定时器方式（显示小时、分、秒），分辨率为 1ms。
- 频率计数器（频率计）方式，分辨率为 1Hz。
- 计数器方式，最大计数值为 99 999 999。
- 定时值、频率数或计数值既在虚拟仪器界面显示，也在定时器/计数器的弹出式窗口显示。在仿真期间，单击"Debug"→"VSM Counter Timer"，即可出现弹出式窗口，如图 3-122 所示。

在这一弹出式窗口中，手动选择复位电平极性（RESET POLARITY）、门信号极性（GATE POLARITY）、手动复位（MANUAL RESET）、工作模式（MODE）。

1．使用定时器/计数器测量时间间隔

（1）单击工具箱中的"Virtual Instrument"按钮，则在对象选择窗口列出所包含的项目。

（2）从对象选择器中选择"COUNTER TIMER"，则在浏览窗口显示出虚拟定时器/计数器的图标。

（3）在编辑窗口单击，添加虚拟时间间隔计数测量器，如图 3-123 所示。

图 3-122　虚拟定时器/计数器弹出式窗口

图 3-123　虚拟时间间隔计数测量器

其中的各引脚含义如下。

CLK：时钟引脚。

CE：时钟使能引脚。当需要使能信号时，可将使能控制信号连接到这一引脚。如果不需要时钟使能，那么可以将这一引脚悬空。

RST：复位引脚。这一引脚可使计时器复位、归零。如果不需要复位功能，那么可以将这一引脚悬空。

将光标放在 VSM Counter Timer 图标之上，并使用快捷键 Ctrl+E，打开编辑对话框进行设置。虚拟定时器/计数器编辑对话框如图 3-124 所示。

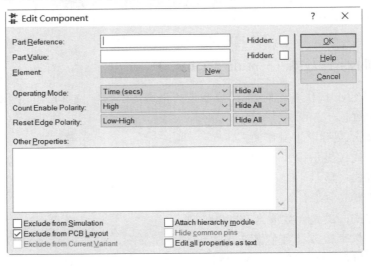

图 3-124　虚拟定时器/计数器编辑对话框

其中的各项介绍如下。

（1）Operating Mode：工作模式选项。

① Default：默认方式，系统设置为计数方式。

② Time（secs）：定时方式，相当于一个秒表，最多计 100s，精确到 1μs。CLK 引脚无须外加输入信号，内部自动计时。由 CE 引脚和 RST 引脚来控制暂停或重新从零开始计时。

③ Time（hms）：定时方式，相当于一个具有小时、分、秒的时钟，最多计 10h，可精确到 1ms。CLK 引脚无须外加输入信号，内部自动计时。由 CE 引脚和 RST 引脚来控制暂停或重新从零开始计时。

④ Frequency：测频方式，在 CE 引脚有效和 RST 引脚没有复位的情况下，能稳定显示 CLK 引脚外加的数字波频率。

⑤ Count：计数方式，能够计外加时钟信号 CLK 的周期数，如图 3-123 中的计数显示，最多计满八位，即 99 999 999。

（2）Count Enable Polarity：设置计数使能极性。

（3）Reset Edge Polarity：复位信号边沿极性。

根据电路要求，选择需要的计时模式（如 secs 或 hms），以及 CE 引脚和 RST 引脚的逻辑极性。

退出编辑窗口，运行仿真。

① 复位引脚（RST pin）为边沿触发方式，而不是电平触发方式。如果想要使定时器/计数器保持为零，可同时使用 CE 引脚和 RST 引脚。

② 定时器/计数器的弹出式窗口提供了 manual reset（手动复位）按钮。这一按钮可在仿真的任何时间复位计数器。这一功能在嵌入式系统中是非常有用的。使用这一功能，可以仿真程序的特定部分。

2．使用定时器/计数器测量数字信号的频率

（1）单击工具箱中的"Virtual Instrument"按钮，则在对象选择窗口列出所包含的项目。

（2）从对象选择器中选择"COUNTER TIMER"，则在浏览窗口显示出虚拟定时器/计数器的图标。

（3）在编辑窗口单击，添加虚拟定时器/计数器。

（4）将待测信号连接到 CLK 引脚。在测量频率模式下，CE 引脚和 RST 引脚无效。

（5）将光标放置在"Counter Timer"之上，并使用快捷键 Ctrl+E，打开编辑对话框，选择频率计方式。

（6）退出编辑对话框，运行仿真。

频率计的工作原理：在仿真期间计数每秒钟信号上升沿的数量，因此要求输入信号稳定，并且在完整的一秒内有效。同时，如果仿真不是在实时速率下进行（如 CPU 超负荷运行），则频率计将在相对较长的时间内实时输出频率值。

定时器/计数器为纯数字器件。对于低电平模拟信号的频率测量，需要将待测信号先送入 ADC 元器件及其他逻辑开关，然后送入定时器/计数器的 CLK 引脚。同时，由于模拟仿真比数字仿真的速率低 1000 倍，因而定时器/计数器不适合测量频率高于 10kHz 的模拟振荡电路的频率。在这种状况下，用户可以使用示波器（或图表）来测量信号周期。

3．使用定时器/计数器计数数字脉冲

（1）单击工具箱中的"Virtual Instrument"按钮 📇 ，则在对象选择窗口列出所包含的项目。

（2）从对象选择器中选择"COUNTER TIMER"，则在浏览窗口显示出虚拟定时器/计数器的图标。

（3）将光标放置在"Counter Timer"之上，并使用快捷键 Ctrl+E，打开编辑对话框进行设置。

（4）选择需要的计数模式（如 secs 或 hms），以及 CE 引脚和 RST 引脚的逻辑极性。

（5）退出编辑窗口，运行仿真。

3.3.4　虚拟终端（Virtual Terminal）

PROTEUS VSM 提供的虚拟终端具有键盘和屏幕的双重功能，免去了上位机系统的仿真模型，使用户在用单片机与上位机进行串行通信时，可以由虚拟终端经 RS232 模型与单片机之间直接异步发送或接收数据。虚拟终端在运行仿真时会弹出一个仿真界面，当由 PC 向单片机发送数据时，可以和实际的键盘关联，用户可以从键盘上经虚拟终端输入数据；当接收到单片机发送来的数据后，虚拟终端相当于一个显示屏，会显示相应信息。

1．虚拟终端的特性

（1）全双工：以 ASCII 码的方式显示接收的串行数据，同时以 ASCII 码的方式传输键盘信号。

（2）简单的两线串行数据接口：RXD 引脚接收数据；TXD 引脚发送数据。

（3）简单的两线硬件握手方式：RTS 引脚为发送准备好；CTS 引脚为清除发送数据。

（4）波特率范围为 300b/s 到 57 600b/s。

（5）7 或 8 个数据位。

（6）包含奇校验、偶校验，或者无校验。

（7）具有 0、1 或 2 位停止位。

（8）除硬件握手外，系统还提供了 XON/XOFF 软件握手方式。

（9）可对 RX/TX 引脚和 RTS/CTS 引脚输出极性不变或极性反向的信号。

2．使用虚拟终端

（1）单击工具箱中的"Virtual Instrument"按钮 📇 ，则在对象选择窗口列出所包含的项目。

（2）从对象选择器中选择"VIRTUAL TERMINAL"，则在浏览窗口显示出虚拟终端的图标。

（3）在编辑窗口单击，添加虚拟终端。虚拟终端的原理图符号如图 3-125 所示。其中，RXD 引脚为数据接收端；TXD 引脚为数据发送端；RTS 引脚为请求发送信号；CTS 引脚为清除传送，是对 RTS 的响应信号。

将虚拟终端的 RX 引脚和 TX 引脚连接到待测系统的输出线和输入线上。RX 引脚为输入端，TX 引脚为输出端。

如果待测系统使用硬件握手方式，则须将 RTS 引脚和 CTS 引脚连接到数据流控制线上。RTS 引脚为输出端，发信号，表明虚拟仪器已准备好接收数据。而 CTS 引脚为输入端，在虚拟终端发送数据前，这一信号必须为高（或浮动）。

选中虚拟仪器并单击，弹出编辑对话框。出现如图 3-126 所示的虚拟终端属性设置对话框。

图 3-125 虚拟终端的原理图符号

图 3-126 虚拟终端属性设置对话框

其中的主要参数有以下几个。

（1）Baud Rate：波特率，范围为 300～57 600b/s。

（2）Data Bits：传输的数据位数，7 位或 8 位。

（3）Parity：奇偶校验位，包括奇校验、偶校验和无校验。

（4）Stop Bits：停止位，具有 0、1 或 2 位停止位。

（5）Send XON/XOFF：第 9 位发送允许/禁止。

选择合适电路的波特率、数据长度、奇偶校验、流控制方式和极性设置。

设置完成后，开始仿真。

在仿真界面中按下运行按钮，将弹出虚拟终端的仿真界面，如图 3-127 所示。

（1）当其接收到数据，会立即在终端显示；当传输数据到系统时，将光标置于虚拟终端屏幕，使用计算机键盘输入数据。

（2）仿真开始后，在虚拟终端屏幕上右击，将弹出菜单。虚拟终端屏幕弹出式菜单如图 3-128 所示。

图 3-127 虚拟终端的仿真界面

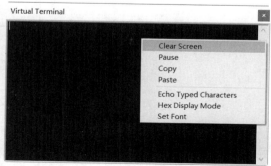

图 3-128 虚拟终端屏幕弹出式菜单

可根据需要选择相应的操作。这一菜单可实现清屏、停止显示、复制或粘贴等操作，同时还可选择屏幕的显示方式。

（1）虚拟终端支持 ASCII 控制代码 CR(0Dh)、BS(0x08h)和 BEL(0x07h)，而其他的代码，包括 LF (0x0A)，将被忽略。

（2）虚拟终端为纯数字模型，因此其引脚没有特殊电平要求。也就是说，可以将其直接连接到 CPU 或 UART，而不需要通过 RS232 的驱动器件（如具有逻辑电平转换的 MAX232）。

（3）RX 引脚和 TX 引脚的默认值为高电平。因此静止状态为高电平，其起始位为逻辑低，而停止位为逻辑高。在数据位中，逻辑高代表"1"，而逻辑低代表"0"。这与多数微控制器 UART 的定义兼容，并且与诸如 6850 和 8250 的定义也兼容。当与上述不符时（如将虚拟终端连接到 RS232 驱动器件的输出端），用户需要设置 RX/TX 引脚极性反向。

（4）RTS 引脚和 CTS 引脚的默认值也为高电平。如果希望将这些引脚连接到反向控制线（如 RTS/CTS 引脚），那么用户需要设置 RTS/CTS 引脚极性反向。

（5）在默认情况下，虚拟终端不显示用户输入的字符；也就是说，主系统将驱动输出终端显示用户输入的字符。如果用户希望显示输入的字符，则须从右键菜单中选择"Echo Typed Characters"选项。

（6）使用 TEXT 属性预定义传输数据。这一功能使得电路在启动时就传输数据。例如，在 TEXT 中输入：

```
TEXT="Hello World"
```

系统将会传输"Hello World"到电路。

PROTEUS VSM 提供 RS232 驱动器件 MAX232，因此虚拟终端可以按照以下方式连接到目标 CPU。MAX232 与虚拟终端连接如图 3-129 所示。

图 3-129　MAX232 与虚拟终端连接

（1）需要注意的是，MAX232 包含逻辑反相器，因此为保证电路的正确仿真，虚拟终端的 RX/TX 引脚极性必须反向。

（2）同时需要注意的是，MAX232 数字模型不能进行内部电压转换操作的仿真。仿真这一特性可能带来巨大的性能损失。同样，如果在 TxOut / RxIn 引脚连接类似元器件（电阻、电容、振荡器等），也会发生同样的仿真错误。

3.3.5　SPI 调试器（SPI Debugger）

（1）串行设备接口（Serial Peripheral Interface，SPI）的原理简介：SPI 总线系统是 Motorola 公司提出的一种同步串行外设接口，允许 MCU 与各种外围设备以同步串行通信方式交换信息。其外围设备种类繁多，从简单的 TTL 移位寄存器到复杂的 LCD 显示驱动器、网络控制器等，可谓应有尽有。SPI 总线可直接与多种标准的外围元器件连接。

（2）SPI 调试器同时允许用户与 SPI 接口交互。这一调试器允许用户查看沿 SPI 总线发送的数据，同时也可以向总线发送数据。

图 3-130 所示为 SPI 的原理图符号。

其共有 5 个接线端，分别如下。

（1）DIN：接收数据端。

（2）DOUT：输入数据端。

（3）SCK：连接总线时钟端。

图 3-130　SPI 的原理图符号

（4）$\overline{\text{SS}}$：从模式选择端，使用从模式时信号必须为低电平才能使终端响应；使用主模式时当数据正传输时，此端为低电平。

（5）TRIG：输入端，能够把下一个存储序列放到 SPI 的输出序列中。双击 SPI 原理图符号，可以打开它的属性设置对话框，如图 3-131 所示。

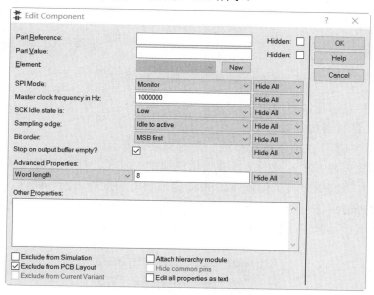

图 3-131　SPI 属性设置对话框

SPI 属性设置对话框的主要参数如下。

（1）SPI Mode：有三种工作模式可以选择：Monitor 为监控模式，Master 为主要模式，Slave 为从模式。

（2）Master clock frequency in Hz：主模式时钟频率（Hz）。

（3）SCK Idle state is：SCK 空闲状态为高或低，选择一个。

（4）Sampling edge：采样边，指定 DIN 引脚采样的边沿，选择 SCK 从空闲状态到激活状态或从激活状态到空闲状态。

（5）Bit order：位顺序，指定一个传输数据的位顺序，可先传送最高位 MSB，也可先传送最低位 LSB。

1）使用 SPI 调试器接收数据

（1）将 SCK 引脚和 DIN 引脚连接到电路的相应引脚。

（2）将光标放置在 SPI 调试器之上，并使用快捷键 Ctrl+E，打开编辑对话框进行设置。

（3）设置 SPI 调试器字长、位顺序、SCK 空闲状态和采样边沿等属性。

（4）单击运行按钮，开始仿真。此时，将弹出 SPI 调试器的弹出式窗口（见图 3-132）。

图 3-132　SPI 调试器的弹出式窗口

接收的数据将显示在该窗口中。

2）使用 SPI 调试器传输数据

（1）将 SCK 引脚和 DIN 引脚连接到电路的相应引脚上。

（2）将光标放置在 SPI 调试器上，并使用快捷键 Ctrl+E，打开编辑对话框进行设置。

（3）设置 SPI 调试器字长、位顺序、SCK 空闲状态和采样边沿等属性。

（4）单击"Pause"按钮启动仿真，并调出 SPI Protocol 调试器的弹出式窗口。

（5）在 SPI 调试器弹出式窗口中输入传输数据，如图 3-133 所示。

图 3-133　在 SPI 调试器弹出式窗口中输入传输数据

（6）当输入需要传输的数据后，既可以直接传输数据，也可以使用"Add"按钮，将数据存放到"predefined sequences"列表中，以备以后使用。

（7）单击"Play"按钮，在缓冲器列表中初始化传输项。

（8）当仿真再次暂停时，若序列输入窗口为空，则可选择预定义序列，并按下"Queue"按钮，将任意预定义序列复制到缓冲器序列队列。使用缓冲器序列队列传输数据如图 3-134 所示。

图 3-134　使用缓冲器序列队列传输数据

（9）当再次激活仿真时，这一序列将被传输。

3.3.6　I²C 调试器（I²C Debugger）

I²C（Intel IC）总线是飞利浦公司推出的芯片间串行传输总线。它只需要两根线（串行时钟线 SCL 和串行数据线 SDA）就能实现总线上各器件的全双工同步数据传送，可以极为方便地构成系统和外围器件扩展系统。I²C 总线采用器件地址的硬件设置方法，从而避免了通过软件寻址器件片选线，使硬件系统的扩展简单灵活。按照 I²C 总线规范，总线传输中的所有状态都会生成相应的状态码，系统的主机能够依照这个状态码自动进行总线管理，用户只要在程序中装入这些标准处理模块，根据数据操作要求完成 I²C 总线的初始化，启动 I²C 总线就能自动完成规定的数据传送操作。由于 I²C 总线接口已集成在片内，所以用户无须设计接口，这使设计时间大为缩短，且从系统中直接移去芯片对总线上的其他芯片没有影响，从而方便产品的改性或升级。

虚拟仪器中的 I²C DEBUGGER 允许用户检测 I²C 接口并与之交互，用户可以查看 I²C 总线发送的数据，同时也可以向总线发送数据。

I²C 调试器的原理图符号如图 3-135 所示。

I²C 调试器共有三个接线端，分别如下。

（1）SDA：双向数据线。

（2）SCL：双向输入端，连接时钟。

（3）TRIG：触发输入，能引起存储序列被连续地放置到输出队列中。双击该元器件，打开属性设置对话框，如图 3-136 所示。

图 3-135　I²C 调试器的原理图符号

I²C 调试器的仿真运行界面与 SPI 调试器的仿真运行界面类似。

I²C 调试器具有许多用户可配置的属性（用于传输数据）。所有的属性都可通过编辑元器件对话框（选中元器件，单击，即可弹出编辑元器件对话框）进行编辑。

各个属性的详细内容如下。

（1）Address Byte 1：地址字节 1。如果用户使用这一终端仿真一个从器件，那么这一属性用于指定 slave device 地址的第一个地址字节。主机使用最低有效位用于指示是否传输是一个读或写，或被忽略（For The Purposed Of Addressing）。如果这一属性设置框为默认值，或为空，则这一终端将不被认作从器件。

图 3-136　I²C 调试器属性设置对话框

（2）Address Byte 2：地址字节 2。如果用户使用这一终端仿真一个 slave device，并期望使用 10 位地址，则这一属性用于指定 slave device 地址的第二个地址字节。如果这一属性设置框为空，则假定地址为 7 位。

（3）Stop on buffer empty：为空时停止。指定当输出缓冲器为空，并且一字节要求被发送时，是否仿真停止。

（4）Advanced Properties：在这一设置中允许用户指定预先存放输出序列的文本文件的名称。如果这一属性设置为空，则序列作为器件属性的一部分进行保存。

除以上属性外，当接收数据时，I²C 终端需要使用一种特殊的序列句法。这一句法出现在输入数据显示窗口（调试器窗口左上方）中，包括序列起始（Sequence Starts）和确认（Acknowledges）。显示的序列字符如下。

S：Start Sequence.

Sr：Restart Sequence.

P：Stop Sequence.

N：Negative Acknowledge received.

A：Acknowledge received.

3.3.7　信号发生器（Signal Generator）

PROTEUS 的虚拟信号发生器主要有以下功能。

（1）产生方波、锯齿波、三角波和正弦波；

（2）输出频率范围为 0~12MHz，8 个可调范围；

（3）输出幅值为 0~12V，4 个可调范围；

（4）幅值和频率的调制输入与输出。

信号发生器的原理图符号如图 3-137 所示。

信号发生器有两大功能，一是输出非调制波，二是输出调制波。通常使用它的输出非调制波功能来产生正弦波、三角波和锯齿波，方波直接使用专用的脉冲发生器来产生比较方便，它主要用于数字电路中。

在用于非调制波发生器时，信号发生器的下面两个接头——"AM"和"FM"悬空不接，右面两个接头的"+"端接至电路的信号输入端，"–"端接地。

仿真运行后，出现如图 3-138 所示的界面。

图 3-137　信号发生器的原理图符号

图 3-138　信号发生器仿真运行后的界面

最右端两个方形的按钮，上面一个用来选择波形，下面一个用来选择信号电路的极性，即是双极性（Bi）还是单极性（Uni）三极管电路，以和外电路匹配。最左边两个旋钮用来选择信号频率，左边是微调，右边是粗调。中间两个旋钮用来选择信号的幅值，左边是微调，右边是粗调。如果在运行过程中关闭信号发生器，则需要从主菜单 Debug 中选取最下面的 VSN Signal Generator 来重现。

（1）设置频率盘度，以满足应用电路的需求。当 Centre 的指针被设置在 1 的位置时，Range 值表示所发生信号的频率。

（2）设置幅度盘度，以满足应用电路的需求。当 Level 的指针被设置在 1 的位置时，Range 值表示所发生信号的幅值。幅值为输出电平的峰—峰值。

按动 Waveform 按钮，代表波形类型的 LED 将会点亮，从而选择适合电路的输出信号。

当使用 AM & FM 调制输入信号时，信号发生器模型支持调幅波和调频波的输出。幅值输入和频率输入具有以下特性。

调制输入的增益由 Frequency Range 和 Amplitude Range 分别按照 Hz/V 和 V/V 进行设置。

调制输入的电压范围为–12～+12V。

调制输入的输入阻抗为无穷大。

调制输入的电压值为 Range 设置值与 Centre/Level 设置值的乘积，倍乘后的值为幅度的瞬时输出频率。

例如，如果将 Frequency Range 设置为 1kHz，同时将 Frequency Centre 设置为 2.0，则2V 的调频信号的输出频率为 4kHz。

3.3.8　模式发生器（Pattern Generator）

模式发生器是模拟信号发生器的数字等价物，它支持 8 位 1KB 的模式信号，同时具有以下特征。

（1）既可以在基于图表的仿真中使用，也可以在交互式仿真中使用；

（2）支持内部和外部时钟模式及触发模式；

（3）使用游标调整时钟刻度盘或触发器刻度盘；

（4）十六进制或十进制栅格显示模式；

（5）在需要高精度设置时，可直接输入指定的值；

（6）可以加载或保存模式脚本文件；

（7）可单步执行；

（8）可实时显示工具包；

（9）可使用外部控制，使其保持当前状态；

（10）栅格上的块编辑命令使得模式配置更容易。

1. 模式发生器的原理图符号及引脚说明

模式发生器的原理图符号如图 3-139 所示，各接线端含义如下。

图 3-139　模式发生器的原理图符号

（1）CLKIN：外部时钟信号输入端，系统提供两种外部时钟模式。

（2）HOLD：外部输入信号，用来保持模式发生器目前的状态，高电平有效。

（3）TRIG：触发输入端，用于将外部触发脉冲信号反馈到模式发生器，系统提供了五种外部触发模式。

（4）OE：输出使能信号输入端，高电平有效，模式发生器可输出模式信号。

（5）CLKOUT：时钟输出端，当模式发生器使用的是外部时钟时，可以用于镜像内部时钟脉冲。

（6）CASCADE：级联输出端，用于模式发生器的级联，当模式发生器的第一位被驱动，并且保持高电平时，此端输出高电平，保持到下一位被驱动之后一个周期时间。

（7）B[0...7]和 Q0～Q7：分别为数据输入端和输出端。

2. 模式发生器的属性设置对话框主要参数说明

双击模式发生器的原理图符号，则弹出其属性设置对话框，如图 3-140 所示。其中的主要参数如下。

（1）Clock Rate：时钟频率。

（2）Reset Rate：复位频率。

（3）Clock Mode：时钟模式，有以下三种。

① Internal：内部时钟。

② External Pos Edge：外部上升沿时钟。

③ External Neg Edge：外部下降沿时钟。

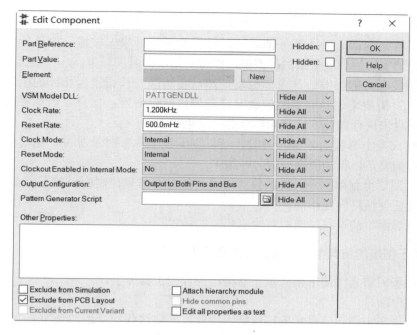

图 3-140　模式发生器属性设置对话框

（4）Reset Mode：复位模式，有以下四种。

① Internal：内部复位；

② Sync External Pos Edge：异步外部上升沿脉冲；

③ Async External Neg Edge：同步外部下降沿脉冲；

④ Sync External Neg Edge：异步外部下降沿脉冲；

（5）Clockout Enabled in Internal Mode：内部模式下时钟输出使能。

（6）Output Configuration：输出配置，共三种。

① Output to Both Pins and Bus：引脚和总线均输出；

② Output to Pins Only：仅在引脚输出；

③ Output to Bus Only：仅在总线输出。

（7）Pattern Generator Script：模式发生器脚本文件。

参数设置完成后，单击"OK"按钮结束。

在仿真界面中按下运行按钮，将弹出模式发生器编辑窗口，如图 3-141 所示。

图 3-141　模式发生器编辑窗口

通过单击模式发生器中的栅格并设置其逻辑状态来设置用户需要发生的模式。

先确定时钟是内部时钟还是外部时钟，然后设置时钟模式按钮。如果使用的是内部时钟，则可通过调整时钟刻度盘来进行调整，以得到期望的时钟频率。

先确定触发是外部触发还是内部触发，然后使用触发按钮设置相应的模式。如果是外部触发，则用户需要考虑是同步时钟触发还是异步时钟触发；如果是内部触发，则可通过调整触发刻度盘来进行调整，以得到期望的触发频率。

（1）当模式发生器使用外部时钟时，可以用于镜像内部时钟脉冲，也可通过调整时钟刻度盘来进行调整，以得到所期望的时钟频率。

（2）如果期望得到单时钟周期的模式信号，须先在仿真控制面板按下"step"按钮，然后按下运行按钮使栅格向左移动。

按下仿真界面中的运行按钮即可输出相应的模式。

1．在基于图表的仿真中使用模式发生器输出模式

在基于图表的仿真中使用模式发生器输出模式的步骤如下。

（1）创建电路。

（2）在原理图中用户感兴趣的部位插入探针，并将这些探针添加到图表中。

（3）在原理图中选中模式发生器并单击，打开元器件编辑对话框。

（4）根据系统要求，配置触发选项和时钟选项。

（5）在模式发生器脚本区域（Pattern Generator Script Field）加载期望的模式文件。

（6）退出模式发生器编辑对话框，并按下"space"按钮，运行仿真。

2．模式发生器元器件引脚

（1）数据输出引脚 Tri-State Pin (Output)。模式发生器可以在总线上输出，也可以在单个引脚上输出，即可以通过数据输出引脚输出。

（2）时钟输出引脚 Clock-Out Pin (Output)。当模式发生器使用的是外部时钟时，用户可以配置这一引脚，用以镜像内部时钟脉冲。这一功能是模式发生器的一个属性，可以通过编辑元器件对话框进行修改。在默认情况下，这一选项是无效的，因为它可能导致仿真故障，尤其在高频时钟仿真时更容易引发这样的恶性事件。

（3）层叠输出引脚 Cascade Pin (Output)。当模式的第一位被驱动，并且保持高电平时，层叠输出引脚被拉高，直至模式的下一位被驱动（一个时钟周期之后）。这就意味着在开始仿真的第一个时钟周期，层叠输出引脚为高电平，但它在第一个时钟周期之后被复位。

（4）触发输入引脚 Trigger Pin (Input)。这一引脚用于将外部触发脉冲信号反馈到模式发生器。系统提供了四种外部触发模式。

（5）时钟输入引脚 Clock-In Pin (Input)。这一引脚用于输入外部时钟信号。系统提供了两种外部时钟模式。

（6）保持输入引脚 Hold Pin (Input)。当这一引脚为高电平时，模式发生器将保持在暂停点，直至这一引脚被释放。对于内部时钟或内部触发，时钟将从暂停点重新开始。例如，对于 1Hz 的内部时钟，如果模式发生器暂停在 3.6s 处，在 4.2s 处重新开始，则下一个下降时钟边沿将发生在 4.6s 处。

（7）输出使能引脚 Output Enable Pin (Input)。使用高电平驱动这一引脚，则模式发生器

可输出模式信号。如果这一引脚不为高电平，那么虽然模式发生器依然按照指定的模式运行，但并不驱动模式输出引脚输出模式信号。

3．时钟模式（Clocking Modes）

（1）内部时钟。

① 内部时钟是负沿脉冲。

② 内部时钟既可在仿真之前使用元器件编辑对话框进行指定，也可在仿真暂停期间使用时钟模式按钮进行指定。

③ 当时钟输出引脚被激活时，可镜像内部时钟。在默认状态下，这一选项是无效的，因为它可能导致仿真故障，尤其在高频时钟仿真时更容易引发恶性事件。但是，如果需使用这一引脚，则可以使用模式发生器的编辑元器件对话框来激活。

（2）外部时钟。

① 有两种外部时钟模式：负沿脉冲（Low-High-Low）和正沿脉冲（High-Low-High）。

② 使用外部连线，将外部时钟脉冲连接到时钟输入引脚，并选择一种时钟模式。

③ 当处在外部时钟模式下时，可以在进行仿真之前编辑元器件或暂停仿真从而改变外部时钟模式。

4．触发模式（Trigger Modes）

（1）内部触发（Internal Trigger）如图 3-142 所示。模式发生器的内部触发模式是按照指定的间隔触发的。如果时钟是内部时钟，则时钟脉冲在这一触发点复位。

例如，设定内部时钟频率为 1Hz，并且设定内部触发时间为 3.75s，则层叠引脚（Cascade Pin）在模式第一位时为高电平，而在其他时间为低电平。

注意，在触发时间，内部时钟同时被复位，模式的第一位被输出，层叠引脚被拉高。

（2）外部异步正脉冲触发如图 3-143 所示。触发器在触发引脚上由正边沿转换指定。当触发发生，触发器立即动作，下一个时钟边沿将会在 bitclock/2，并且与复位并发由低电平到高电平转换。

图 3-142　内部触发

图 3-143　外部异步正脉冲触发

例如，设定内部时钟频率为 1Hz，并且触发引脚在 3.75s 时被拉高，则立即在触发引脚的正边沿时钟复位，模式的第一位驱动层叠引脚。

（3）外部同步正脉冲触发如图 3-144 所示。触发器在触发引脚由正边沿转换指定。触发被锁定，和下一个时钟的下降沿同步动作。

例如，设定内部时钟频率为 1Hz。注意，时钟不受触发影响，并且触发器在时钟下降沿动作，与正边沿脉冲并发。

（4）外部异步负脉冲触发如图 3-145 所示。触发器在触发引脚由负边沿转换指定。当触发发生，触发器立即动作，且模式的第一位在输出引脚输出。

图 3-144　外部同步正脉冲触发

图 3-145　外部异步负脉冲触发

例如，设定内部时钟频率为 1Hz。从图 3-145 中可以看到时钟在触发脉冲的负边沿复位，并且模式的第一位在那时被驱动。

（5）外部同步负脉冲触发如图 3-146 所示。触发器在触发引脚由负边沿转换指定。触发被锁定，和下一个时钟的下降沿同步动作。

例如，设定内部时钟频率为 1Hz。注意，触发发生在触发脉冲的下降沿，模式直到时钟脉冲的下降沿，与触发动作并发复位。

（6）外部保持（External Hold）如图 3-147 所示。保持模式发生器的当前状态。

如果想要在一段时间内保持模式，则可以在期望保持的那段时间内使保持引脚（Hold Pin）为高电平。

图 3-146　外部同步负脉冲触发

图 3-147　外部保持

如果使用的是内部时钟，则在释放保持引脚的同时，模式发生器将重新启动。也就是说，保持引脚在时钟周期的一半变高电平。当释放保持引脚时，下一位将要在以后的时钟周期的一半时驱动输出引脚。

当保持引脚为高电平时，内部时钟被暂停。当释放保持引脚时，时钟将在相对于一个时钟周期的暂停点重新启动。

5．附加功能（Additional Functionality）

1）加载和保存模式脚本

在栅格上右击，将弹出菜单，如图 3-148 所示。

从弹出的菜单中选择相关的选项，则可加载或保存模式脚本。如果用户想要在多个设计中使用特殊模式，那么这一方法是非常有用的。

模式脚本为纯文本文件，每个字节由逗号分隔。每个字节代表栅格上的一栏。以分号起始的行被记作注释行，并且被剖析器忽略。在默认状态下，字节格式为十六进制。当用户创建脚本文件时，输入值可以是二进制、十进制或十六进制。

2）为刻度盘设置指定值

用户可以通过双击合适的刻度盘，指定位和触发频率的精确值。双击后，将出现浮动的编辑框（见图 3-149）。

图 3-148　菜单

图 3-149　使用浮动编辑框设置刻度盘

　　用户可以将设置值输入其中。在默认状态下，设置值被认作频率，同时用户也可以通过为设置值加上合适的后缀（如 sec、ms、etc.）来指定其类型。此外，如果用户希望触发为时钟的精确倍乘，则可以附加期望的倍乘后缀（如 5bits）。

　　按下 Enter 键或 Esc 键，或者单击模式发生器窗口的任何其他部位，用于确认输入。

　　通过对编辑元器件对话框的合理设置，可以指定这些值的周期，以便进行仿真。

　　3）设定模式栅格的值

　　在显示当前那一栏的值的文本上单击，可以指定栅格上该栏中的任何一个值。单击后，将出现一个浮动的编辑框，如图 3-150 所示。

图 3-150　使用浮动的编辑框编辑栅格

　　可在框中输入期望的值。用户可以输入二进制值（如 10110101）、十进制值（如 135）或十六进制值（如 0xA7）。

　　按下 Enter 键或 Esc 键，或者单击模式发生器窗口的任何其他部位，用于确认输入。

为了方便，用户可以在想要编辑的栏，使用快捷键 Ctrl+1 设置一栏，而使用快捷键 Ctrl+Shift+1 清除一栏。

6．手动指定模式的周期长度

在期望模式结束的栏的栅格上单击，可以手动指定周期。在同样的区域右击，可以取消周期。

（1）当时间周期与内部时钟或外部时钟所指定的时钟相等时，单步执行按钮可用于进一步仿真。直到下一个时钟周期完成，并且再次按动单步执行按钮，仿真将继续。

（2）栅格的显示方式可在十进制和十六进制显示方式间切换。在栅格上右击，从菜单中选择期望的选项，或者使用快捷键 Ctrl+D（十进制显示）或 Ctrl+X（十六进制显示）实现显示模式的转换。

（3）单击模式发生器的原理图部分，以产生编辑元器件对话框。实际上元器件属性允许用户配置是否在总线和引脚上均输出模式，或者只在总线输出模式，或者只在引脚输出模式。

（4）用户可设定随光标移动而显示当前行、当前列信息的工具栏的可用性。通过右击出现的文本，或者使用快捷键 Ctrl+Q 实现对工具栏的控制。注意，在 Block Set 或 Block Clear 期间，工具栏是不可用的。

（5）用户可使用 Block Set 和 Block Clear 实现对栅格期望模式的配置。通过右击出现的文本，或使用快捷键（Ctrl+S 和 Ctrl+C）实现上述操作。注意，块编辑命令（Block Editing Commands）在 tooltip 模式是不可用的。

3.3.9　电压表和电流表

PROTEUS VSM 提供了四种电表，分别是 AC VOLTMETER（交流电压表）、AC AMMETER（交流电流表）、DC VOLTMETER（直流电压表）和 DC AMMETER（直流电流表）。

（1）在 PROTEUS ISIS 的界面中，选择虚拟仪器图标，在出现的元器件列表中，分别把上述四种电表放置在原理图编辑区域中，四种电表的原理图符号如图 3-151 所示。

（2）双击任一电表的原理图符号，出现其属性对话框，图 3-152 所示为直流电流表的属性设置对话框。

图 3-151　四种电表的原理图符号　　　　图 3-152　直流电流表的属性设置对话框

在元器件名称栏"Part Reference"中将该交流电压表命名为"AM1"，元器件值栏

"Part Value"则不填。在显示范围栏"Display Range"中有三个选项，用来设置该直流电流表是安培表（Amps）、毫安表（Milliamps）或是微安表（Microamps），默认是安培表。单击"OK"按钮完成设置。

（1）电表的 FSD 的分辨率为三位，最大可显示两位小数位。同时，通过编辑元器件，选择需要的 Display Range 属性，可设置显示范围：100A、100mA 和 100μA。

（2）电压表模型支持内置电阻（Internal Load Resistance）属性，其默认值为 100mV。同时，可以通过编辑元器件改变这一值。当"Internal Load Resistance"为空时，即加载模型内阻选项无效。

（3）交流电压表和交流电流表显示的是在用户定义的时间常量内电压或电流的平均值 RMS。

3.3.10　功率表（WATTMETER）

在 PROTEUS ISIS 环境中先单击工具箱中的"Virtual Instrument Mode"按钮，然后单击"WATTMETER"，在编辑窗口单击，将功率表放在原理图编辑区合适的位置。功率表的原理图符号如图 3-153 所示。

双击功率表原理图符号，出现其属性编辑对话框，如图 3-154 所示。

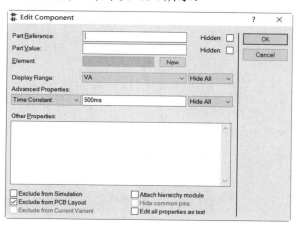

图 3-153　功率表的原理图符号　　　　　图 3-154　功率表的属性编辑对话框

在元器件名称栏"Part Reference"中将功率表命名为"WAT1"，元器件值栏"Part Value"不填。在显示范围栏"Display Range"中有许多选项，用来设置该功率表的量程范围。设置完成后单击"OK"按钮。

3.4　探针

探针用于记录所连接网络的状态，PROTEUS ISIS 系统提供了两种探针，即电压探针（Voltage Probe）和电流探针（Current Probe）。

（1）电压探针：既可以在模拟仿真中使用，也可以在数字仿真中使用。在模拟电路中用于记录真实的电压值，而在数字电路中用于记录逻辑电平及强度。

（2）电流探针：仅在模拟电路中使用，可显示电流方向。

探针既可用于图表的仿真，也可用于交互式仿真。

3.4.1　电压探针

电压探针的放置方法如下。

（1）单击工具箱中的"Prode Mode"按钮 ，在对象选择器中选择"VOLTAGE"，这时将在预览窗口中显示电压探针的图标（见图 3-155）。电压探针和原理图中其他元器件一样，可以进行相关操作，如放置、编辑、旋转和移动等。

（2）在编辑窗口单击，则电压探针被添加到原理图中。

当电压探针未被连接到任何已存在的导线上时，它的默认名称为"？"，说明此时其未被标注，而当电压探针被连接到一个网络（如电压探针被直接置于已存在的导线上）时，它将以网络名称命名。如果其所连接的网络也未被标注，则以其最接近的元器件参考号或引脚名称作为标志。当其连线被断开，或者被拖动到其他网络时，电压探针的标志将随时被更新。

用户也可根据自己的要求，使用电压探针编辑对话框（见图 3-156），编辑电压探针标志，此时编辑后的电压探针标志将作为永久性标志，而不再被更新。

图 3-155　电压探针　　　　　　　　图 3-156　电压探针编辑对话框

电压探针编辑对话框包含两个设计项目。

（1）Load To Ground?：电压探针阻抗。当测量点与地之间没有直流通道时，勾选"Load To Ground?"复选框，即可设置电压探针的阻抗。

（2）Record To File?：记录文件名称。勾选"Record To File?"复选框，即可将电压探针数据记录到文件，用于在 Tape 发生器中播放。电压探针的这一特性使得用户可以先使用某一电路创建测试波形，然后在另一电路中使用。

按照电路要求进行设置，设置完成后，单击"OK"按钮，探针编辑完成。

3.4.2　电流探针

1．电流探针的放置

（1）单击工具箱中的"Probe Mode"按钮 ，在对象选择器中选择"CURRENT"，将在预览窗口显示电流探针的图标（见图 3-157）。

（2）电流探针和原理图中的其他元器件一样，可以进行相关操作，如放置、编辑、旋转和移动等。

（3）在编辑窗口单击，则电流探针被添加到原理图中。

当电流探针未被连接到任何已存在的导线上时，它的默认名称为"？"，说明此时其未被标注。而当电流探针被连接到一个网络（如电流探针被直接置于已存在的导线上）时，它将以网络名称命名。如果其所连接的网络也未被标注，则以其最接近的元器件参考号或引脚名称作为标志。当其连线被断开，或者被拖动到其他网络时，电流探针的标志将随时被更新。

用户也可根据自己的需求，使用电流探针编辑对话框（见图 3-158），编辑电流探针标志，此时编辑后的电流探针标志将作为独立元器件，而不再被更新。

电流探针有方向性，需考虑回路中电流的流向。应调整电流探针的方向与其他元器件一样。注意电流探针的方向为小圆圈的箭头方向。

2．电流探针编辑

（1）右击选中电流探针后单击，进入电流探针编辑对话框。

图 3-157　电流探针

图 3-158　电流探针编辑对话框

电流探针编辑对话框包含的设计项目有 Record To File，即记录文件名称，勾选"Record To File？"复选框，即可将电流探针数据记录到文件中，用于在 Tape 发生器中播放。电流或电压探针的这一特性使得用户可以使用某一电路创建测试波形，在另一电路中使用。

（2）按照电路要求进行设置，设置完成后，单击"OK"按钮，则电流探针编辑完成。

思考与练习

（1）PROTEUS VSM 仿真方式有哪些？它们有什么区别？

（2）PROTEUS 的图表仿真工具有哪些？

第4章 音频功率放大器设计实例

 4.1 设计要求

当放大通道的正弦信号输入电压幅度为 5～10mV，等效负载电阻 R_L 为 8Ω 时，放大通道应满足如下要求：

（1）额定输出功率 $P_{OR} \geqslant 2W$；

（2）带宽 BW 为 20～20 000Hz；

（3）在 $P_{OR} \geqslant 2W$ 的条件下，BW 内的非线性失真系数≤3%；

（4）在 $P_{OR} \geqslant 2W$ 的条件下的效率不小于 55%；

（5）在前置放大级输入端交流短接到地时，$R_L = 8Ω$ 时的交流声功率不大于 10mW。

 4.2 音频功率放大器简介

音频功率放大器被发明出来已经快有一个世纪的时间了，最早的电子管放大器的第一个应用就是音频功率放大器，音频功率放大器是声重放设备的重要组成部分，其作用是将传声器件获得的微弱信号放大到足够的强度去推动声重放系统中的扬声器或其他电声器件，使得原声重现。

本次设计在仿真软件的基础上，设计了一个简单的音频功率放大器，将小的音频信号放大，并在一定的频率范围内将信号输出。电路的设计包括直流稳压电源、音调控制电路、工频陷波器、一级放大电路、二级放大电路、功率放大器共六部分。

各部分的作用介绍：

（1）直流稳压电源输出±15V 的稳定电压，为整个电路提供稳定的电源电压；

（2）音调控制电路采用反馈式控制电路，可以调控高、低音的放大或衰减程度；

（3）工频陷波器主要用来滤除来自稳压电源的工频干扰，提升音频功放的性能；

（4）前级放大电路（包括一级和二级放大电路）的作用是对输入信号进行放大，以满足额定输出功率，其中的输入级基本上都用运放作前置单元，一级、二级放大电路在放大信号的同时也充当带通滤波器的角色；

（5）功率放大器用来输出足够大的功率以驱动扬声器放声。

电路总体框架如图 4-1 所示。

图 4-1　电路总体框架

4.3　直流稳压电源设计

4.3.1　原理分析与设计

设计好的直流稳压电源电路如图 4-2 所示。

图 4-2　设计好的直流稳压电源电路

1．直流稳压电源设计要求

直流稳压电源的要求是同时输出+15V、−15V 两路电压，最大输出电流为 1A，电压调整率不大于 0.2%，负载调整率不大于 1%，纹波电压（峰—峰值）不大于 5mV（最低输入电压下，满载），具有过流及短路保护功能。

2．直流稳压电源的组成及各部分的作用

整个直流稳压电路由四部分组成，分别为变压电路、整流电路、滤波电路和稳压电路。下面具体介绍各部分。

（1）由于输出的稳压电压是 15V，所以这里变压电路采用的是降压变压器，根据计算设置变压器一级线圈与二级线圈之比为 1：5。

（2）这里整流电路采用 4 只整流二极管构成全桥整流电路。全桥整流电路利用率高，输出的电压 $V_0=0.9V_2$（V_2 为次级输出电压）。

（3）电路在三端稳压器的输入端接入电解电容 CE1=CE2=1000μF 用于电源滤波，其后并入电解电容 CE3=CE4=4.7μF 用于进一步滤波。它们共同组成了滤波电路。

（4）由于要稳定输出+15V、−15V 两路电压，所以三端稳压器选择 7815、7915（输出电压±15V，最大输出电流 1A，且稳压器内部已有限流电路），它们组成了稳压电路。在三端稳压器输出端接入电解电容 CE5=CE6=4.7μF 用于减小电压纹波，而并入陶瓷电容 CE7=CE8=100nF 用于改善负载的瞬态响应并抑制高频干扰（陶瓷小电容电感效应很小，可以忽略，而电解电容因为电感效应在高频段比较明显，所以不能抑制高频干扰）。

在输出端同时并入二极管 DE1、DE2（型号为 1N4001），当三端稳压器未接入输入电压时，可保护其不至于损坏。

4.3.2　计算机仿真分析

1．输出端电压

按照图 4-2 所示的电路编辑元器件参数，并在正负输出端分别放置电压探针并单击仿真按钮。放置电压探针仿真如图 4-3 所示。单击仿真停止按钮并放置模拟分析图表，设置模拟分析图表的终止仿真时间为 50ms 。添加探针到图表中，直流稳压电源输出端电压如图 4-4 所示。

图 4-3　放置电压探针仿真

图 4-4　直流稳压电源输出端电压

由图 4-4 可知，正电压为 14.9158V，负电压为–14.9836V，基本符合设计要求，负电压绝对值偏大是由于三端稳压器 7815 和 7915 各参数不可能绝对对称造成的。

2．最大输出电流

通过改变负载电阻，可以得出最大输出电流。通过调整各种阻值，得出负载电阻为 15Ω 时，电流值最大。这里在线路上添加电压探针和电流探针，注意电流探针的电流方向。单击仿真按钮 ▶，最大输出电流如图 4-5 所示。

（a）正电源输出端最大输出电流　　　　　　　（b）负电源输出端最大输出电流

图 4-5　最大输出电流

正负电源最大输出电流分别如图 4-5（a）和图 4-5（b）所示。由此可见，没有达到预期的最大输出电流 1A，正电源输出端大约为 0.91A，负电源输出端大约为–0.99A，不过对于额定功率 2W 而言，应有的最大电流为 0.7A，因此这样的最大输出电流可以满足要求。

3．电压调整率

当输出电流为 500mA 时，负载电阻为 30Ω，按电网电压的波动范围为±10%计算电压调整率。当电网电压偏高时，即 $220 \times 1.1 = 242V$（有效值）时，测量电压调整率（电网电压偏高时）如图 4-6 所示。

（a）正电源输出端　　　　　　　　　　　（b）负电源输出端

图 4-6　测量电压调整率（电网电压偏高时）

此时，正电源输出端输出电压为 14.9141V，负电源输出端输出电压为–14.9822V。

当电网电压偏低时，即 $220 \times 0.9 = 198\,V$（有效值）时，测量电压调整率（电网电压偏低时）如图 4-7 所示。

此时，正电源输出端输出电压为 14.9137V，负电源输出端输出电压为–14.9801V。

（a）正电源输出端　　　　　　　　　（b）负电源输出端

图 4-7　测量电压调整率（电网电压偏低时）

故正电压调整率

$$S_{U+} = \frac{14.9141 - 14.9137}{15} \approx 0.002\% \qquad (4\text{-}1)$$

负电压调整率

$$S_{U-} = \frac{14.9822 - 14.9801}{15} = 0.014\% \qquad (4\text{-}2)$$

它们均低于所要求的值 0.2%，显然满足设计要求。

4．电流调整率

在电网电压为 220V，负载电流从 10mA 变为 500mA 时，测量该直流稳压电源的电流调整率。

当负载电流为 10mA 时，经计算，负载电阻为 1500Ω，测量电流调整率（负载电流为 10mA）如图 4-8 所示。

（a）正电源输出端　　　　　　　　　（b）负电源输出端

图 4-8　测量电流调整率（负载电流为 10mA）

此时，电路的正电源输出端输出电压为 15.008V，负电源输出端输出电压为–15.0474V。

当负载电流为 500mA 时，测量电流调整率（负载电流为 500mA）如图 4-9 所示。

此时，正电源输出端输出电压为 14.9133V，负电源输出端输出电压为–14.9832V。

于是可计算出该电源电路的正电压负载调整率

$$S_{I+} = \frac{15.008 - 14.9133}{15} \approx 0.63\% \qquad (4\text{-}3)$$

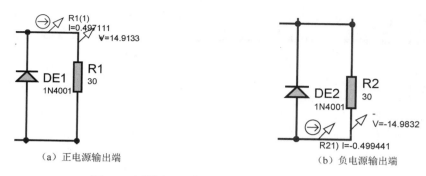

（a）正电源输出端 （b）负电源输出端

图 4-9 测量电流调整率（负载电流为 500mA）

负电压负载调整率

$$S_{I-} = \frac{15.0474 - 14.9832}{15} \approx 0.43\%$$ （4-4）

它们均低于所要求的电压调整率 1%，满足设计要求。

5. 纹波电压

用模拟分析来分析电路的输出电压。稳压电路的输出电压如图 4-10 所示。

图 4-10 稳压电路的输出电压

结果表明，在软件设定的精度内，在 mV 级别上纹波电压几乎为零，输出电压比较稳定。

傅里叶分析图表可以观察谐波分量，利用傅里叶分析观察正电压端输出电压的谐波分量。正电压端输出电压的傅里叶分析如图 4-11 所示。

由图 4-11 可知，电源电路在 0Hz 处的分量幅度即直流分量为+15V，而在其他频率点的分量为零。负电压端输出电压的情况类似。负电压端输出电压的傅里叶分析如图 4-12 所示。

图 4-11   正电压端输出电压的傅里叶分析

图 4-12   负电压端输出电压的傅里叶分析

 ## 4.4   音调控制电路

高、低音控制器是高传真放音设备中不可缺少的单元，主要是为了满足听音者的听音爱好，通过对声音某部分频率信号进行提升或衰减，以满足听者对不同频率的需要。一般音响系统中通常设有低音调节和高音调节两个按钮，用来对音频信号中的低频成分和高频成分进行提升或衰减，音调控制电路的形式不少，其中以反馈型电路最为常用，它具有较宽的控制范围和较小的失真等优点，只是电路稍复杂些。与流行方案不同的是，在该控制电路中 $R_1 \neq R_2$，而是 $R_1 = nR_2$，此时音调电路的性能好些。

4.4.1　原理分析与设计

设计好的音调控制电路如图 4-13 所示。

图 4-13　设计好的音调控制电路

1. 电路原理介绍

电路中，RV_1、RV_2 分别是控制低音和高音的电位器。$C_1 = C_2$，$C_3 < C_1$，$R_1 = nR_2$。这些元器件构成的网络与运算放大器一起构成了具有高、低频两条反馈通道的滤波器，分别调节图 4-13 中的两个电位器，便可测得增益随频率变化的音调控制曲线。对于低音信号，电容 C_1 和 C_2 相当于断路，而对于高音信号，电容 C_3 相当于短路。

下面具体介绍低音调节和高音调节两个过程。

1）低音调节

当低音调节时，若电位器 RV_1 滑动到最左端，则电容 C_1 被短路，电容 C_2 可视为开路；低音信号经过电阻 R1，直接被送入运放，输入量最大，而低音输出则经过电阻 R4 和电位器 RV_1 负反馈送入运放，负反馈量最小，因而低音提升最大。当电位器 RV_1 滑动到最右端时，情况正好与之相反，因而低音衰减最大。不论电位器 RV_1 怎么滑动，都因为电容 C1 和电容 C2 对高音信号可视为短路，所以对高音信号无任何影响。

2）高音调节

当电位器 RV_2 滑动到最左端时，因电容 C3 对高音信号可视为短路，故高音信号经过电容 C3 和电阻 R5 直接送入放大器，输入量最大，而高音输出则经过电位器 RV_2、电容 C3 和电阻 R5 反馈到运放，反馈量最小；当电位器 RV_2 滑动到最右端时，情况正好与之相反，因而高音衰减最大。

2. 计算转折频率

该音调控制电路的高、低音处于最大提升时，其幅频特性曲线的四个转折频率分别为：

$$f_1 = \frac{1}{2\pi RV_1 C_2} \tag{4-5}$$

$$f_2 = \frac{1}{2\pi(RV_1 // R_2)C_2} \tag{4-6}$$

$$f_3 = \frac{1}{2\pi(R_1 + R_3)C_3} \tag{4-7}$$

$$f_4 = \frac{1}{2\pi R_3 C_3} \tag{4-8}$$

其中，f_1、f_4 是控制电路最大提升曲线两端的转折频率，f_2、f_3 是中间的两个转折频率。

高、低音最大衰减时其幅频特性曲线的四个转折频率为

$$f_1' = \frac{1}{2\pi RV_1 C_1} \tag{4-9}$$

$$f_2' = \frac{1}{2\pi(RV_1 // R_1)C_1} \tag{4-10}$$

$$f_3' = \frac{1}{2\pi(R_2 + R_3)C_3} \tag{4-11}$$

$$f_4' = \frac{1}{2\pi R_3 C_3} \tag{4-12}$$

其中，f_1'、f_4' 是控制电路最大衰减曲线两端的转折频率，f_2'、f_3' 是中间的两个转折频率。

中音增益

$$K_M = \frac{R_2}{R_1} \tag{4-13}$$

高、低音最大提升时的增益为

$$K_R = \frac{RV_1 + R_2}{R_1} \tag{4-14}$$

高、低音最大衰减时的衰减倍数为

$$K_A = n \cdot K_R = \frac{RV_1 + R_2}{R_2} \tag{4-15}$$

由高、低音的最大提升倍数和衰减倍数分别相等可得

$$R_3 = \frac{R_1 \cdot R_2}{RV_1} \tag{4-16}$$

现令 $K_R = 10$，$RV_1 = RV_2 = 1M\Omega$，$n = \sqrt{2}$，则 $K_A \approx 14$。令 $f_1 = 20Hz$，$f_4 = 20kHz$，由式（4-15）得 $R_2 = 76.09k\Omega$，取系列值 $R_2 = 77k\Omega$。

由 $R_1 = \sqrt{2}R_2$ 得 $R_1 = 108k\Omega$，取系列值 $R_1 = 110k\Omega$。

由式（4-16）得 $R_3 = 8.3k\Omega$，取系列值 $R_3 = 8.2k\Omega$。

由式（4-5）得 $C_2 = 8000pF$，取系列值 $C_2 = 8200pF$，因为 $C_1 = C_2$，所以 $C_1 = 8200pF$。

由式（4-12）得 $C_3 = 970pF$，取系列值 $C_3 = 1000pF$。

由系列值验算所得结果如下：

$$K_M = \frac{R_2}{R_1} = 0.7(-3dB) \tag{4-17}$$

$$K_{\mathrm{R}} = \frac{RV_1 + R_2}{R_1} = 9.8(19.8\mathrm{dB}) \tag{4-18}$$

$$K_{\mathrm{A}} = \frac{RV_1 + R_1}{R_2} = 14.4(23.3\mathrm{dB}) \tag{4-19}$$

$$n = \frac{R_1}{R_2} = 1.5 \tag{4-20}$$

$$f_1 = \frac{1}{2\pi RV_1 C_2} = 19.4\mathrm{Hz} \tag{4-21}$$

$$f_2 = \frac{1}{2\pi(RV_1 // R_2)C_2} = 278\mathrm{Hz} \tag{4-22}$$

$$f_3 = \frac{1}{2\pi(R_1 + R_3)C_3} = 1.33\mathrm{kHz} \tag{4-23}$$

$$f_3' = \frac{1}{2\pi(R_2 + R_3)C_3} = 1.91\mathrm{kHz} \tag{4-24}$$

$$f_4 = \frac{1}{2\pi R_3 C_3} = 19.4\mathrm{kHz} \tag{4-25}$$

上述结果基本符合要求，即可认为设计基本完毕，从而可进行电路的仿真分析。

4.4.2 计算机仿真分析

给电路添加正弦信号源和电压探针，分别命名为 INPUT 和 OUTPUT。正弦信号的幅值为 1V，频率为 50Hz。当电位器 RV_1、RV_2 都滑动到最左端时，高、低音都处于最大提升状态。高、低音最大提升时的幅频曲线如图 4-14 所示。

图 4-14　高、低音最大提升时的幅频曲线

由图 4-14 可知，低音增益大约为 19.8dB，高音增益大约为 19.5dB。由图 4-14 可看出高音增益偏低且高频段出现大幅衰减，这是运放内晶体管呈现低通特性导致的。

最大提升曲线的截止频率如图 4-15 所示。

图 4-15　最大提升曲线的截止频率

由图 4-15 可知，$f_1 = 19.4\text{Hz}$，$f_4 = 16.4\text{kHz}$。上限截止频率偏低还是由运放的低通特性造成的。由式（4-4）可知，通过减小 C_3，可增大 f_4，进而由多级放大电路截止频率的计算公式知，可增大该音调控制电路的 f_4。经过调试，当 $C_3 = 750\text{pF}$（系列值）时，幅频特性曲线如图 4-16 所示。

图 4-16　$C_3 = 750\text{pF}$ 时的幅频特性曲线

此时 $f_4 = 19.5\text{kHz}$，和计算值相比，基本符合要求。

提升曲线的中音增益如图 4-17 所示。

图 4-17　提升曲线的中音增益

通过测量，中音增益仿真值为–2.05dB，而该值的计算值为–3dB 不是很准确，这是因为计算过程采用了近似的分析方法，所以与仿真值偏差较大。

当电位器 RV_1、RV_2 都滑动到最右端时，高、低音均处于最大衰减状态，通过仿真，高、低音最大衰减时的幅频特性曲线如图 4-18 所示。

图 4-18　高、低音最大衰减时的幅频特性曲线

通过仿真图，测得高、低音增益均为–23.4dB，与计算值相符。而在 500kHz 处增益出现了剧烈的衰减，同样，这是由运放的低通特性所导致的。

此时，最大衰减曲线的转折频率如图 4-19 所示。

图 4-19　最大衰减曲线的转折频率

由图 4-19 可知，$f_1 = 19.4\text{Hz}$，$f_4 = 24.2\text{kHz}$。与理论推导的过程中得出最大提升曲线的 f_4 和最大衰减曲线的 f_4' 相等，但由于各环节的传递函数的作用，此时的 f_4 偏高。

衰减曲线的中音增益如图 4-20 所示。

图 4-20　衰减曲线的中音增益

由测量结果可知，中音增益为 −3.98dB。

当低音最大提升而高音最大衰减时，即电位器 RV_1 在最左端，电位器 RV_2 在最右端时，幅频特性如图 4-21 所示。

曲线形状和预期的一致，并且高、中、低音增益，f_1，f_4 等几乎不变。

图 4-21　低音最大提升而高音最大衰减时的幅频特性

当低音最大衰减而高音最大提升时，即电位器 RV_1 在最右端，电位器 RV_2 在最左端，幅频特性如图 4-22 所示。

图 4-22　低音最大衰减而高音最大提升时的幅频特性

同样，曲线的形状和预期的一致，并且高、中、音增益，以及 f_1、f_4 等几乎不变。

4.5　工频陷波器

工频陷波器也称带阻滤波器（窄带阻滤波器），它能在保证其他频率的信号不损失的情况下，有效地抑制输入信号中某一频率的信息。因此当电路中需要滤除存在的某一特定频率的干扰信号时，就经常用到工频陷波器。我国市电电网供应的电力信号是 50Hz 的正弦波，对于从电网获得工作电源的电子设备存在着 50Hz 工频干扰。为了减少或抑制 50Hz 交流电噪声干扰，需要在输入电路中加入工频陷波电路。

4.5.1　原理分析与设计

工频陷波器的实现方法有很多，本次设计采用的是电路比较简单、易于实现的双 T 型工频陷波器。双 T 型工频陷波器的主体包括三部分，即选频部分、放大器部分、反馈部分。此工频陷波器具有良好的选频特性和比较高的 Q 值。

工频陷波电路如图 4-23 所示。

图 4-23　工频陷波电路

此电路由两级相同的双 T 双跟随工频陷波电路级联而成，目的是让电路在 50Hz 处衰减的程度更大。这里只分析前面部分的双 T 工频陷波电路。

图 4-23 中的 U_2：B 用作放大器，其输出端作为电路的输出。U_3：A 接成电压跟随器的形式。因为双 T 网络只有在离中心频率较远时才能达到较好的衰减特性，因此工频陷波器的 Q 值不高。加入电压跟随器是为了提高 Q 值，此电路中，Q 值可以提高到 50 以上，调节 R_{18}、R_{19} 两个电阻的阻值来控制工频陷波器的滤波特性，包括带阻滤波的频带宽度和 Q 值的高低。

在电路中，$R_{14} = R_{15} = R_{16} = R_{17}$，$C_7 = C_8 = C_9 = C_{10}$，第二级以此类推。对每一级工频陷波器，其传递函数

$$\dot{H}(\mathrm{j}\omega) = \frac{\omega^2 - \omega_0{}^2}{\omega^2 - \omega_0{}^2 - \mathrm{j}4\omega_0(1-K)\omega} \tag{4-26}$$

其中

$$K = \frac{R_{19}}{R_{19} + R_{18}} \quad (4-27)$$

中心频率

$$f_0 = \frac{1}{2\pi R_{14} C_7} \quad (4-28)$$

品质因数

$$Q = \frac{1}{4(1-K)} \quad (4-29)$$

阻带宽度

$$BW = \frac{f_0}{Q} \quad (4-30)$$

由式（4-30）可知，Q 值越高，阻带越窄，有用信号的失真越小。

该电路的通带增益

$$\dot{A}_{up} = 1 \quad (4-31)$$

由于要利用电阻电容的系列值来组成电路，因此使中心频率严格等于 50Hz 将会变得十分困难，同时电阻电容的实际值和标称值总存在偏差，故采用两级工频陷波器级联的方式，增大 50Hz 处对信号的衰减程度。通过对 30 多组电阻电容值对应的中心频率的比较与分析，最终选定 $R_{14} = 4.7\text{k}\Omega$、$C_7 = 680\text{nF}$。此时，中心频率

$$f_0 = \frac{1}{2\pi R_{14} C_7} = 49.798\text{Hz} \quad (4-32)$$

同时，令 $Q=25$，$R_{19} = 10\text{k}\Omega$，由式（4-27）和式（4-29）可得

$$R_{18} = 101.01\Omega \quad (4-33)$$

取系列值 $R_{18} = 100\Omega$。此时，$Q=24.25$。在以上所选取的参数下，电路在 $f = 50\text{Hz}$ 处的增益计算如下

$$\omega_0 = 2\pi f_0 = 312.89\text{rad/s} \quad (4-34)$$

$$\omega = 2\pi f = 314.16\text{rad/s} \quad (4-35)$$

$$K = \frac{R_{19}}{R_{19} + R_{18}} = \frac{10\,000}{10\,100} = 0.99 \quad (4-36)$$

将式（4-34）、式（4-35）和式（4-36）代入式（4-26），得

$$\left| \dot{H}(\text{j}100\pi) \right| = 0.198(-14.07\text{dB}) \quad (4-37)$$

则电路在该频率处的增益

$$\left| \dot{A}_u \right|_{f=50\text{Hz}} = \left| \dot{H}(\text{j}100\pi) \right|^2 = 0.039(-28.18\text{dB}) \quad (4-38)$$

4.5.2　计算机仿真分析

放置频率分析图表，添加输出电压探针 OUT，开始仿真。工频陷波器的幅频特性如图 4-24 所示。

由指针的读数可以看出，电路的通带增益几乎为零。图表放大后，观察电路各参数，

放大后的工频陷波器的幅频特性图表如图 4-25 所示。

由测量的结果可知，工频陷波器的中心频率为 49.775Hz，50Hz 处的增益为–28.2dB，与计算的结果一致。

图 4-24　工频陷波器的幅频特性

图 4-25　放大后的工频陷波器的幅频特性图表

工频陷波器的阻带测量如图 4-26 所示。

由测量的结果可知，工频陷波器的阻带宽度为 3.09Hz，截止频率分别为

$$f_{p1} = 48.30\text{Hz} \tag{4-39}$$

$$f_{p2} = 51.38\text{Hz} \tag{4-40}$$

　　这样，各项指标均与理论值相一致，该工频陷波器的设计较为成功。

图 4-26　工频陷波器的阻带测量

　　分别选择输入正弦波信号为 1V、5Hz，1V、50Hz 和 1V、1kHz 进行分析，计算各频率处的增益。以上各信号电压值均为幅值。

　　当输入信号为 1V、5Hz 时，工频陷波电路的输入输出电压波形如图 4-27 所示。

图 4-27　当输入信号为 1V、5Hz 时，工频陷波电路的输入输出电压波形

　　图 4-27 中有两条波形曲线，分别是输入信号和输出信号，它们几乎重合，幅值都为 1V，说明此时相移为零，放大倍数为 1，和理论分析及频率分析的结果一致。工频陷波电路在 5Hz 处的相移如图 4-28 所示。图 4-28 显示 5Hz 处的相移为 −0.463°。

图 4-28　工频陷波电路在 5Hz 处的相移

当输入信号为 1V、50Hz 时，陷波电路的输入输出波形如图 4-29 所示。

图 4-29　当输入信号为 1V、50Hz 时，工频陷波电路的输入输出波形

输出幅值变为 39.94mV，放大倍数为

$$\left.\left|\dot{H}\right|\right|_{f=50\text{Hz}} = \frac{0.0399}{1} = 0.0399(-27.98\text{dB}) \tag{4-41}$$

与理论计算及频率分析的结果几乎相等。

在频率分析中，工频陷波电路在 50Hz 处的相移如图 4-30 所示。

由图 4-30 所示的测量结果可知 50Hz 处的相移为 143°。而由图 4-31 所示的测量结果可以计算得到电路在 50Hz 处的相移。

图 4-30　工频陷波电路在 50Hz 处的相移

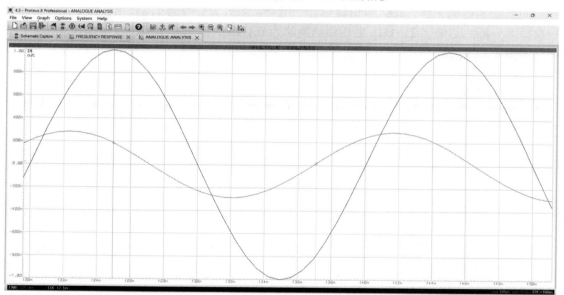

图 4-31　利用模拟分析计算相移

由图 4-31 可得时间差 $\Delta t = 12.1\text{ms}$，算出相移

$$\phi = 12.1 \times 100\pi \times \frac{180°}{\pi} \approx 217.8° \tag{4-42}$$

即输出超前输入的相角

$$\phi' = 360° - 217.8° = 142.2° \tag{4-43}$$

与频率分析得到的结果相近。

当输入信号为 1V、1kHz 时，工频陷波电路的输入输出波形如图 4-32 所示。

图 4-32   当输入信号为 1V、1kHz 时，工频陷波电路的输入输出波形

同低频 5Hz 时一样，输入输出波形几乎重合，即放大倍数为 1，且相移为零，与理论分析及频率分析的结果（在 1kHz 处相移结果约为 0.112°）一致。工频陷波电路在 1kHz 处的相移如图 4-33 所示。

图 4-33   工频陷波电路在 1kHz 处的相移

4.6   前级放大电路

由于信号源输出电压幅度往往很小，不足以驱动功率放大器输出额定功率，因此常在

功率放大电路之前插入前置放大器将信号源输出的信号加以放大，而前级放大电路是音调控制电路，对音色要求比较高，所以放大电路同时对信号进行适当的音色处理。在本次设计中，前级放大电路（包括一级放大电路和二级放大电路）对音色所做的处理就是滤波，即前级放大电路同时充当带通滤波器的角色，使整体音频功率放大电路的带宽为 20Hz～20kHz。下面具体介绍前级放大电路的设计原理。

4.6.1　原理分析与设计

设计好的前级放大电路如图 4-34 所示。

图 4-34　设计好的前级放大电路

在电路的通带内，前级放大电路为两级反相比例运算放大电路的级联，故其通带放大倍数为

$$\dot{A}_{\text{up}} = \dot{A}_{\text{up1}} \cdot \dot{A}_{\text{up2}} = \frac{R_6}{R_4} \cdot \frac{R_9}{R_8} \tag{4-44}$$

在输入信号为 5~10mV 时，为保证额定功率 $P_R \geqslant 2\text{W}$，功放输出端电压的峰值应为 4.65V，当功率放大电路的放大倍数最大时（等于 3），前级放大电路的输出电压峰值应为 4.65/3=1.88V，按此时的输入电压为 5mV 计算，那么前级放大电路的放大倍数应至少为 1.88/0.005=376。在前级放大电路中取 $R_6 = R_9 = 100\text{k}\Omega$，$R_4 = R_8 = 5.1\text{k}\Omega$，则放大倍数

$$\dot{A}_{\text{up}} = \left(\frac{100}{5.1}\right)^2 \approx 384.47 \tag{4-45}$$

故放大倍数满足要求。

前级放大电路中所加的电解电容 C_4 和 C_5 起到了滤波的作用，同时也可以展宽频带。

4.6.2　计算机仿真分析

放置模拟分析图表，设置仿真终止时间为 1.5ms。

当输入信号为 5mV（幅值）、1kHz 的正弦波时，电路的输入输出波形如图 4-35 所示。

图 4-35　当输入信号为 5mV、1kHz 的正弦波时，电路的输入输出波形

由输入输出波形可知，电路实现了同相放大（因为是两级反相放大器级联）。由图 4-35 测得输出电压幅度为 1.95V。则电路在 1kHz 处的放大倍数

$$\dot{A}_{u} = \frac{1.92}{0.005} = 384 \qquad (4\text{-}46)$$

与理论分析的结果相近。

4.7　功率放大器

欲使扬声器发声，必须要用足够的功率来驱动它。功率放大器不仅仅是电压放大或是电流放大，而且是功率的放大。本次设计采用的是 OCL 功率放大器，OCL 功率放大器是一种直接耦合的功率放大器，它具有频响宽、保真度高、动态特性好的特性。在电路中引入负反馈，可以减小非线性失真、展宽频带。

4.7.1　原理分析与设计

设计好的功率放大电路如图 4-36 所示。

由电路图可知，本设计采用集成运放作为驱动级的 OCL 功率放大电路，它是由输入级、驱动级、输出级及偏置电路组成的。输入级由正弦信号、RV_3 和 R_{11} 组成，驱动级采用集成运放，输出级由双电源供电的 OCL 电路构成。为了克服交越失真，由二极管和电阻构成输出级的偏置电路，以使输出级工作于甲乙类状态。为了稳定工作状态和功率增益并减少失真，在电路中引入了反馈。该放大电路采用复合管无输出耦合电容，并采用正负两组双电源供电。

静态时，正负电源的作用使晶体管 Q_1、Q_2 处于微导通状态。在输入信号的正半周主要是 Q_1 发射极驱动负载，而负半周主要是 Q_2 发射极驱动负载，而且两管的导通时间都比半个

周期长，因此即使输入电压很小，也能保证至少有一只晶体管导通，因而消除了交越失真。

图 4-36 设计好的功率放大电路

电路最大不失真输出电压的有效值

$$U_{\text{om}} = \frac{V_{\text{CC}} - U_{\text{CES1}}}{\sqrt{2}}$$ （4-47）

设饱和管压降

$$U_{\text{CES1}} = -U_{\text{CES2}} = U_{\text{CES}}$$ （4-48）

最大输出功率

$$P_{\text{om}} = \frac{U_{\text{om}}^2}{R_{\text{L}}} = \frac{(V_{\text{CC}} - U_{\text{CES}})^2}{2R_{\text{L}}}$$ （4-49）

在忽略基极回路电流的情况下，电源 V_{CC} 提供的电流

$$i_{\text{C}} = \frac{V_{\text{CC}} - U_{\text{CES}}}{R_{\text{L}}} \sin \omega t$$ （4-50）

电源在负载获得最大交流功率时所消耗的平均功率等于其平均电流与电源电压之积，其表达式为

$$P_{\text{V}} = \frac{1}{\pi} \int_0^\pi \frac{V_{\text{CC}} - U_{\text{CES}}}{R_{\text{L}}} \sin \omega t \cdot V_{\text{CC}} \mathrm{d}\omega t$$ （4-51）

可得

$$P_{\text{V}} = \frac{2}{\pi} \cdot \frac{V_{\text{CC}}(V_{\text{CC}} - U_{\text{CES}})}{R_{\text{L}}}$$ （4-52）

因此，转换效率

$$\eta = \frac{P_{\text{om}}}{P_{\text{V}}} = \frac{\pi}{4} \cdot \frac{V_{\text{CC}} - U_{\text{CES}}}{V_{\text{CC}}} \tag{4-53}$$

在理想情况下，即饱和管压降可忽略不计的情况下

$$P_{\text{om}} = \frac{U_{\text{om}}^2}{R_{\text{L}}} = \frac{V_{\text{CC}}^2}{2R_{\text{L}}} \tag{4-54}$$

$$P_{\text{V}} = \frac{2}{\pi} \cdot \frac{V_{\text{CC}}^2}{R_{\text{L}}} \tag{4-55}$$

$$\eta = \frac{\pi}{4} \approx 78.5\% \tag{4-56}$$

显然，在实际情况中一般都不能忽略饱和管压降，即不能用式（4-54）和式（4-56）计算电路的最大输出功率和效率。在仿真中测得所用的晶体管的饱和管压降 $U_{\text{CES}} = 3.1\text{V}$。故由式（4-49）算得最大输出功率

$$P_{\text{om}} = 8.85\text{W} \tag{4-57}$$

满足额定功率 $P_{\text{OR}} \geqslant 2\text{W}$ 的要求。

此时的效率

$$\eta = 62.3\% \tag{4-58}$$

满足在 P_{OR} 下的效率不小于 55% 的要求。

4.7.2　计算机仿真分析

通过改变输入电压的幅度来观察电路的输出，进而确定功放电路的最大不失真输出电压。调节两个电位器，RV_3 用于调节输出电压幅值，RV_4 用于调节带宽。

当输入信号为 8V（峰值）、1kHz 的正弦波时，功放电路的输出电压波形如图 4-37 所示。

图 4-37　当输入信号为 8V、1kHz 的正弦波时，功放电路的输出电压波形

由图 4-37 所示的测量结果可知，输出电压的峰值为 8.01V，负半周电压峰值也大约为 8.01V，当输入信号为 8.8V、1kHz 的正弦信号时，电路的输出电压波形如图 4-38 所示。

图 4-38　当输入信号为 8.8V、1kHz 的正弦信号时，电路的输出电压波形

由图 4-38 所示的测量结果可知，正电压可能出现的最大峰值为 8.69V，而负电压可能出现的最大峰值为 8.59V，几乎是对称的。

当输入信号为 8.7V、1kHz 的正弦信号时，功放电路的输出波形如图 4-39 所示。

图 4-39　当输入信号为 8.7V、1kHz 的正弦信号时，功放电路的输出波形

由此可以认为电路的最大不失真输出电压为 8.7V。这样由式（4-49）及式（4-51）可知，最大输出功率和效率与计算值相等。

当输入信号为 1V、1kHz 时，对输出电压进行傅里叶分析，如图 4-40 所示。

图 4-40　当输入信号为 1V、1kHz 时，对输出电压进行傅里叶分析

由图像可得基波的频率为 1kHz，基波的增益大小为 0.95V，二次谐波的增益大小为 0.000 021V，三次谐波的增益大小为 0.000 001 2V，又因为整个系统的失真度 $\text{THD} = \sqrt{\dfrac{V_{om2}^2 + V_{om3}^2}{V_{om1}^2}}$，其中的 V_{om1} 为基波的增益分量，V_{om2} 为二次谐波的增益分量，V_{om3} 为三次谐波的增益分量，因此整个系统的总谐波失真 THD=0.002 214 132%。

此时，能量主要集中在基频 1kHz 处，并且 THD=0.002 214 132%。这时的总谐波失真很小，可以忽略。

当输入信号为 4V、1kHz 时，对输出电压进行傅里叶分析，如图 4-41 所示。此时，THD 变为 0.167 308%，与 1V 时相比，有所增大。说明输出电压越接近最大输出电压，THD 越大。

当输入信号为 8.7V、1kHz 时，对输出电压进行傅里叶分析，如图 4-42 所示。果然，THD 变为 1.506 021%，与上一种情况相比，THD 进一步增大。

图 4-41　当输入信号为 4V、1kHz 时，对输出电压进行傅里叶分析

图 4-42　当输入信号为 8.7V、1kHz 时，对输出电压进行傅里叶分析

4.8　电路整体的协调及仿真

4.8.1　电路各组成部分的协调连接

当电路各部分设计完毕后，需对整体电路进行仿真，由于子模块比较多，需对各部分

进行适当连接，并考虑器件间相互的影响。

各部分的连接顺序为信号源→音调控制电路→一级放大电路→二级放大电路→工频陷波器→功率放大器。

其中，工频陷波器放在二级放大电路和功率放大器之间是为了最大限度地对来自电源的工频干扰进行抑制。

4.8.2　带通滤波器的加入

在前级放大电路中，电容与电阻的适当组合构成了带通滤波器。前级放大电路如图 4-43 所示。

图 4-43　前级放大电路

电路中，R_4、C_4，以及 C_5、R_7、R_8 都为高通网络，它们共同决定了电路的下限截止频率 f_L。

$$f_L = 1.1\sqrt{f_{L1}^2 + f_{L2}^2} \tag{4-59}$$

其中

$$f_{L1} = \frac{1}{2\pi R_4 C_4} \tag{4-60}$$

$$f_{L2} = \frac{1}{2\pi (R_7 / / R_8) C_5} \tag{4-61}$$

令 $f_L = 20\text{Hz}$，$f_{L1} = f_{L2}$，则式（4-59）变为

$$f_L = 1.1\sqrt{2} f_{L1} \tag{4-62}$$

得到

$$f_{L1} = 12.86\text{Hz} \tag{4-63}$$

由式（4-60）可得

$$C_4 = \frac{1}{2\pi R_4 f_{L1}} \approx 2.43\mu\text{F} \tag{4-64}$$

由式（4-61）可得

$$C_5 = \frac{1}{2\pi(R_7 // R_8)f_{L2}} \approx 4.85\mu F \tag{4-65}$$

分别取系列值 $C_4 = 2.4\mu F$、$C_5 = 4.7\mu F$。将此二值代入式（4-59），得

$$f_L = 1.1\sqrt{f_{L1}^2 + f_{L2}^2} \approx 20.44Hz \tag{4-66}$$

同时，R_9、C_6 为低通网络，会影响电路的上限截止频率 f_H。

$$\frac{1}{f_H} = 1.1\sqrt{\frac{1}{f_{H1}^2} + \frac{1}{f_{H2}^2}} \tag{4-67}$$

其中，f_{H1} 为 R_9、C_6 网络所决定的上限截止频率，且

$$f_{H1} = \frac{1}{2\pi R_9 C_6} \tag{4-68}$$

f_{H2} 为运放、晶体管所决定的上限截止频率。在本次设计中，它的确定将变得非常困难。在 $R_9 = 100k\Omega$ 的前提下，令 $f_{H1} = 20kHz$，则可得到

$$C_6 = \frac{1}{2\pi R_9 f_{H1}} \approx 79.58pF \tag{4-69}$$

但如果 C_6 按上述过程取值，由式（4-36）可知电路的上限截止频率 f_H 必然小于 20kHz。故利用计算机辅助设计的手段确定 C_6 的取值。

4.8.3　计算机辅助设计与分析

在进行仿真分析时，由于音调控制电路的变化范围大，传递函数复杂，研究起来比较困难，故此处仅研究剩余部分电路的频率响应，这里只使用了一级放大电路。

当 $C_6 = 79.58pF$ 且功率放大电路的电压放大倍数为 1 时，该剩余部分电路的幅频特性如图 4-44 所示。

图 4-44　不含音调控制电路时音频功放的幅频特性

由图 4-44 的测量值可得，电路的通带增益为 51.7dB。在 4.6.1 节算得通带放大倍数为

$$\dot{A}_{\mathrm{up}} = \left(\frac{100}{5.1}\right)^2 \approx 384.47(51.697\mathrm{dB}) \qquad (4\text{-}70)$$

故该仿真值与理论值符合得很好。

不含音调控制电路时音频功放的通频带如图 4-45 所示。

图 4-45　不含音调控制电路时音频功放的通频带

由图 4-45 可知，电路的上限截止频率为 13.2kHz，下限截止频率为 20.4Hz。该下限截止频率与计算值吻合得很好，但正如 4.8.2 节中所述，上限截止频率较目标频率 20kHz 偏低。

逐渐减小 C_6 的取值，观察电路的上限截止频率。当 $C_6 = 36\mathrm{pF}$ （系列值）时，音频功放的通频带如图 4-46 所示。此时，电路的上限截止频率为 19.2kHz，基本符合要求。

图 4-46　当 $C_6 = 36\mathrm{pF}$ （系列值）时，音频功放的通频带

4.8.4 电路整体的计算机仿真分析与验证

对电路进行噪声分析（不含音调控制电路），结果如图 4-47 和图 4-48 所示。

图 4-47 音频功放噪声分析（最大噪声电压）

图 4-48 音频功放噪声分析（工作频率范围内的最小噪声电压）

由图 4-47 可以看出，最大噪声电压为 $9.31\,\mu\mathrm{V}/\sqrt{\mathrm{Hz}}$。

由图 4-48 可知，在电路的工作频率范围内，输出电压噪声范围为 $5.09\sim 6.66\mu\mathrm{V}/\sqrt{\mathrm{Hz}}$。

接入音调控制电路后，对电路进行频率分析，结果如图 4-49 所示。

图 4-49　接入音调控制电路后电路的频率特性（高、低音电位器滑动端都在中点）

根据电路的频响特性能够预测音色的特征。例如，当高频段提升的幅度比较大时，声音听起来应比较尖锐。按此思路进行音频分析，比较各种频响特性下的音质，会得出与理论分析一致的结果。在音频信号源中添加钢琴曲"Kiss the rain"，钢琴曲的频率范围为 26.5～4860Hz，通过调节低音控制电位器 RV_1 和高音控制电位器 RV_2，使上限截止频率为 5kHz（见图 4-50），可以得到较好的音质（见图 4-51）。

图 4-50　电路上限截止频率为 5kHz

图 4-51 电路的音频分析

思考与练习

（1）简述音频功率放大电路的构成及工作原理。

（2）简述+12V 直流稳压电源的电路构成。

（3）简述 50Hz 工频陷波器的工作原理。

第5章 数字电路设计实例

PROTEUS ISIS 数字电路分析支持 JDEC 文件的物理元器件仿真，有全系列的 TTL 和 CMOS 数字电路仿真模型，可对数字电路进行一致性分析。

5.1 110 序列检测器电路分析

5.1.1 设计任务

利用数字电路的基础知识和 PROTEUS 软件设计一个序列编码检测器，当检测到输入信号出现 110 序列编码（按照自左至右的顺序）时，电路输出为 1，否则输出为 0。

5.1.2 设计思路

（1）由给定的逻辑功能建立原始状态图和原始状态表；
（2）状态简化；
（3）状态分配；
（4）选择触发器类型；
（5）确定激励方程和输出方程；
（6）画出逻辑图并检查自启动能力。

5.1.3 设计过程

1. 建立原始状态图和原始状态表

根据设计任务的要求，电路有一个输入信号 A 及一个输出信号 Y，该电路是要对输入信号 A 的编码序列进行检测。设电路的初始状态为 S1，初始状态 S1 对应的输出为 $Y=0$，此时的输入可能是 $A=0$ 或 $A=1$。当时钟脉冲上升沿到来时，$A=0$ 保持状态不变，表示收到一个 0；$A=1$ 则转向第二个状态，表示收到一个 1。当在状态 S2 时，若 $A=0$，表示连续输入编码 10 而不是 110，则回到初始状态重新检测；若 $A=1$，表示连续输入编码 11，则继续检测，转向第三个状态 S3。当在状态 S3 时，若 $A=0$，表示连续输入编码 110，则输出 $Y=1$ 并转向第四个状态；若 $A=1$，表示连续输入编码 110 后又收到一个 1，则视为进行下一轮检测。当在状态 S4 时，无论 A 为何值，输出 Y 均为 0。

根据给定的逻辑功能可列出 110 序列检测器的原始状态转换表，如表 5-1 所示，并画出 110 序列检测器原始状态转换图，如图 5-1 所示。

表 5-1　110 序列检测器的原始状态转换表

现态（Sn）	次态/输出（Sn+1/Y）	
	A=0	A=1
S1	S1/0	S2/0
S2	S1/0	S3/0
S3	S4/1	S3/0
S4	S1/0	S2/0

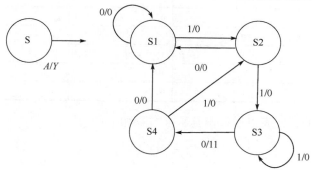

图 5-1　110 序列检测器原始状态转换图

2．状态化简

下面进行状态化简，观察 110 序列检测器的原始状态转换表中的 S1 与 S4 可得出，当 A=0 和 A=1 时，分别具有相同的次态及相同的输出，因此 S1 与 S4 存在等价状态，故可以对原始状态转换表进行化简，得到的化简后的状态转换表如表 5-2 所示。

表 5-2　化简后的状态转换表

现态（Sn）	次态/输出（Sn+1/Y）	
	A=0	A=1
S1	S1/0	S2/0
S2	S1/0	S3/0
S3	S1/1	S3/0

3．状态分配

化简后的三个状态可以用二进制代码组合（00,01,10,11）中的任意三个来表示，用两个触发器组合电路，观察表 5-2，当输入信号 A=1 时，有 S1→S2→S3 的变化顺序，当 A=0 时，又有 S3→S1 的变化，综合这两方面，这里采取 00→01→11→00 的变化顺序，能使其中的组合电路变得简单。于是选用 S1=00，S2=01，S3=11。根据状态转换表可以确定 110 序列检测器的变化状态图如图 5-2 所示。

4．触发器的选择

为实现 110 序列检测器的电路功能，本设计采用了

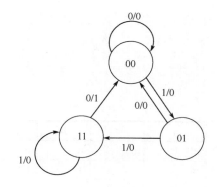

图 5-2　110 序列检测器的变化状态图

小规模集成触发芯片 JK 触发器，其功能最为齐全并且有很强的通用性，适用于简化的组合电路。JK 触发器的特征表如表 5-3 所示。

表 5-3 JK 触发器的特征表

J	K	Q^n	Q^{n+1}	功能
0	0	0	0	$Q^{n+1} = Q^n$
0	0	1	1	保持
0	1	0	0	$Q^{n+1} = 0$
0	1	1	0	置 0
1	0	0	1	$Q^{n+1} = 1$
1	0	1	1	置 1
1	1	0	1	Q^{n+1}
1	1	1	0	翻转

根据 JK 触发器的特征表可以得出其特征方程如下：

$$Q^{n+1} = J \overline{Q^n} + \overline{K} Q^n$$

5．确定激励和输出方程组

用 JK 触发器设计时序电路时，电路的激励方程需要间接导出。将设计要求与状态转换结合，把特征表做适当变换即可推导出激励条件，建立 JK 触发器的激励表，如表 5-4 所示。（表中的 × 表示逻辑值与该行状态转换无关。）

表 5-4 JK 触发器的激励表

Q^n	Q^{n+1}	J	K
0	0	0	×
0	1	1	×
1	0	×	1
1	1	×	0

根据图 5-2 所示的变化状态图和表 5-4 所示的激励表可以建立状态转换真值和激励信号表，而状态转换真值表和激励信号由此建立。真值激励表如表 5-5 所示。根据化简和推导得出的激励方程组及输出方程如下：

$$J_1 = Q_0 A \quad K_1 = \overline{A}$$

$$J_0 = A \quad K_0 = \overline{A}$$

$$Y = Q_1 \overline{A}$$

表 5-5   真值激励表

Q^n	Q_0^n	A	Q_1^{n+1}	Q_0^{n+1}	Y	J_1	K_1	J_0	K_0
0	0	0	0	0	0	0	×	0	×
0	0	1	0	1	0	0	×	1	×
0	1	0	0	0	0	0	×	×	1

续表

Q^n	Q_0^n	A	Q_1^{n+1}	Q_0^{n+1}	Y	J_1	K_1	J_0	K_0
0	1	1	1	1	0	1	×	×	0
1	1	0	0	0	1	×	1	×	1
1	1	1	1	1	0	×	0	×	0

6. 根据真值表设计逻辑电路图

在原理图中添加元器件，先单击"Component"按钮，再单击"P"按钮，从弹出的选取元器件对话框中选择 110 序列检测器电路仿真元器件。仿真元器件信息如表 5-6 所示。

表 5-6　仿真元器件信息

元器件名称	所 属 类	所 属 子 类
74S112（JK 触发器）	TTL 74S series	Flip-Flops & Latches
7408（逻辑"与"门）	TTL 74 series	Gates & Inverters
7404（逻辑"非"门）	TTL 74 series	Gates & Inverters
AND_4（逻辑"与"门、4 输入）	Modelling Primitives	Digital (Buffer & Gate)

将仿真元器件添加到对象选择器后关闭元器件选取对话框。

选中对象选择器中的仿真元器件，通过在编辑窗口单击来放置仿真元器件，按照图 5-3 所示的逻辑电路图编辑元器件并添加连接端子，连接电路。放置数字时钟信号源、数字模式信号源及电压探针，设置 CP 的时钟模式为 High-Low-High Clock，First Edge At 为 0，频率 Frequency (Hz)为 1Hz，设置 INPUT 的 Pulse width (Secs)为 1s，可将位模式选择为特定脉冲序列，并输入一串脉冲序列。

图 5-3　110 序列检测器的逻辑电路图

5.1.4　系统仿真

连接好逻辑电路图后，对 110 序列检测器进行仿真。

双击数字模式信号源，将弹出数字模式信号源编辑对话框，如图 5-4 所示。

在编辑窗口中将"Pulse width (Secs)"设置为 1s，然后按图 5-5 所示的内容编辑数字时钟信号属性，并将其作为电路的时钟触发，此处时钟频率"Frequency (Hz)"被设置为 1Hz。

图 5-4　数字模式信号源编辑对话框　　　　图 5-5　编辑数字时钟信号属性

　　输入脉冲的带宽为 1s 而时钟脉冲带宽为 0.5s。这是由 JK 触发器的工作特性决定的。为保证 JK 触发器可靠翻转，输入信号需要保持一定的时间。由 JK 触发器建立时间和传输延迟时间决定输入脉冲宽度和时钟脉冲宽度两者之间的关系，避免了 JK 触发器进行错误翻转或不执行翻转动作等情况，保证了 110 序列检测器的正确检测。

　　编辑完成后单击"OK"按钮完成设置。

　　设置完成后开始仿真电路。电路仿真结果图如图 5-6 所示。

图 5-6　电路仿真结果图

　　对仿真结果图进行分析（见图 5-7）。

　　从电路仿真图可知，当有时钟脉冲触发并且输入为 110 时，输出会产生一个相应的脉冲，实现了序列检测的功能。

图 5-7　对仿真结果图进行分析

5.2　RAM 存储器电路分析

5.2.1　设计任务

利用数字电路的基础知识和 PROTEUS 软件模拟仿真一个 2K8RAM 的存储和读取过程，将数据存入相应的地址并能够在读取模式中将数据读取出来。

5.2.2　设计原理

1．2K8RAM 简介

RAM（随机存储器）就是我们平常所说的内存，主要用来存放各种现场的输入、输出数据和中间计算结果，以及与外部存储器交换信息。内存可分为静态随机存储器（SRAM）和动态随机存储器（DRAM）两种，我们经常说的计算机内存条指的是 DRAM，而 SRAM 接触的相对要少（像大部分的 FPGA 就是基于 SRAM 工艺的）。它的存储单元根据具体需要可以读出，也可以写入或改写。一旦关闭电源或发生断电，其中的数据就会丢失。静态存储单元是在静态触发器的基础上附加门控管构成的。因此，它是靠触发器的自保功能存储数据的。RAM 由地址译码器、存储阵列、读/写控制电路、输入/输出控制电路和片选控制电路组成。

RAM 的内部结构图如图 5-8 所示，其工作模式如表 5-7 所示。

图 5-8　RAM 的内部结构图

表 5-7　RAM 的工作模式

工作模式	$\overline{\text{CE}}$	$\overline{\text{OE}}$	$\overline{\text{WE}}$	I/O
保持	1	×	×	高阻
读出数据	0	1	0	数据输出
写数据	0	0	×	数据输入
输出无效	0	1	1	高阻

SRAM 的存储阵列由许多存储单元构成，这些存储单元中都存放着一位二进制码，属

于时序逻辑电路，在供电过程中具有锁存记忆功能。存储器通过地址译码电路进行读/写的操作，一个地址对应一个行/列选择线，当行/列选择线呈高电平时，存储单元与数据线联通，以实现数据的读取和写入。

读操作时，令 R/W=1，RAM 将存储阵列中的数据送到输入/输出控制电路中。写操作时，R/W=0，RAM 将输入/输出控制电路中的数据写入存储阵列中。由于读/写操作不能同时进行，只能分别执行，因此输入/输出共用一条双向数据线（I/O）。

由于 RAM 的存储空间有限，因此当大容量信息需要存入 RAM 时，需对 RAM 进行扩展，往往进行位扩展或字扩展，这时需要用到若干片 RAM 来满足需要。而每次对 RAM 进行读/写时，只会用到其中的一片或几片，这时就需要用到片选端来选择执行操作的芯片。片选信号 CS 低电平有效，当呈现高阻态时，虽然数据段连接但并不进行数据的交换。

2K8RAM 是可存储 2048 个 8 位二进制数的电可擦除可编程随机存储器。常用的 SRAM 集成芯片有 6116（2K×8 位）、6264（8K×8 位）、62256（32K×8 位）、2114（1K×4 位）。本书在 PROTEUS ISIS 中选择使用一个 2K8RAM 的静态存储器 6116。HM6116 是一种 2K×8 位的高速静态 CMOS 随机存储器，具有高速、低功耗、与 TTL 兼容的特点，完全静态，不需要时钟脉冲与定时选通脉冲。HM6116 有 11 条地址线（A0~A10）、8 条数据线（I/O1~I/O8）、1 条电源线、1 条接地线 GND 和 3 条控制线——片选信号 CE、写允许信号 WE、输出允许信号 OE（3 条控制线低电平有效）。

2. RAM 读/写电路

根据本次设计要求设计一个 RAM 读/写电路，利用数码管显示读/写数据，设计的读/写电路图如图 5-9 所示。下面添加元器件到原理图界面。

图 5-9　读/写电路图

在 PROTUES 原理图界面先单击"Component"按钮，然后单击"P"按钮，从弹出的选取元器件对话框中选择 RAM 读/写电路仿真元器件。仿真元器件信息如表 5-8 所示。

表 5-8　仿真元器件信息

元器件名称	所 属 类	所 属 子 类
6116（SRAM）	Memory ICs	Static RAM
NOT（逻辑"非"门）	Simulator Primitives	Gates
DIPSW_8（拨码开关）	Switches & Relays	Switches
LOGICSTATE（逻辑状态）	Debugging Tools	Logic Stimuli
LOGICPROBE（BIG）（逻辑探针）	Debugging Tools	Logic Probes
7SEG-BCD-GRN（七段数码管）	Optoelectronics	7-Segment Displays
LED-BLUE（蓝色 LED 灯）	Optoelectronics	LEDs
LED-RED（红色 LED 灯）	Optoelectronics	LEDs

将仿真元器件添加到对象选择器后关闭元器件选取对话框。

选中对象选择器中的仿真元器件，在编辑窗口中单击放置仿真元器件，按照图 5-9 所示的读/写电路连接电路。

用 8 个数字键产生存储数据，数据范围为 00～FF。RAM 的 A0～A10 为地址输入端，由于数量太多，将其并接成 4 组，并用 A、B、C、D 这四个"0""1"按键控制电位，用蓝色指示灯显示，即从 2048 个地址中选定了 16 个，用于演示数据的存储和读取，$\overline{WE}$ 为读/写控制端，用字母键 E 控制，用红色指示灯显示，低电平为写入（红灯亮），高电平为读出（红灯灭）。$\overline{CE}$ 为片选端，低电平有效。$\overline{OE}$ 为输出使能端。用绿色七段数码管显示存储和读取的数字。

由于输入输出双向数据端 D0～D7 不能同时进行读/写的工作，所以在数据输入端放置拨码开关来控制数据输入。当字母键 E 为低电平时，写入数据，此时拨码开关应置"ON"从而形成通路，使数据能够传送到 D0～D7，此时绿色七段数码管显示的数字是存入的数据。当字母键 E 为高电平时，读取数据，此时拨码开关应置"OFF"，使七个输入按键与 D0～D7 端断开，数据从 D0～D7 端读出，送到绿色七段数码管显示。

5.2.3　系统仿真

1. 写操作

打开电源开关，调试电路，单击"逻辑状态"调试元器件的活性标识 ● ● 即可实现对信号"0""1"状态的设置。先令字母键 E 置"0"，此时为低电平写状态，红色指示灯点亮。用 A～D 键编辑一个地址，拨码开关置"ON"，用 0～7 个数字键编辑一组数据写入，并做记录（存储一组数据后要使字母键 E 置"1"）；再编辑第 2 个地址，重复上述操作，编辑第 2 个数据写入，也进行记录。照此方法存入若干个数据。RAM 写状态仿真如图 5-10 所示。

例如，在地址 0001H 中写入数据 22，在地址 0010H 中写入数据 50，在地址 0100H 中写入数据 72。

打开电源，将字母键 E 的"逻辑状态"设置为 0，红灯亮起，将地址输入端的"逻辑状态"DCBA 设置为"0001"、数据输入端的"逻辑状态"设置为"00100010"，也就是要写入数据 22，并使拨码开关的所有开关置于"ON"，此时的电路状态如图 5-11 所示。

图 5-10　RAM 写状态仿真

图 5-11　写操作的电路状态一

此时绿色七段数码管显示的值为 22，表示将 22 这个数写入 RAM6116 芯片中。

下面写入第二个数据，将第二个数据写入第二个地址中，此时将字母键 E 的"逻辑状态"设置为 1，脱离写入数据的状态，改变 DCBA 地址为"0100H"，将数据输入端设置为"01010000"并使字母键 E 置"0"，将数据 50 写入地址 0100H 中。电路状态如图 5-12 所示。

图 5-12 写操作的电路状态二

此时绿色七段数码管显示的值为 50，表示将 FF 这个数写入 RAM6116 芯片中。重复上述操作，将数据 72 写入地址 0100H 中，电路状态如图 5-13 所示。

图 5-13 写操作的电路状态三

完成对这三个数据的写操作。

2．读操作

读操作就是对存储的数据进行读取操作。将字母键 E 置"1"，此时为高电平读取状态，红灯熄灭，转为读取状态，拨码开关置"OFF"。任意选取曾经用过的地址，对照记录，通过看读取得到的数据是否一致来验证其功能。关闭电源后再次打开，所有存储数据全部丢失。

RAM 读状态仿真如图 5-14 所示。

图 5-14   RAM 读状态仿真

在上述实例中，已经分别将三个数据写入存储器，下面对这些信息进行读取。

将字母键 E 的"逻辑状态"设置为 1，红灯熄灭，先将拨码开关全部置为"OFF"，此时数据输入键与 RAM 的 I/O 端之间断路，即输入键不会影响 D0～D7 转换为输出端输出数据。再将地址输入端的"逻辑状态"设置为 0001，此时的电路状态如图 5-15 所示。

图 5-15   读操作的电路状态一

此时数码管显示的数据便是从 RAM 中读出的数据，即从地址 0001H 中读出的数据为 22，进行记录，与写入的数据进行比对，读出数据正确。

变换地址输入端的"逻辑状态"为 0010，电路状态如图 5-16 所示。

图 5-16　读操作的电路状态二

数码管显示的从地址 0010H 中读出的数据为 50，进行记录，与写入的数据进行比对，读出数据正确。

变换地址输入端的"逻辑状态"为 0100，电路状态如图 5-17 所示。

图 5-17　读操作的电路状态三

数码管显示的从地址 0100H 中读出的数据为 72，进行记录，与写入的数据进行比对，读出数据正确。

通过上面的 PROTEUS ISIS 实际电路的仿真验证，可以看出已经成功实现了 RAM6116 芯片的存储与读/写功能转换。

5.3 竞赛抢答器电路分析——数字单周期脉冲信号源与数字分析

5.3.1 设计任务

本次设计以四人抢答电路为例进行介绍。四人参加比赛，每人一个按钮，其中一人按下按钮后，相应的指示灯点亮，并且其他人按下的按钮不起作用。

5.3.2 设计原理

1. 竞赛抢答器的功能及原理

这里以 74LS171 四 D 触发器为核心设计四人竞赛抢答电路。

74LS171 内部包含了四个 D 触发器，各输入、输出以序号相区别，并且包含清零端，74LS171 的引脚图如图 5-18 所示。

图 5-18　74LS171 的引脚图

以 74LS171 四 D 触发器为核心设计的四人竞赛抢答器电路如图 5-19 所示。

图 5-19　以 74LS171 四 D 触发器为核心设计的四人竞赛抢答器电路

其中清零信号用于赛前清零，电路清零如图 5-20 所示。

图 5-20　电路清零

此时四个发光二极管均熄灭，电路的反相端输出均为 1，时钟端与门开启，等待输入信号。

当第一个按钮被按下时，Q0 端输出信号为高电平，点亮第一个发光二极管，而 $\overline{Q0}$ 端输出信号为低电平，如图 5-21 所示。

图 5-21　当第一个按钮被按下时，Q0 端及 $\overline{Q0}$ 端的输出

当 $\overline{Q0}$ 端输出信号为低电平时，74LS171 时钟端被封，此后其他输入信号对系统输出不起作用。

2．竞赛抢答器电路搭建

在电路原理图界面添加元器件，先单击"Component"按钮，再单击"P"按钮，从弹出的选取元器件对话框中选择竞赛抢答器电路仿真元器件。仿真元器件信息如表 5-9 所示。

表 5-9　仿真元器件信息（RS 触发器电路分析）

元器件名称	所 属 类	所 属 子 类
74LS171（四 D 触发器）	TTL 74S series	Flip-Flops & Latches
74LS20（四输入与门）	TTL 74S series	Gates & Inverters
74LS00（二输入与门）	TTL 74S series	Gates & Inverters
RES（电阻）	Resistors	Generic
BUTTON（按钮）	Switches & Relays	Switches
LED-GREEN（绿色指示灯）	Optoelectronics	LEDs

将仿真元器件添加到对象选择器后关闭元器件选取对话框。下面连接并标注电路。

1）放置元器件

选中对象选择器中的仿真元器件，在编辑窗口单击放置仿真元器件，按图 5-22 所示的电路编辑元器件，添加连接端子，并连接电路。

图 5-22　竞赛抢答器电路（含参数）

2）标注设计

使用文本编辑（Text Scripts）标注电路。单击工具箱中的"Text Script Mode"按钮，如图 5-23 所示。

在期望放置标注的位置单击，将出现如图 5-24 所示的"Edit Script Block"对话框。

在"Text"区域输入图 5-24 所示的文本后，单击"OK"按钮，完成 Script 的编辑，结果如图 5-25 所示。

图 5-23 单击"Text Script Mode"按钮

图 5-24 "Edit Script Block"对话框

图 5-25 标注按钮

按照上述方式编辑标注其他按钮，结果如图 5-26 所示。

3. 数字时钟信号源及数字单周期脉冲信号源编辑

在电路中添加数字时钟仿真输入源，由于人们对于激励的最快响应时间为 0.02s，因此设置数字时钟信号源的频率为 1kHz，时钟模式（Clock Type）为"Low-High-Low Clock"，也就是使按键速度识别的周期为 1ms 即可满足实际要求。连接数字时钟信号源与 U3：B 的输入引脚如图 5-27 所示。

图 5-26　标注其他按钮

图 5-27　连接数字时钟信号源与 U3：B 的输入引脚

　　放置数字单周期脉冲信号源，并将数字单周期脉冲信号源与 74LS171 的清零引脚相连，设置单周期脉冲信号源的脉冲极性（Pulse Polarity）为负脉冲（Negative Pulse），起始时刻［Start Time (Secs)］为 0s，脉宽［Pulse Width (Secs)］为 500ms，起到清零的作用。连接数字单周期脉冲信号源与 74LS171 的清零引脚如图 5-28 所示。

图 5-28 连接数字单周期脉冲信号源与 74LS171 的清零引脚

竞赛抢答器仿真电路如图 5-29 所示。

图 5-29 竞赛抢答器仿真电路

5.3.3 系统仿真及电路分析

下面开始仿真，验证设计的正确性。单击控制面板中的运行按钮，系统进入仿真状态，如图 5-30 所示。

图 5-30　系统进入仿真状态

从图 5-30 可知，系统经清零后，发光二极管全部熄灭，且系统输入时钟有效。

（1）当按下#1 键后，系统的仿真结果如图 5-31 所示。

图 5-31　按下#1 键后系统的仿真结果

从系统的仿真结果可知，按下#1 键后，发光二极管 D1 点亮，同时系统的时钟输入端被锁定。

在上述情形下，按动其他按键，系统不响应操作，如图 5-32 所示。

（a）#1 键按下状态，系统不响应其他按键的操作

（b）#1 键被释放后，系统仍不响应其他按键的操作

图 5-32　系统不响应其他按键的操作

（2）改变限流电阻，观察发光二极管的变化。

限流电阻的作用是减小负载端电流。在发光二极管一端添加一个限流电阻可以减小流过发光二极管的电流，防止其损坏。

① 当 R6～R9 的阻值为 1kΩ 时，仿真结果如图 5-33 所示。

② 当 R6～R9 的阻值为 300Ω 时，仿真结果如图 5-34 所示。

图 5-33 限流电阻为 1kΩ 的仿真结果

图 5-34 限流电阻为 300Ω 的仿真结果

★相关结论：

比较可以得出，限流电阻越小，指示灯越亮。每种指示灯用的发光二极管工作电流为 10mA 左右，电流过大就会影响指示灯的寿命。

因为不同颜色的发光二极管端压降不同，如蓝光、白光的发光二极管端压降通常在 3V 左右，其他颜色光高亮时的发光二极管电压为 2.5V 左右，普通亮度的发光二极管电压为 1.5～2V，所以在选择限流电阻的时候要考虑发光二极管所需的电流，电流太大或太小都会影响其正常工作。

（3）改变下拉电阻观察发光二极管变化。

电阻因为是接地的，所以叫作下拉电阻，其作用是将电路一端的电平向低方向（地）

拉。下拉电阻的主要作用是与上接电阻一起在电路驱动器关闭时给线路（节点）一个固定的电平。下拉电阻可以加大输出引脚的驱动能力，提高输出的高电平值，还可以提高电路的抗电磁干扰能力。

① 当 R2～R5 的阻值为 330Ω 时，仿真结果如图 5-35 所示。

图 5-35　限流电阻为 330Ω 的仿真结果

② 当 R2～R5 的阻值为 5kΩ 时，仿真结果如图 5-36 所示。

图 5-36　限流电阻为 5kΩ 的仿真结果

★相关结论：

由于 TTL 门电路的特点是当悬空时为高电平，所以 TTL 电路规定高电平阈值大于 3.4V，如果要加高电平信号，就必须要保证输入电压大于 3.4V。通过电路计算可知，在理论上当串联大于 1.4kΩ 的电阻时，输入端呈现高电平。因此当输入端串联 5kΩ 电阻后，再输入低电平，输入端呈现高电平，而实际中需要串联小于 2.4kΩ 的电阻，输入的低电平才会被识别。

5.3.4　利用灌电流和或非门设计竞赛抢答器

1．原理图介绍

利用灌电流和或非门设计竞赛抢答器的思路与利用数字单周期脉冲信号源设计竞赛抢答器的思路几乎如出一辙，这里选用 74HC175 作为四 D 触发器，利用灌电流驱动发光二极管，这就导致发光二极管只有连接 74HC175 的一端的输入为低电平时才能亮。为了使一个按键按下后，其他按键不起作用，就要使用或非门连接电路，具体的电路设计如图 5-37 所示。

图 5-37　利灌电流和或非门设计竞赛抢答器的电路设计

2．搭建电路原理图及仿真分析

1）放置仿真元器件

在 PROTEUS 原理图左边的编辑区中先单击"Component"按钮，然后单击"P"按钮，从弹出的选取元器件对话框中选择竞赛抢答器电路仿真元器件。仿真元器件信息如表 5-10 所示。

表 5-10　仿真元器件信息（竞赛抢答器电路分析）

元器件名称	所 属 类	所 属 子 类
74HC175（四 D 触发器）	TTL 74HC series	Flip-Flops & Latches
74HC4002（四输入或非门）	TTL 74HC series	Gates & Inverters
74HC02（二输入或非门）	TTL 74HC series	Gates & Inverters
RES（电阻）	Resistors	Generic
BUTTON（按钮）	Switches & Relays	Switches
LED-GREEN（绿色指示灯）	Optoelectronics	LEDs

　　74HC 系列是高速集成电路，74LS 系列是低速集成电路。在实际使用的时候可以使用高速集成电路来代替低速集成电路，但不可以使用低速集成电路代替高速集成电路。

　　选中对象选择器中的仿真元器件，在编辑窗口单击放置仿真元器件，并连接电路。竞赛抢答器电路（含参数）如图 5-38 所示。

图 5-38　竞赛抢答器电路（含参数）

2）添加信号源

　　与之前的竞赛抢答器输入信号相同，时钟信号（CLK）为下降波，脉冲宽度为 500ms。U_2：B 输入信号为"High-Low-High"类型的脉冲，频率为 1kHz。

3）进行仿真

　　按下运行键后，进入仿真状态，如图 5-39 所示。按下#1 键后系统的仿真结果如图 5-40 所示。

图 5-39　进入仿真状态

图 5-40   按下#1 键后系统的仿真结果

4）电路分析

图 5-37 中的电路是使用灌电流和或非门来设计的。而 5.3.1 节中的电路使用拉电流和与非门设计。

拉电流和灌电流是衡量电路输出驱动能力的参数，由于数字电路的输出只有高、低（0、1）两种电平值，高电平输出时，一般是对负载提供电流，其提供电流的数值叫拉电流；低电平输出时，一般要吸收负载的电流，其吸收电流的数值叫灌电流。

或非门的定义是当输入都为低电平时，输出才为高电平。在按下#1 键时，D0 为高电平，Q0 也为高电平，给予 U_2 高电平的输入信号，输出为低电平，信号经过 U_3：A、U_3：B 后给时钟信号输入低电平，因此再按其他按键均没有作用。系统不响应其他按键的操作，如图 5-41 所示。

（a）按下#1 键，系统不响应其他按键的操作

图 5-41   系统不响应其他按键的操作

（b）#1 键被释放后，系统仍不响应其他按键的操作

图 5-41 系统不响应其他按键的操作（续）

思考与练习

（1）简述 110 序列检测器的设计思路和过程。

（2）简述 RAM 存储和读取数据的过程。

（3）讨论竞赛抢答器电路中拉电流与门设计和灌电流或门设计的原理。

第6章 单片机应用设计实例

6.1 信号发生器的设计

6.1.1 设计要求

利用 AT89S52 单片机、ADC0804、DAC0808 设计信号发生器，能够产生固定幅度的方波、锯齿波、三角波及正弦波，并且能在程序运行的过程中调节信号的幅度及频率，还能在波形切换过程中给予相应的指示。其中幅值采用 DAC0808 进行调节，频率的设定部分采用 ADC0804 进行调节，并可以在不同的波形之间任意切换。

6.1.2 设计原理

1. 系统结构图

信号发生器总设计图如图 6-1 所示。

图 6-1　信号发生器总设计图

D/A 转换电路和 A/D 转换电路如图 6-2 所示。

图 6-2　D/A 转换电路和 A/D 转换电路

图 6-2 中框选部分是 D/A 转换电路和 A/D 转换电路部分。

单片机控制及指示电路如图 6-3 所示。

图 6-3　单片机控制及指示电路

波形频率设定电路如图 6-4 所示。

图 6-4　波形频率设定电路

2. ADC0804 简介

ADC0804 是一种 8 位 COMS 逐次逼近式的 A/D 转换器，三态锁定输出，存取时间大约为 135μs，8 位分辨率，若输入电压 V_{in}=+5V，那么最小输出电压为 U=5V/256 ≈ 0.01953V。转换时间大约为 100μs，总误差为±1LSB，工作温度区间为 0～70℃，ADC0804 引脚图如图 6-5 所示。

图 6-5　ADC0804 引脚图

下面具体介绍该芯片各个引脚的功能：

（1）$\overline{CS}$：芯片选择信号。

（2）$\overline{RD}$：外部读取转换结果的控制输出信号。$\overline{RD}$ 为 High 时，DB0～DB7 处理高阻抗。

$\overline{RD}$ 为 Low 时，数字数据才会输出。

（3）$\overline{WR}$：用来启动转换的控制输入，相当于 ADC 的转换开始（$\overline{CS}$=0 时），当 $\overline{WR}$ 由 High 变为 Low 时，转换器被清除；当 $\overline{WR}$ 回到 High 时，转换正式开始。

（4）CLK IN 和 CLK R：时钟输入或接振荡元件（R，C），频率限制在 100～1460kHz，如果使用 RC 电路，则其振荡频率为 1/(1.1RC)。

（5）$\overline{INTR}$：中断请求信号输出，低电平动作。

（6）V_{IN}(+)、V_{IN}(−)：差动模拟电压输入。输入单端正电压时，V_{IN}(−)接地；而差动输入时，直接加入 V_{IN}(+)、V_{IN}(−)。

（7）A GND 和 D GND：模拟信号及数字信号的接地。

（8）V_{REF}：辅助参考电压。

（9）V_{CC}：电源供应及作为电路的参考电压。

（10）DB0～DB7：8 位的数字输出。

通过查阅数据手册，可得 ADC0804 参考原理图，如图 6-6 所示。

图 6-6　ADC0804 参考原理图

ADC0804 模数转换表如表 6-1 所示。

表 6-1　ADC0804 模数转换表

十六进制数	二进制数	与满刻度的比率		相对电压值 $V_{REF}=2.560V$	
		高四位字节	低四位字节	高四位电压/V	低四位电压/V
F	1111	15/16	15/256	4.800	0.300
E	1110	14/16	14/256	4.480	0.280
D	1101	13/16	13/256	4.160	0.260
C	1100	12/16	12/256	3.840	0.240
B	1011	11/16	11/256	3.520	0.220
A	1010	10/16	10/256	3.200	0.200
9	1001	9/16	9/256	2.880	0.180
8	1000	8/16	8/256	2.560	0.160
7	0111	7/16	7/256	2.240	0.140
6	0110	6/16	6/256	1.920	0.120
5	0101	5/16	5/256	1.600	0.100
4	0100	4/16	4/256	1.280	0.080
3	0011	3/16	3/256	0.960	0.060
2	0010	2/16	2/256	0.640	0.040
1	0001	1/16	1/256	0.320	0.020
0	0000			0	0

3．信号的产生

利用 8 位 D/A 转换器 DAC0808，可以将 8 位数字量转换成模拟量输出。数字量输入的范围为 0～255，对应的模拟量输出范围为 V_{REF-}～V_{REF+}。根据这一特性，我们可以利用单片机的并行口输出的数字量，产生常用的波形。

例如，要产生幅度为 0～5V 的锯齿波，只要将 DAC0808 的 V_{REF-} 接地，V_{REF+} 接+5V 即可，单片机的并行口首先输出 00H，再输出 01H、02H，直到输出 FFH，再输出 00H，依次循环，这样在图 6-1 所示的 OUTPUT 端就可以看到在 0 到 5V 之间变化的锯齿波。

4．信号幅度控制

如上所述，DAC0808 的模拟量输出范围为 $V_{REF-} \sim V_{REF+}$，也就是说，当数字量输入为 00H 时，DAC0808 的输出为 V_{REF-}，当数字量输入为 FFH 时，DAC0808 的输出为 V_{REF+}。因此，为了调节输出波形的幅度，只要调节 V_{REF} 的大小即可。如图 6-1 所示，在 V_{REF+} 端串接一电位器，调节 V_{REF} 的大小，即可达到调节波形幅度的目的。

5．信号频率控制

仍以锯齿波为例，若要调节信号的频率，只需在单片机输出的两个数据之间加入一定的延时即可，如图 6-3 所示。通过调节输入 ADC0804 转换的模拟电压值，从而产生 8 位二进制数作为延时函数，即可控制输出波形的幅值与频率。

6．波形切换

波形频率设定电路如图 6-4 所示，利用 4 位 DIP 开关 DSW₁ 来选择波形，并通过四个发光二极管进行指示。

6.1.3　汇编语言程序设计流程

程序流程图如图 6-7 所示。

（a）主程序流程图

图 6-7　程序流程图

（b）单周期方波输出子程序

（c）单周期锯齿波输出子程序

图 6-7　程序流程图（续）

（d）单周期三角波输出子程序

（e）单周期正弦波输出子程序

图 6-7　程序流程图（续）

6.1.4　单片机的汇编语言程序源代码

单片机的汇编语言程序源代码如下。

```
ORG     00H
SQU_K   BIT     P3.4
SAW_K   BIT P3.5
```

```
TRI_K    BIT P3.6
SIN_K    BIT P3.7


SQU_L    BIT P1.0
SAW_L    BIT P1.1
TRI_L    BIT P1.2
SIN_L    BIT P1.3


INTAD BIT     P3.3
CS     BIT    P3.0
W_R    BIT    P3.2
R_D    BIT    P3.1


START:  MOV   P1,#0FFH
           MOV      P2,#0FFH
           MOV      P3,#0FFH
           MOV      DPTR,#SIN_TAB
MAIN:   MOV   P0,#00H
           JNB      SQU_K,S1
           SETB     SQU_L
           JNB      SAW_K,S2
           SETB     SAW_L
           JNB      TRI_K,S3
           SETB     TRI_L
           JNB      SIN_K,S4
           SETB     SIN_L
           SJMP     MAIN
S1: CLR    SQU_L
       LCALL   SQUARE
       SJMP    MAIN
   S2: CLR    SAW_L
       LCALL   SAWTOOTH
       SJMP    MAIN
   S3: CLR    TRI_L
       LCALL   TRIANG
       SJMP    MAIN
   S4: CLR    SIN_L
           LCALL SINWAVE
           SJMP  MAIN
AD_0804: SETB   R_D
    SETB   W_R
       SETB   INTAD
       MOV    P2,#0FFH
       CLR    CS
       CLR    W_R
```

```
                SETB    W_R

WAIT:   JB      INT1,WAIT
        CLR     R_D
        NOP
        NOP
        MOV     B,P2
        SETB    RD
        SETB    CS
        RET
SQUARE:
        MOV     R0,#00H
J11:    MOV     P0,#0FFH
        MOV     P2,#0FFH
        LCALL   AD_0804
        MOV     A,B
        CPL     A
        MOV     R3,A
L11:    DEC     R3
        CJNE    R3,#255,L11
        INC     R0
        INC     R0
        CJNE    R0,#254,J11
        MOV     R0,#00H
J12:    MOV     P0,#00H
        MOV     P2,#0FFH
        LCALL   AD_0804
        MOV     A,B
        CPL     A
        MOV     R3,A
L12:    DEC     R3
        CJNE    R3,#255,L12
        INC     R0
        INC     R0
        CJNE    R0,#254,J12
        MOV     R0,#00H
        RET
SAWTOOTH:
        CLR     A
        MOV     R7,A
J21:    MOV     P0,R7
        MOV     P2,#0FFH
        LCALL   AD_0804
        MOV     A,B
        CPL     A
```

```
                MOV     R3,A
    L21:        DEC     R3
                CJNE    R3,#255,L21
                INC     R7
                CJNE    R7,#255,J21
                RET
TRIANG:
        MOV     R7,#00H
    J31:        MOV     P0,R7
                MOV     P2,#0FFH
                LCALL   AD_0804
                MOV     A,B
                CPL     A
                MOV     R3,A
    L31:        DEC     R3
                CJNE    R3,#255,L31
                INC     R7
                INC     R7
                CJNE    R7,#254,J31
    J32:        MOV     P0,R7
                MOV     P2,#0FFH
                LCALL   AD_0804
                MOV     A,B
                CPL     A
                MOV     R3,A
    L32:        DEC     R3
                CJNE    R3,#255,L32
                DEC     R7
                DEC     R7
                CJNE    R7,#00,J32
                RET
SINWAVE:
        MOV     R0,#00H
    K41:        MOV     A,R0
                MOVC    A,@A+DPTR
                MOV     P0,A
                INC     R0
                MOV     P2,#0FFH
                LCALL   AD_0804
                MOV     A,B
                CPL     A
                MOV     R3,A
    L41:        DEC     R3
                CJNE    R3,#255,L41
                CJNE    R0,#92,K41
```

```
K42:    DEC     R0
        MOV     A,R0
        MOVC    A,@A+DPTR
        MOV     P0,A
        MOV     P2,#0FFH
        LCALL   AD_0804
        MOV     A,B
        CPL     A
        MOV     R3,A
L42:    DEC     R3
        CJNE    R3,#255,L42
        CJNE    R0,#0,K42
        RET
SIN_TAB:
        DB  0,0,0,0
        DB  1,1,2,3,4,5,6,8
        DB  9,11,13,15,17,19,22,24
        DB  27,30,33,36,39,42,46,49
        DB  53,56,60,64,68,72,76,80
        DB  84,88,92,97,101,105,110,114
        DB  119,123,128,132,136,141,145,150
        DB  154,158,163,167,171,175,179,183
        DB  187,191,195,199,202,206,209,213
        DB  216,219,222,225,228,231,233,236
        DB  238,240,242,244,246,247,249,250
        DB  251,252,253,254,254,255,255,255
        END
```

6.1.5 单片机的 C 语言程序源代码

单片机的 C 语言程序源代码如下。

```
//***********************************************
//包含文件，端口定义，程序开始
//***********************************************
#include <reg51.h>
#define uchar unsigned char
#define uint  unsigned int
sbit SQU_K  =P3^4;
sbit SAW_K  =P3^5;
sbit TRI_K  =P3^6;
sbit SIN_K  =P3^7;
sbit SQU_L  =P1^0;
sbit SAW_L  =P1^1;
sbit TRI_L  =P1^2;
sbit SIN_L  =P1^3;
```

```c
 sbit INTad=P3^3;
 sbit CS=P3^0;              //使能端
 sbit W_R=P3^2;             //写端口
 sbit R_D=P3^1;             //读端口
 uchar code sin_tab[]={0,0,0,0,1,1,2,3,4,5,6,8,
                      9,11,13,15,17,19,22,24,
                      27,30,33,36,39,42,46,49,
                      53,56,60,64,68,72,76,80,
                      84,88,92,97,101,105,110,114,
                      119,123,128,132,136,141,145,150,
                      154,158,163,167,171,175,179,183,
                      187,191,195,199,202,206,209,213,
                      216,219,222,225,228,231,233,236,
                      238,240,242,244,246,247,249,250,
                      251,252,253,254,254,255,255,255 };
//***********************************************
// 读 ADC0804 子程序
//***********************************************
unsigned char adc0804( void )
{    uchar dat,i;
     R_D=1;
     W_R=1;
     INTad=1;               //读 ADC0804 前准备
     P2=0xff;               //P2 口全部置 1 准备
     CS=0;
     W_R=0;
     W_R=1;                 //启动 ADC0804 开始测电压
     while(INT1==1);        //查询等待 A/D 转换完毕产生的 INT 信号
     R_D=0;                 //开始读转换后的数据
     i=i;                   //无意义语句,用于延时等待 ADC0804 读数完毕
     dat=P2;                //读出的数据赋予 dat
     R_D=1;
         CS=1;              //读数完毕
     return(dat);          //返回最后读出的数据
}
//***********************************************
//方波发生函数
//***********************************************
void square()
{
  uchar a,b;
  for(a=0;a<127;a++)
  {
    P0=0xff;
P2=0xff;
```

```
        b=adc0804();
b=~b;
        while(b--);        //调节相位，b 的变化越大，相位变化越小
    }
    for(a=0;a<127;a++)
    {
        P0=0;
P2=0xff;
        b=adc0804();
b=~b;
        while(b--);
    }
}
//***************************************************
//锯齿波发生函数
//***************************************************
void sawtooth()
{
    uchar a,b;
    for(a=0;a<255;a++)
    {
        P0=a;
        P2=0xff;
        b=adc0804();
        b=~b;
        while(b--);
    }
}
//***************************************************
// 三角波发生函数
//***************************************************
void triang()
{
    uchar a,b;
    for(a=0;a<254;a=a+2)
    {
        P0=a;
        P2=0xff;
        b=adc0804();
        b=~b;
        while(b--);
    }
    for(a;a>1;a=a-2)
    {
        P0=a;
```

```
      P2=0xff;
     b=adc0804();
      b=~b;
     while(b--);
   }
}
//*************************************************
//正弦波发生函数
//*************************************************
void  sinwave()
{
  uchar a,b;
  for(a=0;a<92;a++)
  {
     P0=sin_tab[a];
         P2=0xff;
    b=adc0804();
     b=~b;
     while(b--);
  }
  for(a=a-1;a>0;a--)
  {
    P0=sin_tab[a];
     P2=0xff;
    b=adc0804();
     b=~b;
     while(b--);
  }
}
//*************************************************
//主函数
//*************************************************
void main()
{
  P1=0xff;
  P2=0xff;
  P3=0xff;
  while(1)
  {
   P0=0;
       if(SQU_K==0)
       {
       SQU_L=0;
       square();
```

```
    }
    SQU_L=1;
    if(SAW_K==0)
    {
        SAW_L=0;
        sawtooth();
    }
    SAW_L=1;
    if(TRI_K==0)
    {
      TRI_L=0;
        triang();
    }
    TRI_L=1;
    if(SIN_K==0)
    {
      SIN_L=0;
        sinwave();
    }
    SIN_L=1;
  }
}
```

6.1.6 系统仿真

在 PROTEUS 中对输出波形进行分析，选择图 6-1 中不同的开关，调节图 6-1 中的频率控制电位器 RV_2，可以得到如图 6-8 至图 6-11 所示的波形，并且各图中的（a）图频率均高于（b）图频率，同时调节图 6-1 中的幅值电位器 RV_1 可以改变输出波形的幅值。

（a）幅值为 12.6V，周期为 125ms 的正弦波

图 6-8   正弦波图形

（b）幅值为 12.6V，周期为 450ms 的正弦波

图 6-8　正弦波图形（续）

（a）幅值为 12.2V，周期为 82ms 的三角波

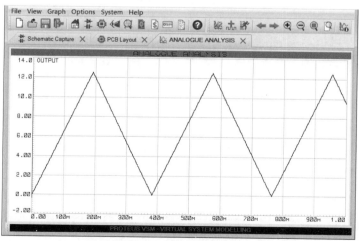

（b）幅值为 12.2V，周期为 382ms 的三角波

图 6-9　三角波图形

（a）幅值为 12.3V，周期为 64.3ms 的锯齿波

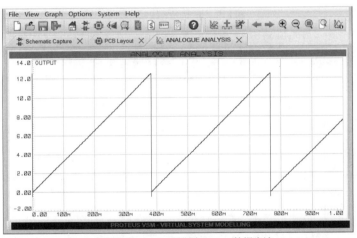

（b）幅值为 12.3V，周期为 384ms 的锯齿波

图 6-10　锯齿波图形

（a）幅值为 12.3V，周期为 32.4ms 的方波

图 6-11　方波图形

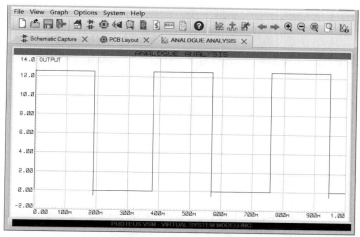

（b）幅值为 12.3V，周期为 190ms 的方波

图 6-11　方波图形（续）

 ## 6.2　直流电动机控制模块的设计

6.2.1　设计要求

利用 AT89C51 单片机产生固定占空比的 PWM 信号，并通过驱动电路实现直流电动机的固定方向和固定转速旋转。

6.2.2　设计原理

1．直流电动机简介

直流电动机物理模型如图 6-12 所示。

图 6-12　直流电动机物理模型

1）直流电动机的物理模型

直流电动机的固定部分有磁铁（这里称作主磁极）和电刷。直流电动机的转动部分有环形铁芯和绕在环形铁芯上的绕组（其中两个小圆圈是为了方便表示该位置上的导体电势或电流的方向而设置的）。

图 6-12 所示为一台最简单的两极直流电动机物理模型，它的固定部分（定子）上装设了

一对直流励磁的、静止的主磁极 N 和 S，在旋转部分（转子）上装设了环形铁芯。定子与转子之间有一气隙。在电枢铁芯上放置了由 A 和 X 两根导体连成的绕组线圈，线圈的首端和末端分别连到两个圆弧形的铜片上，此铜片称为换向片。换向片之间互相绝缘，由换向片构成的整体称为换向器。换向器固定在转轴上，换向片与转轴之间亦互相绝缘。在换向片上放置着一对固定不动的电刷 B1 和 B2，当电枢旋转时，绕组线圈通过换向片和电刷与外电路接通。

    2）直流电动机工作过程

    直流电动机工作模型如图 6-13 所示。

（a）导体ab处于N极下　　　　　　（b）导体ab处于S极下

图 6-13　直流电动机工作模型

    对上述直流电动机，如果去掉电动机，并给两个电刷加上直流电源，如图 6-13（a）所示，则有直流电流从电刷 A 流入，经过线圈 abcd，从电刷 B 流出，根据电磁力定律，载流导体 ab 和 cd 受到电磁力的作用，其方向可由左手定则判定，两段导体受到的力形成了一个转矩，使得转子逆时针转动。如果转子转到如图 6-13（b）所示的位置，电刷 A 和换向片 2 接触，电刷 B 和换向片 1 接触，则直流电流从电刷 A 流入，在线圈中的流动方向是 dcba，从电刷 B 流出。此时载流导体 ab 和 cd 受到电磁力的作用，其方向同样可由左手定则判定，它们产生的转矩仍然使得转子逆时针转动。这就是直流电动机的工作原理。外加的电源是直流的，但由于电刷和换向片的作用，因此在线圈中流过的电流是交变的，其产生的转矩的方向却是不变的。

    实际生活中使用的直流电动机转子上的绕组也不是由一个线圈构成的，同样由多个线圈连接而成，以减少直流电动机电磁转矩的波动，绕组形式与发电机相同。

2．直流电动机驱动电路

    直流电动机驱动电路如图 6-14 所示，当 OUTPUT 端输入为高电平时，Q_1 和 Q_2 导通，直流电动机两端有电流流过，即可驱动直流电动机转动。在 OUTPUT 信号端和负载端加两个电压跟随器，第一级电压跟随器做缓冲级，为了使信号不会有相当的部分损耗在前级的输出电阻中，需要电压跟随器从中进行缓冲，起到承上启下的作用，提高了输入阻抗。这样，输入电容的容量可以大幅度减小。第二级电压跟随器用作隔离电路，构成有源滤波电路，有源滤波电路的作用是对输入电压进行滤波，以减少噪声和干扰，并确保输出信号的稳定性和可靠性。

3．直流电动机转速控制

    直流电动机转速控制电路如图 6-15 所示，用一个电位器作为 ADC0808 的模拟量输入，最大输入电压及参考电压均为5V，数字量输出范围为$0<D_{out}<255$。首先，单片机的 PWM 端

（P3.7）输出高电平，延时一段时间，延时常数为 $255-D_{out}$，接着输出低电平，延时常数为 D_{out}，这样通过改变模拟输入电压的大小，就可以改变单片机 PWM 端输出的占空比，从而达到调节直流电动机转速的目的。

图 6-14　直流电动机驱动电路

图 6-15　直流电动机转速控制电路

4. ADC0808 简介

本设计中所用的 ADC0808 是美国国家半导体公司使用 CMOS 工艺生产的 8 通道、8 位逐次逼近式 A/D（模数）转换器。其内部有一个 8 通道多路开关，它可以根据地址锁存译码后的信号，只选通 8 路模拟输入信号中的一个进行 A/D 转换。它由 8 路模拟开关、地址锁存与译码器、比较器、8 位开关树型 A/D 转换器、逐次逼近寄存器、逻辑控制和定时电路组成。它的主要特性为包括 8 路输入通道，8 位 A/D 转换器，即分辨率为 8 位，具有转换起停控制端，转换时间为 100μs（时钟频率为 640kHz 时）、130μs（时钟频率为 500kHz 时），单个+5V 电源供电，模拟输入电压范围为 0～+5V，无须零点和满刻度校准，工作温度范围为 −40～+85℃，低功耗，约 15mW。

与更为复杂的 ADC0834、ADC0838 设备相比，ADC0808 和 ADC0809 设备的运行情况是非常相似的。ADC0808 通过设置 VREF 输入等于最大模拟输入信号的值实现比例转换，这就要求尽可能高的转换分辨率。通常情况下，参考输入电压设置与 V_{CC} 相等。

图 6-16　ADC0808 引脚结构图

（1）ADC0808 引脚结构图如图 6-16 所示。

图 6-16 中部分引脚的含义如下。

① ALE：地址锁存允许信号，输入，高电平有效。

② START：A/D 转换启动脉冲输入端，输入一个正脉冲（至少 100ns 宽）使其启动（脉冲上升沿使 ADC0809 复位，下降沿启动 A/D 转换）。

③ EOC：A/D 转换结束信号，输出，当 A/D 转换结束时，此端输出一个高电平（转换期间一直为低电平）。

④ OE：数据输出允许信号，输入，高电平有效。当 A/D 转换结束时，此端输入一个高电平，之后打开输出三态门，输出数字量。

⑤ $V_{REF (+)}$ 和 $V_{REF (−)}$：参考电压输入端。

（2）通过查阅数据手册，ADC0808 的工作时序如图 6-17 所示。

图 6-17　ADC0808 的工作时序

（3）ADC0808 的工作过程如下：

当通道选择地址有效时，ALE 信号一出现，地址便马上被锁存，这时转换启动信号在 ALE 之后（或与 ALE 同时）出现。START 的上升沿将逐次逼近寄存器 SAR 复位，在该上升沿之后的 2μs 加 8 个时钟周期内（不定），EOC 信号将变为低电平，以指示转换操作正在进行中，直到转换完成后 EOC 再变为高电平。微处理器收到变为高电平的 EOC 信号后，便立即送出 OE 信号，打开三态门，读取转换结果。

6.2.3　程序设计流程

程序流程图如图 6-18 所示。

图 6-18　程序流程图

6.2.4　ADC0808 的汇编语言程序源代码

ADC0808 的汇编语言程序源代码如下。

```
ADC       EQU 35H
CLOCK     BIT      P2.4              ;定义 ADC0808 时钟位
ST        BIT P2.5
EOC BIT P2.6
OE        BIT P2.7
PWM BIT   P3.7
          ORG 00H
          SJMP     START
          ORG 0BH
          LJMP     INT_T0
START:  MOV TMOD,#02H       ;
          MOV TH0,#20
          MOV TL0,#00H
          MOV IE,#82H
          SETB     TR0
WAIT:   CLR ST
          SETB     ST
          CLR      ST        ;启动 A/D 转换
          JNB EOC,$          ;等待转换结束
          SETB     OE
          MOV      ADC,P1    ;读取 A/D 转换结果
          CLR      OE
          SETB     PWM       ;PWM 输出
          MOV      A,ADC
          LCALL    DELAY
```

```
        CLR     PWM
        MOV A,#255
        SUBB    A,ADC
        LCALL   DELAY
        SJMP    WAIT
INT_T0: CPL     CLOCK           ;提供 ADC0808 时钟信号
        RETI
DELAY:  MOV R6,#1
D1:     DJNZ    R6,D1
        DJNZ    ACC,D1
        RET
        END
```

6.2.5　基础操作

PROTEUS VSM 源代码控制系统包含以下两个主要特性：

（1）程序源代码置于 PROTEUS ISIS 中。这一功能使得用户可以直接在 PROTEUS ISIS 编辑环境中编辑源代码，而无须手动切换应用环境。

（2）在 PROTEUS ISIS 中定义了源代码编译为目标代码的规则。一旦程序启动，并执行仿真，这些规则将被实时加载，因此目标代码被更新。

✹　如果用户定义的汇编程序或编译器自带 IDE，则可直接在其中编译，无须使用 PROTEUS ISIS 提供的源代码控制系统。当生成外部程序时，切换回 PROTEUS 软件即可。

1. 在 PROTEUS ISIS 中创建源代码文件

单击工具栏中的"Source Code"按钮，如图 6-19 所示，会出现如图 6-20 所示的源文件编辑界面。

图 6-19　"Source Code"按钮

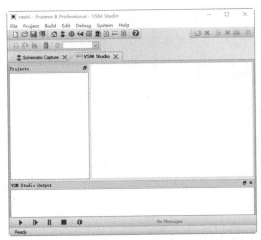

图 6-20　源文件编辑界面

（1）单击"Project"→"Create Project"，弹出如图 6-21 所示的代码生成工具列表。

在本例中微处理器为 AT89C51，因此选择 ASEM-51 代码生成工具。若要自己建立新的源代码，则取消勾选"Create Quick Start Files"复选框，如图 6-21 所示。

图 6-21　代码生成工具列表

（2）单击"Project"→"Add New File"将弹出如图 6-22 所示的"Add New File"对话框。保存为"8051PWM.ASM"文件，如图 6-23 所示。

图 6-22　"Add New File"对话框

图 6-23　保存为"8051PWM.ASM"文件

单击"保存"按钮，这样就将"8051PWM.ASM"添加到"Source Files"中，如图 6-24 所示。

图 6-24　添加"8051PWM.ASM"到"Source Files"中

双击"8051PWM.ASM"即可打开源文件编辑窗口，如图 6-25 所示。在编辑环境中输入程序。

图 6-25　源文件编辑窗口

PWM 输出控制电路软件源程序如 6.2.5 节所示。

编辑完成后，单击"File"→"Save Project"，或者单击菜单栏上的快捷工具按钮 💾 保存源文件。

2．在 PROTEUS ISIS 中将源代码文件生成目标代码

在源程序编辑窗口单击"Build"→"Build Project"，或者单击菜单栏上的"Build Project"按钮 。

执行这一命令后，PROTEUS ISIS 将会运行相应的代码生成工具，对所有源文件进行编译、链接，生成目标代码，同时在"VSM Studio Output"中显示相关内容。若双击"VSM Studio Output"，它将以窗口形式出现，如图 6-26 所示。

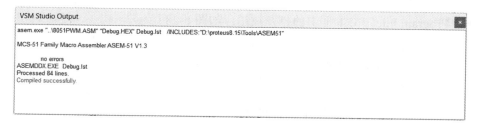

图 6-26 "VSM Studio Output"窗口

这一创建信息给出了关于源代码的编译信息。本例中的源代码没有语法错误，并且 PROTEUS ISIS 将源代码生成了目标代码。

PROTEUS 8.15 版本默认的 HEX 文件的名称是"Debug"，默认的路径和文件名在一个文件夹里。不同的文件会自动建立不同的文件夹。

6.2.6 电路调试与仿真

PROTEUS VSM 支持源代码调试。系统的"debug loaders"包含在系统文件"LOADERS. DLL"中。目前，系统可支持的工具的数量正在迅速增加。

对于系统支持的汇编程序或编译器，PROTEUS VSM 将会为设计项目中的每一个源代码文件创建一个源代码窗口，并且这些代码将会在 Debug 菜单中显示。

在进行代码调试时，须先在微处理器属性编辑界面的"Program File"项中配置目标代码文件名［通常为 HEX、S19 或符号调试数据文件（Symbolic Debug Data File）］。PROTEUS ISIS 不能自动获取目标代码，这是因为在设计中可能有多个处理器。

1. 将目标代码添加到电路

在 PROTEUS ISIS 编辑环境中双击 AT89C51，将弹出如图 6-27 所示的 AT89C51 属性编辑对话框。

图 6-27 A789C51 属性编辑对话框

单击"Program File"文本框中的打开按钮，如图 6-28 所示。

图 6-28　"Program File"文本框中的打开按钮

此时将弹出如图 6-29 所示的文件浏览窗口。

图 6-29　文件浏览窗口

选择"Debug.HEX"文件后，单击"打开"按钮，此时就将目标代码添加到了电路中，如图 6-30 所示。

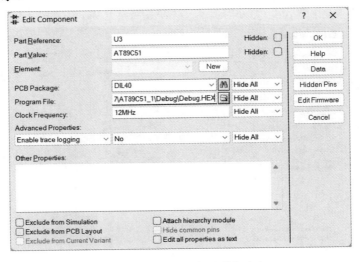

图 6-30　添加目标代码到电路中

此时，单击"OK"按钮完成编辑。

2．进行电路调试

单击控制面板中的"暂停"按钮 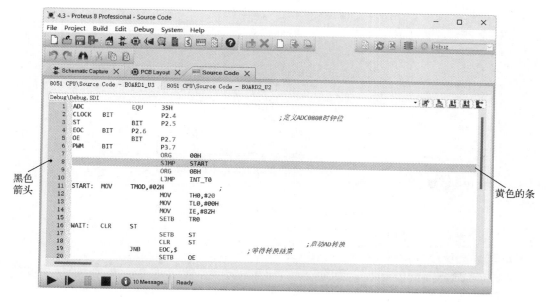 ，开始调试程序。此时系统弹出源代码窗口，如图 6-31 所示。

图 6-31　源代码窗口

源代码窗口具有以下特性：

（1）源代码窗口为一组合框，允许用户选择组成项目的其他源代码文件。用户也可使用快捷键 Ctrl+1、Ctrl+2、Ctrl+3 等切换源代码文件。

（2）黄色的条代表当前命令行，在此处按 F9 键可设置断点；如果按 F10 键，那么程序将单步执行。

（3）前面的黑色箭头表示处理器程序计数器的当前位置。

（4）双击当前命令行即可在这里放置断点。

在源代码窗口，系统提供了如下命令按钮。

（1）Step Over：执行下一条指令。在执行到子程序调用语句时，整个子程序将被执行。

（2）Step Into：执行下一条源代码指令。如果源代码窗口未被激活，那么系统将执行一条机器代码指令。

（3）Step Out：程序一直执行，直到当前的子程序返回。

（4）Step To：程序一直执行，直到程序到达当前行。这一按钮只在源代码窗口被激活的情况下可用。

除 Step To 选项外，单步执行命令可在源代码窗口不出现的情况下使用。

在源代码窗口右击，将出现如图 6-32 所示的源代码窗口中的右键菜单。

右键菜单提供了许多功能选项，选择其中的"Display Address"选项后即可在源代码窗口显示地址，如图 6-33 所示。

图 6-32　源代码窗口中的右键菜单

图 6-33　在源代码窗口显示地址

"Display Disassembly"为显示反汇编，如图 6-34 所示。

"Goto"为转到行，单击这一命令后，将弹出如图 6-35 所示的跳转到行对话框。

在"Line number（1-37）"文本框中输入待跳转的行号，如 15，单击"确定"按钮，程序中的当前命令行将显示为第 15 行，如图 6-36 所示。

除此之外，"Toggle (Set/Clear) Breakpoint F9"为切换/设置/清除断点，"Enable All Breakpoints"为启用所有断点，"Disable All Breakpoints"为禁用所有断点等。

当调试高级语言时，用户也可以在显示源代码行和显示系统可执行实际机器代码的列表间切换。机器代码的显示或隐藏可通过快捷键 Ctrl+D 进行设置。

图 6-34　显示反汇编

图 6-35　跳转到行对话框

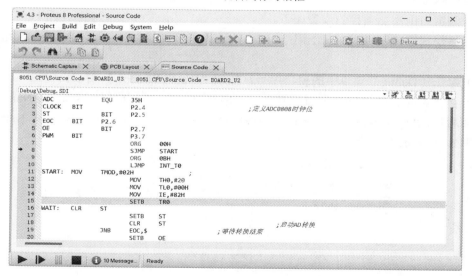

图 6-36　当前命令行显示为第 15 行

单击"Step Into"按钮，执行下一条源代码指令。

当程序执行到如图 6-37 所示的位置时，此条语句的含义为将定时的高位赋值为 20。

查看是否赋值到计数器的初值寄存器。单击"Debug"→"Watch Window"，弹出观测窗口，如图 6-38 所示。

图 6-37　程序执行到赋值语句

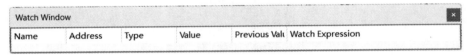

图 6-38　观测窗口

观测窗口可实时更新显示处理器的变量、存储器的值和寄存器的值。它同时还可给独立存储单元指定名称。

在观测窗口中添加项目的步骤如下。

（1）按快捷键 Ctrl+F12 开始调试，或系统正处于运行状态时，按"Pause"按钮，暂停仿真。

（2）单击"Debug"菜单中的窗口序号，显示"Watch Window"窗口。

（3）在"Watch Window"窗口中右击，弹出右键菜单。其中"Add Item by Name"为按名称添加项目、"Add Item by Address"为按地址添加项目。单击"Add Item by Name"，将出现如图 6-39 所示的对话框。

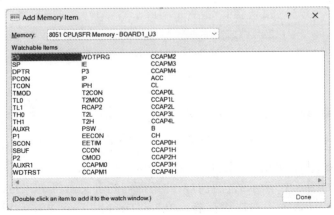

图 6-39　按名称添加项目

如果电路中包含多个 CPU，则可单击"Memory"的下拉箭头，选择期望的 CPU。

双击希望观测的变量，变量将被添加到观测窗口。如双击"SCON"变量，"SCON"变量将被添加到观测窗口，如图 6-40 所示。

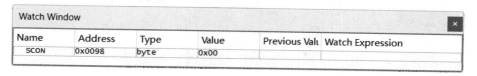

图 6-40　添加"SCON"变量到观测窗口

若使用"Add Item by Address"命令添加项目到观测窗口，将出现如图 6-41 所示的对话框。

单击"Memory"的下拉箭头，可选择其他寄存器，如图 6-42 所示。

图 6-41　按地址添加项目	图 6-42　选择其他寄存器

选择期望观测的寄存器后，在"Name"文本框中输入名称，在"Address"文本框中输入地址，即可将项目添加到"Watch Window"窗口。如在"Name"文本框中输入"data1"，在"Address"文本框中输入"0x0018"，数据类型设置为"Byte"（字节），数据显示方式设置为"Hexadecimal"。添加"0x0018"后的"Watch Window"窗口如图 6-43 所示。

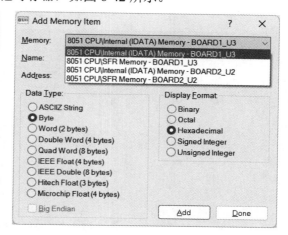

图 6-43　添加"0x0018"后的"Watch Window"窗口

单击"Add"按钮，"0x0018"地址的数据将被添加到观测窗口，如图 6-44 所示。

Name	Address	Type	Value	Previous Valu	Watch Expression
SCON	0x0098	byte	0x00		
data1	0x0018	byte	0x00		

图 6-44　添加"0x0018"地址的数据到观测窗口

当数据格式不便于观测时，在窗口中右击，在弹出的右键菜单中选择"Display Format"命令，系统将列出如图 6-45 所示的数据格式。

图 6-45　"PROTEUS ISIS"提供的数据格式

系统提供如二进制、八进制、十进制或十六进制等数据形式。单击"Binary"（二进制）选项，则观测窗口的数据以二进制形式显示，如图 6-46 所示。

Name	Address	Type	Value	Previous Valu	Watch Expression
SCON	0x0098	byte	0b00000000		
data1	0x0018	byte	0x00		

图 6-46　"SCON"数据以二进制形式显示

在观测窗口可设置观测点。当项目的值与观测点设置条件相符时，观测窗口可延缓仿真。

按快捷键 Ctrl+F12 开始调试，或系统正处于运行状态时，按"Pause"按钮，暂停仿真。单击"Debug"菜单中的窗口序号，显示"Watch Window"。添加需要观测的项目，单击需要设置观测点的观测项目，并单击窗口的右键菜单中的"Watchpoint Condition..."，将出现如图 6-47 所示的观测点设置对话框。下面介绍该对话框的功能。

（1）Global Break Condition 为设置观测方式，其中包括三种方式，具体如下。

① Turn off (disable) watch points：关闭观测功能。

② Suspend the simulation if ANY expression is true：任一表达式为真时，延缓仿真。

③ Stop the simulation only when ALL expressions are true：所有表达式为真时，停止仿真。

（2）Item Break Expression 为观测点观测表达式，其中包括四项，具体如下。

① Item：观测项目。

② Mask：屏蔽方式及屏蔽操作数；屏蔽方式包括与（AND）、或（OR）及异或（XOR）等，如图 6-48 所示。

图 6-47　观测点设置对话框

图 6-48　屏蔽方式

③ Condition：操作算符，其所包含的操作算符如图 6-49 所示。

④ Value：操作数。

按图 6-50 所示的参数设置观测点。

图 6-49　操作算符

图 6-50　设置观测点

这里的观测设置：任一表达式为真时，延缓仿真模式；观测项目为 data1，屏蔽方式设置为无，观测操作算符设置为 Equals（相等），而操作数设置为 10，即 data1=10 时，系统暂停仿真。

设置完成后单击"OK"按钮，即可完成设置。添加观测点观测条件后的"Watch Window"窗口如图 6-51 所示。

在观测窗口右击，在右键菜单中选择"Add Item by Name"，在弹出的添加寄存器项目的窗口中单击待添加的项目。选定项目如图 6-52 所示。

Name	Address	Type	Value	Previous Valu	Watch Expression
SCON	0x0098	byte	0b00000000		
data1	0x0018	byte	0x00		= 10

图 6-51　添加观测点观测条件后的 "Watch Window" 窗口

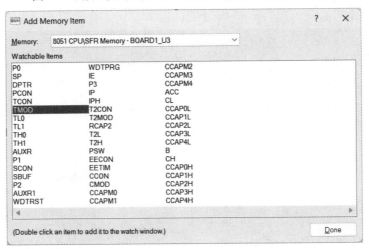

图 6-52　选定项目

双击项目即可添加项目到观测窗口。添加 "TMOD""TH0""TL0" 到编辑窗口，如图 6-53 所示。

Name	Address	Type	Value	Previous Valu	Watch Expression
TMOD	0x0089	byte	0x00		
TH0	0x008C	byte	0x00		
TL0	0x008A	byte	0x00		

图 6-53　添加 "TMOD""TH0""TL0" 到编辑窗口

单击 "Step Into" 按钮，执行下一条源代码指令。此时观测窗口中的各变量值如图 6-54 所示。

Name	Address	Type	Value	Previous Valu	Watch Expression
TMOD	0x0089	byte	0x00		
TH0	0x008C	byte	0x00		
TL0	0x008A	byte	0x00		

图 6-54　观测窗口中的各变量值

从观测窗口的数据可知，观测窗口可实时显示程序执行的结果。

在程序的第 16 行，单击源代码窗口的设置断点按钮，即可在第 16 行设置断点，如图 6-55 所示。

单击源代码窗口运行按钮，程序会一直执行，直到运行到断点设置处，如图 6-56 所示。

图 6-55　设置断点

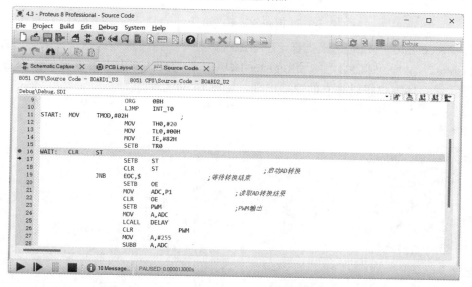

图 6-56　程序运行到断点设置处

将"IE"添加到观测窗口后观测窗口中的数据，此时程序运行到断点后的观测窗口的数据如图 6-57 所示。

Name	Address	Type	Value	Previous Valu	Watch Expression
TMOD	0x0089	byte	0x02	0x02	
TH0	0x008C	byte	0x14	0x14	
TL0	0x008A	byte	0x8F	0x01	
IE	0x00A8	byte	0x82		

图 6-57　程序运行到断点后的观测窗口的数据

从观测窗口的数据可知，观测窗口实时显示程序数据。

再次双击源代码窗口的设置断点按钮 即可取消断点，如图 6-58 所示。

图 6-58　取消断点

单击"Step Into"按钮，执行下一条源代码指令。这一代码的意义为清零 P2.5 口。单击"Debug"→"8051CPU"→"Register-BOARD1_U3"，弹出寄存器窗口，双击寄存器窗口标题，寄存器窗口将以独立的窗口出现，如图 6-59 所示。

再次单击"Step Into"按钮，执行下一条源代码指令。这一代码的意义为置位 P2.5 口，如图 6-60 所示。

8051 CPU\Registers - BOARD1_U3	8051 CPU\Registers - BOARD1_U3
PC　INSTRUCTION 001E　SETB P2.5n ACC B　DPTR SP CA- 00　00　0000　07 00000000 R0 R1 R2 R3 R4 R5 R6 00　00　00　00　00　00 00 P0 P1 P2 P3 SCON SBUF FF　FF　5F 7F　00　00 TMR0 TMR1 TMOD TCON 148F 0000　02　10 00 IE IP　　TMR2 TCON 82　00　　0000　00	PC　INSTRUCTION 0020　CLR P2.55U43 ACC B　DPTR SP CA- 00　00　0000　07 00000000 R0 R1 R2 R3 R4 R5 R6 00　00　00　00　00　00 00 P0 P1 P2 P3 SCON SBUF FF　FF　7F 7F　00　00 TMR0 TMR1 TMOD TCON 14D6 0000　02　10 00 IE IP　　TMR2 TCON 82　00　　0000　00

图 6-59　清零 P2.5 口　　　　　　　　　　　　　图 6-60　置位 P2.5 口

第三次单击"Step Into"按钮，这一操作将清零 P2.5 口。

这一系列操作用于产生启动 A/D 转换脉冲的信号。

单击控制面板中的停止按钮，停止仿真。在 START 引脚处放置电压探针，如图 6-61 所示。

单击工具箱中的"Simulation Graph"按钮，在对象选择器中将出现各种仿真分析所需的图表，选择"INTERACTIVE ANALYSIS"（交互式仿真图表），如图 6-62 所示。

在交互式仿真图表上右击，在出现的菜单中单击"Add Traces"，打开如图 6-63 所示的界面。将电压探针添加到图表中，电压探针信号按数字信号处理。

图 6-61　在 START 引脚处放置电压探针

图 6-62　放置交互式仿真图表

图 6-63　电压探针信号按数字信号处理并添加到图表

设置完成后单击"OK"按钮。

双击交互式仿真图表，设置仿真起始时间为 10μs，停止时间为 25μs，如图 6-64 所示。

图 6-64　交互式仿真图表属性设置

按下控制面板中的暂停按钮，打开源代码编辑窗口，在源代码的第 19 行设置断点，如图 6-65 所示。

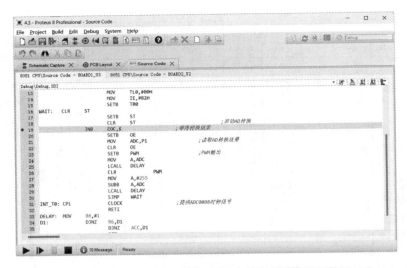

图 6-65　在源代码的第 19 行设置断点

　　先按下控制面板中的停止按钮，停止仿真。然后将光标放置到交互式仿真图表中，按下空格键仿真电路。电路将在断点处暂停仿真，单击控制面板中的停止按钮，停止仿真，此时交互式仿真图表绘制出的 START 端口信号如图 6-66 所示。

　　按上述方式调试电路，直至程序达到期望的结果。

图 6-66　交互式仿真图表绘制出的 START 端口信号

3. 仿真电路

　　将 AT89C51 的 PWM 输出端口与示波器的 A 端口相连，如图 6-67 所示。

图 6-67　连接 PWM 输出端口与示波器的 A 端口

单击控制面板中的运行按钮，则示波器显示电路输出波形，如图 6-68 所示。

图 6-68　示波器显示的输出波形

如果不小心或因为其他原因关闭了示波器的输出窗口，则可以在仿真运行时单击 "Debug" → "Digital Oscilloscope"，打开示波器的输出窗口。

放置数字分析图表，测量输出 PWM 波的占空比。将数字分析图表放置到电路编辑窗口，并添加 PWM 变量（在 PWM 波输出端口放置电压探针），如图 6-69 所示。

将光标放置到图表中，按空格键开始仿真电路，结果如图 6-70 所示。

图 6-69　采用数字分析图表测量输出 PWM 波的占空比　　图 6-70　PWM 波数字分析图表仿真结果

单击图表的表头，图表将以窗口形式出现，在窗口中放置测量指针，则可以测量 PWM 波的周期。

4．利用输出的 PWM 波对控制转速进行仿真

使用 PROTEUS 软件的仿真功能，可以清楚地看到单片机在输入不同模拟电压（调节 RV_1）时，输出占空比不同的 PWM 波形。

（1）当电位器 RV_1 调至最上端，即模拟量输入为 5V 时，直流电动机的驱动信号是占空比为 100% 的方波，对应直流电动机的转速最快。输入电压是 5V 时输出 PWM 波形如图 6-71 所示。

（2）当电位器 RV_1 调到最下端，即模拟量输入为 0V 时，直流电动机的驱动信号为 0% 的方波，此时直流电动机基本不会转动。输入电压是 0V 时输出 PWM 波形如图 6-72 所示。

（3）当电位器 RV_1 调到中间位置时，即模拟量输入为 2.5V 时，直流电动机的驱动信号是 50% 的方波，直流电动机以最快转速的一半速度转动。输入电压是 2.5V 时输出 PWM 波形如图 6-73 所示。

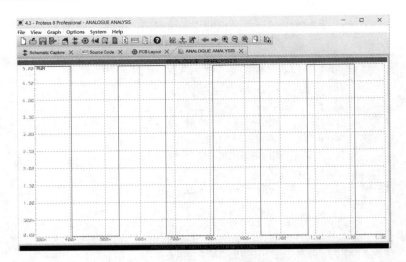

图 6-71　输入电压是 5V 时输出 PWM 波形

图 6-72　输入电压是 0V 时输出 PWM 波形

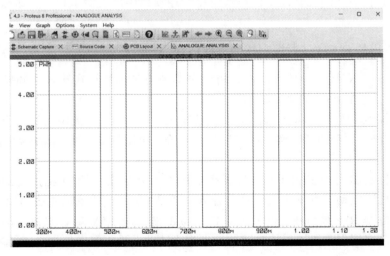

图 6-73　输入电压是 2.5V 时输出 PWM 波形

下面查看直流电动机以 PWM 信号驱动时的转动情况，可以看到在直流电动机旋转时，通过调节电位器，可以查看不同电压下的 PWM 驱动的直流电动机转速的快慢，图 6-74 所示为输入为 5V 时的电路图。

图 6-74　输入为 5V 时的电路图

通过调节电位器，在不同的电压输入情况下，直流电动机转速是不同的，输入电压为 5V 时，转速最快，2.5V 时次之，输入电压为 0V 时直流电动机几乎不转。

 想一想

1. 本次设计只能调节直流电动机的转速，如何能控制直流电动机的旋转方向和转速？（提示：可外接一单刀双掷开关，用单片机判断开关的输入电平，进而控制直流电动机的旋转方向。）

2. 若要控制直流电动机的旋转方向，则直流电动机的驱动电路具体应该怎么设计？（提示：设计成差分形式的驱动电路。）

6.3　步进电动机控制模块的设计

6.3.1　设计要求

利用 AT89C51 单片机实现对步进电动机的控制，编写相关控制程序，用 AT89C51 单片机的四路 I/O 通道实现环形脉冲的分配，用于控制步进电动机的转动，通过按键控制步进电动机的旋转角度。

1．初级要求

利用 AT89C51 单片机实现对步进电动机的控制，编写程序，用 AT89C51 单片机的四路 I/O 通道实现环形脉冲的分配，控制步进电动机按固定方向连续转动。

2．中级要求

在上述设计要求的基础上，AT89C51 单片机外接两个按键：

（1）按键 A 每被按下一次，控制步进电动机正转 45°，长按时步进电动机持续正转；

（2）按键 B 每被按下一次，控制步进电动机反转 45°，长按时步进电动机持续反转；

（3）按键被放开时，步进电动机应停止转动。

6.3.2　设计原理

1．系统结构图

步进电动机控制电路如图 6-75 所示。

图 6-75　步进电动机控制电路

2．ULN2003A

1）ULN2003A 的概述

ULN2003A 是一种集成了达林顿管的集成电路芯片，内部还集成了一个消线圈反电动势的二极管，可用来驱动继电器。它是双列 16 引脚封装的 NPN 晶体管矩阵，最大驱动电压为50V、电流为 500mA、输入电压为 5V，适用于 TTL、COMS 等由达林顿管组成的驱动电路。它的输出端允许通过电流为 200mA，饱和压降 V_{CE} 约为 1V，耐压 BV_{CEO} 约为 36V。用户输出口的外接负载可根据以上参数估算。采用集电极开路输出，输出电流大，故可直接驱动继电器或固体继电器，也可直接驱动低压灯泡。通常单片机驱动 ULN2003A 时，上拉2kΩ的电阻较为合适，同时 COM 引脚应该悬空或接电源。ULN2003A 是一个非门电路，包含 7 个单元，但每个单元驱动电流最大可达 350mA。ULN2003A 的 9 脚可以悬空，如 1 脚输入，16 脚输出，负载可以接在 V_{CC} 与 16 脚之间，不用 9 脚。

2）ULN2003A 的作用

ULN2003A 是大电流驱动阵列，多用于单片机、智能仪表、PLC、数字量输出卡等控制电路中，可直接驱动继电器等负载，输入 5V TTL 电平，输出可达 500mA/50V。ULN2003A是高耐压、大电流达林顿阵列，由 7 个硅 NPN 达林顿管组成。该电路的特点如下：ULN2003A 的每一对达林顿管都串联一个 3.7kΩ的基极电阻，在 5V 的工作电压下它能与TTL 和 CMOS 电路直接相连。

ULN2003A 是高压大电流达林顿管阵列系列产品，具有电流增益高、工作电压高、温度范围宽、带负载能力强等特点，适用于各类要求高速大功率驱动的系统。

3）ULN2003A 引脚图及功能

ULN2003A 引脚图如图 6-76 所示。

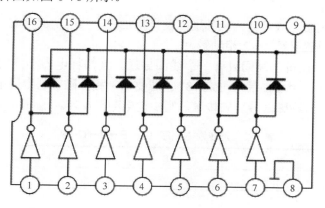

图 6-76　ULN2003A 引脚图

ULN2003A 是高耐压、大电流、内部由 7 个硅 NPN 达林顿管组成的驱动芯片。

ULN2003A 经常在显示驱动电路、继电器驱动电路、照明灯驱动电路、电磁阀驱动电路、伺服电动机电路、步进电动机驱动电路等电路中使用。

ULN2003A 可以并联使用，在相应的 OC 输出引脚上要串联几个欧姆的均流电阻后再并联使用，防止阵列电流不平衡。可以直接处理原先需要标准逻辑缓冲器来处理的数据。ULN2003A 的工作电压高，工作电流大，灌电流可达 500mA，并且能够在关闭状态时承受

50V 的电压，输出还可以在高负载电流中并行运行。

ULN2003A 的封装采用 DIP16 或 SOP16。ULN2003A 可以驱动 7 个继电器，具有高电压输出特性，并带有共阴极的续流二极管，使元器件可用于开关型感性负载。每对达林顿管的额定集电极电流是 500mA，达林顿管还可并联使用以获得更高的输出电流。

3．步进电动机概述

步进电动机是将电脉冲信号转变为角位移或线位移的开环控制元器件。在非超载的情况下，步进电动机的转速、停止的位置只取决于脉冲信号的频率和脉冲数，而不受负载变化的影响，即给步进电动机加一个脉冲信号，步进电动机则转过一个步距角。这一线性关系的存在，加上步进电动机只有周期性的误差而无累积误差等特点，使得在速度、位置等控制领域用步进电动机进行控制变得非常简单。步进电动机实际上是一种单相或多相同步电动机。单相步进电动机由单路电脉冲驱动，输出功率一般很小，其用途为微小功率驱动。多相步进电动机由多相方波脉冲驱动，在经功率放大后分别送入步进电动机各相绕组。当向脉冲分配器输入一个脉冲时，步进电动机各相的通电状态就发生变化，转子会转过一定的角度（称为步距角）。在正常情况下，步进电动机转过的总角度和输入的脉冲数成正比；连续输入一定频率的脉冲时，步进电动机的转速与输入脉冲的频率保持严格的对应关系，不受电压波动和负载变化的影响。由于步进电动机能直接接收数字量的输入，所以特别适合微处理器控制。

4．步进电动机驱动原理

步进电动机有三线式、五线式、六线式三种，但其控制方式均相同，即必须以脉冲电流来驱动。若每旋转一圈以 20 个励磁信号来计算，则每个励磁信号前进 18°，其旋转角度与脉冲数成正比，正、反转可由脉冲顺序来控制。

步进电动机的励磁方式可分为全部励磁及半步励磁，其中全部励磁又有 1 相励磁及 2 相励磁之分，而半步励磁又称 1～2 相励磁。

（1）1 相励磁：在每一瞬间只有一个线圈导通。其消耗电力小，精确度良好，但转矩小，振动较大，每送一个励磁信号可走 18°。若要以 1 相励磁控制步进电动机正转，其励磁顺序如表 6-2 所示。若励磁信号反向传送，则步进电动机反转。

表 6-2   正转励磁顺序（A→B→C→D→A）

STEP	A	B	C	D
1	1	0	0	0
2	0	1	0	0
3	0	0	1	0
4	0	0	0	1

（2）2 相励磁：在每一瞬间会有两个线圈同时导通。因其转矩大，振动小，故为目前使用最多的励磁方式，每送一个励磁信号可走 18°。若以 2 相励磁控制步进电动机正转，其励磁顺序如表 6-3 所示。若励磁信号反向传送，则步进电动机反转。

表 6-3　正转励磁顺序（AB→BC→CD→DA→AB）

STEP	A	B	C	D
1	1	1	0	0
2	0	1	1	0
3	0	0	1	1
4	1	0	0	1

（3）**1～2 相励磁**：为 1 相与 2 相轮流交替导通。因其分辨率提高，且运转平滑，每送一励磁信号可走 9°，故亦广泛被采用。若以 1～2 相励磁法控制步进电动机正转，其励磁顺序如表 6-4 所示。若励磁信号反向传送，则步进电动机反转。

表 6-4　正转励磁顺序（A→AB→B→BC→C→CD→D→DA→A）

STEP	A	B	C	D
1	1	0	0	0
2	1	1	0	0
3	0	1	0	0
4	0	1	1	0
5	0	0	1	0
6	0	0	1	1
7	0	0	0	1
8	1	0	0	1

步进电动机的负载转矩与速度成反比，速度越快负载转矩越小，但速度快至其极限时，步进电动机就不再运转。因此，在每走一步后，程序必须延时一段时间，以对转速加以限制。

5．控制方法

步进电动机控制电路如图 6-75 所示，用两个按键分别控制步进电动机正转和反转。当"Positive"键被按下时，单片机的 P1.3 端口到 P1.0 端口按正向励磁顺序 A→AB→B→BC→C→CD→D→DA→A 输出电脉冲，步进电动机正转；当"Negative"键被按下时，单片机的 P1.3 端口到 P1.0 端口按反向励磁顺序 A→DA→D→CD→C→BC→B→AB→A 输出电脉冲，步进电动机反转。

6．步进电动机的应用

步进电动机型号的确定主要有三个方面，即步距角（涉及相数）、静力矩、电流三大要素。一旦三大要素确定，步进电动机的型号便确定下来了。

（1）步距角的选择：步进电动机的步距角取决于负载精度的要求，通过将负载的最小分辨率（当量）换算到步进电动机轴上，从而确定每个当量步进电动机应走多少角度（包括减速）。步进电动机的步距角应小于或等于此角度。目前市场上步进电动机的步距角一般有 0.36°/0.72°（五相电动机）、0.9°/1.8°（二、四相电动机）、1.5°/3°（三相电动机）等。

（2）静力矩的选择：步进电动机的动态力矩一下子很难确定，我们往往先确定步进电动机的静力矩。静力矩选择的依据是步进电动机工作的负载，而负载可分为惯性负载和摩擦负载两种。单一的惯性负载和单一的摩擦负载是不存在的。直接起动时（一般由静止状态起动）两种负载均要考虑，加速起动时主要考虑惯性负载，恒速运行时主要考虑摩擦负载。在一般情况下，静力矩应为摩擦负载的3倍，静力矩一旦选定，步进电动机的机座及长度（几何尺寸）便能确定下来。

（3）电流的选择：静力矩相同的步进电动机，由于电流参数不同，其运行特性差别很大，可依据矩频特性曲线图，判断步进电动机的电流（参考驱动电源及驱动电压）。

选择步进电动机一般应遵循以上步骤。

6.3.3 汇编语言程序设计流程

汇编语言程序流程图如图6-77所示。

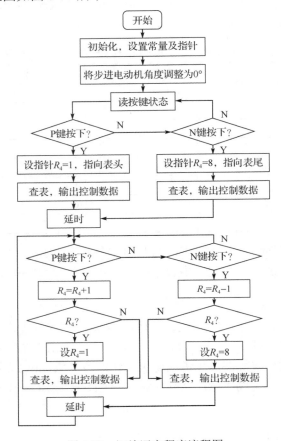

图6-77 汇编语言程序流程图

6.3.4 步进电动机的汇编语言程序源代码

步进电动机的汇编语言程序源代码如下。

```
            ORG     00H
START:      MOV     DPTR,#TAB1
            MOV     R0,#3
            MOV     R4,#0
            MOV     P2,R0               ;初始角度设为0°
WAIT:       MOV     P0,#0FFH
            JNB     P0.0,POS            ;判断键盘状态
```

```
              JNB     P0.1,NEG
              SJMP    WAIT
POS:          MOV     R4,#1
              MOV     A,R4                    ;正转 9°
              MOVC    A,@A+DPTR
              MOV     P2,A
              ACALL   DELAY
              AJMP    KEY
NEG:          MOV     R4,#7                   ;反转 9°
              MOV     A,R4
              MOVC    A,@A+DPTR
              MOV     P2,A
              ACALL   DELAY
              AJMP    KEY
KEY:          MOV     P0,#03H
              JB      P0.0,NR1
              INC     R4
              CJNE    R4,#9,LOOPP
              MOV     R4,#1
LOOPP:        MOV     A,R4
              MOVC    A,@A+DPTR
              MOV     P2,A
              ACALL   DELAY
              AJMP    KEY
NR1:          JB      P0.1,KEY
              DEC     R4
              CJNE    R4,#0,LOOPN
              MOV     R4,#8
LOOPN:        MOV     A,R4
              MOVC    A,@A+DPTR
              MOV     P2,A
              ACALL   DELAY
              AJMP    KEY
DELAY:        MOV     R6,#5
DD1:          MOV     R5,#080H
DD2:          MOV     R7,#0
DD3:          DJNZ    R7,DD3
              DJNZ    R5,DD2
              DJNZ    R6,DD1
              RET
TAB1:         DB      00H,02H,06H,04H
              DB      0CH,08H,09H,01H,03H ;控制数据表
              END
```

6.3.5 系统调试及仿真

（1）使用 PROTEUS 软件的波形分析功能可以分析按下一个键以后单片机的步进电动机

驱动信号输出，这里仿真按下正转和反转按钮的波形。

按下正转按钮后，步进电动机的驱动信号波形如图 6-78 所示。

图 6-78　按下正转按钮后，步进电动机的驱动信号波形

由图 6-78 的波形可以看到，步进电动机的驱动序列为（4B～1B）0010，0110，0100，1100，1000，1001，0001，0011，0010…可知其与设计思想相吻合。

按下反转按钮后，步进电动机的驱动信号波形如图 6-79 所示。

图 6-79　按下反转按钮后，步进电动机的驱动信号波形

（2）正转按钮每按下一次，单片机输出正向励磁信号，使步进电动机走 9°，仿真情况如图 6-80 和图 6-81 所示。

图 6-80　正转按钮按下之前步进电动机转子的位置

图 6-81　正转按钮按下之后步进电动机转子的位置

（3）反转按钮每按下一次，单片机输出反向励磁信号，使步进电动机走 9°，仿真情况如图 6-82 和图 6-83 所示。

图 6-82　正转按钮和反转按钮都不按下时步进电动机转子的位置

（4）图 6-82 所示为正转按钮和反转按钮都不按下时步进电动机既不正转，也不反转的情况。

（5）长按正转按钮或反转按钮时，步进电动机正向或反向持续转动。图 6-84 所示为按下正转按钮时，步进电动机的正转瞬间图；图 6-85 所示为按下反转按钮时，步进电动机的反转瞬间图。

图 6-83　反转按钮按下之后步进电动机转子的位置

图 6-84　步进电动机正转仿真

想一想

1. 为了避免因开关按钮频繁动作而使步进电动机转速不稳，应该怎么做？（提示：在按钮两端并联反向二极管。）

2. ULN2003A 是怎么驱动步进电动机转动的？（提示：单片机编程使 P1.3 端口到 P1.0 端口按 1~2 相励磁法，正向励磁顺序为 A→AB→B→BC→C→CD→D→DA→A 输出电流脉冲，反向励磁顺序为 A→DA→D→CD→C→BC→B→AB→A 输出电流脉冲。）

图 6-85　步进电动机反转仿真

6.4　温度采集与显示控制模块的设计

6.4.1　设计要求

要求设计一个以 STC89C52 单片机为核心的温度控制系统，要求采用 DS18B20 为温度传感器，能够实时采集信息并实时显示在 LCD1602 液晶显示屏上，并且设定温度值可以通过三个按键来控制，以实现设定温度值的加减。具体的技术指标如下：

（1）恒温温度控制在 20～150℃；

（2）温度超过 75℃时报警。

6.4.2　总体设计方案

本节将从硬件和软件两个方面介绍该模块的设计过程。此控制系统采用 STC89C52 单片机为核心进行控制，采用数字温度传感器 DS18B20 检测实际温度，并在 LCD1602 液晶显示屏上显示，用户可以通过键盘，在允许的温度范围内设定预定温度值。图 6-86 所示为系统框图。

图 6-86　系统框图

1. 硬件任务

总体设计方案完成后，首先要进行的就是硬件电路的搭建，根据设计要求，硬件部分需要完成的任务如下：

（1）根据控制要求和精度进行元器件的选型；

（2）查阅各个模块的连接原理，在 PROTEUS 软件中画硬件电路图。

2. 软件任务

软件部分需要完成的任务如下：

（1）显示器程序的编写，本设计采用了 LCD1602 作为显示屏，需要完成显示器的接口程序编写与初始化，使显示器能够正常地显示实时温度和设定温度值；

（2）按键接口程序的编写，通过编写独立按键的程序，能够实现对设定温度值的加减；

（3）温度测量程序的编写，温度测量程序主要完成 DS18B20 的初始化和接口程序编写；

（4）报警程序的编写，该部分主要完成超温报警的功能。

6.4.3 设计原理

1. 系统结构图

温度采集与显示控制模块的电路总设计原理图如图 6-87 所示。

图 6-87　温度采集与显示控制模块的电路总设计原理图

2. STC89C52 单片机简介

STC89C52 单片机是宏晶科技有限公司推出的新一代具有高速、低功耗、超强抗干扰等优点的单片机，指令代码能够完全兼容传统的 8051 单片机，具有 12 时钟/机器周期与 6 时钟/机器周期，可以任意选择。下面具体介绍 STC89C52 的各个引脚。

STC89C52 的引脚图如图 6-88 所示。

图 6-88 STC89C52 的引脚图

（1）P0 口（P0.0～P0.7；39～32 引脚）：P0 口为一个漏极开路式的 8 位双向 I/O 口。

（2）P1 口（P1.0～P1.7；1～8 引脚）：P1 口是一个带内部上拉电阻的 8 位双向 I/O 口。当 P1 口写入"1"时，可以通过内部上拉电阻使 P1 口拉到高电平，这时其可以作为输入端口。

（3）P2 口（P2.0～P2.7；21～28 引脚）：P2 口是一个带了内部上拉电阻的 8 位双向 I/O 口。当 P2 口写入"1"时，可以通过内部上拉电阻使 P2 口拉至高电平，此时 P2 口可以作为输入端口。

（4）P3 口（P3.0～P3.7；10～17 引脚）：P3 口是一个带了内部上拉电阻的 8 位双向 I/O 口。当 P3 口写入"1"时，可以把 P3 口拉至高电平，此时其可以用作输入端口。

（5）RST：复位输入端口。其当输入了两个连续的机器周期以上的高电平时有效。

（6）ALE：地址锁存控制信号。其在访问外部程序存储器时，锁存了低 8 位的地址输出脉冲[18]。

（7）XTAL$_1$：作为连接外部晶体振荡器的输入端口。

（8）XTAL$_2$：作为振荡器和反相放大器的输入端口。

（9）$\overline{EA}$：当执行内部程序的指令时，$\overline{EA}$ 要接 V$_{CC}$。

3. 温度传感器 DS18B20 简介

本设计选用 DS18B20 作为采集温度信号的传感器，DS18B20 是由美国 DALLAS 半导体有限公司推出的智能型温度传感器，不仅能够直接读取被测温度值，而且它集温度信号的采集与 A/D 转换工作于一体，测量精度高，能够满足我们的设计精度要求，由 DS18B20 数字温度传感器及其与单片机的接口部分组成。下面具体介绍 DS18B20 的引脚及性能特点。

（1）DS18B20 引脚图如图 6-89 所示。

（2）DS18B20 的主要性能特点：

① 用户可自行设定报警的上、下限温度值；

② 不需要外部元器件，它能测量−55～+125℃范围内任意的温度值；

③ 在 −10～+85℃ 范围内，测温准度可达 ±0.5℃，而且 9～12 位的数字读数方式可以通过编程实现，可以在 800ms 内把温度转换为 12 位的数字，精确度达 0.0635℃；

④ 采用特别的单总线接口方式，和微处理器连接时只用一条线就可以实现与微处理器的双向通信；

⑤ 可以直接输出数字温度信号，并且以"一线总线"的串行方式传送给 CPU，同时还可以传送校验码，抗干扰纠错能力极强；

DQ—数字信号输入/输出端；
GND—电源地；
VDD—外接供电电源输入端。

图 6-89　DS18B20 引脚图

⑥ 具有负压特性。当接反电源极性时，芯片不会因发热而被烧毁，但也无法正常地工作。

4．LCD1602 液晶显示屏简介

液晶显示运用的是液晶的物理特性，其显示区域由电压来进行控制，有电时显示屏就会显示出图形。LCD1602 具有适合采用大规模集成电路来直接驱动、能实现彩色显示、能够显示温度上下限等优点，正好满足本设计要求，因此使用它作为显示器。

（1）LCD1602 的引脚及基本参数。

本设计中使用的 LCD1602 为不带背光的类型，其引脚图如图 6-90 所示。

图 6-90　LCD1602 引脚图

LCD1602 的基本参数如下。

显示容量：32 个字符。

工作电压：4.5～5.5V。

工作电流：2.0mA。

最佳工作电压：5.0V。

字符尺寸大小：2.95×4.40($W×H$)mm。

引脚说明：

LCD1602 采用 14 脚（无背光）接口，引脚说明如表 6-5 所示。

表 6-5　引脚说明

引　脚　号	引　脚　名	电　平	输入/输出	功　　　能
1	VSS	—	—	电源地
2	VDD	—	—	电源（+5V）
3	VEE	—	—	对比调整电压
4	RS	0/1	输入	输入指令/数据
5	RW	0/1	输入	写入指令/数据
6	E	1，0～1	输入	使能信号
7	D_0～D_7	0/1	输入/输出	数据总线

（2）LCD1602 的指令说明。

LCD1602 液晶模块的控制器共 11 条控制命令，如表 6-6 所示。

表 6-6　控制命令表

	命　　　令	RS	R/W	D_7	D_6	D_5	D_4	D_3	D_2	D_1	D_0
1	清显示	0	0	0	0	0	0	0	0	0	1
2	光标返回	0	0	0	0	0	0	0	0	1	*
3	输入模式	0	0	0	0	0	0	0	1	I/D	S
4	显示器开/关控制	0	0	0	0	0	0	1	D	C	B
5	光标/字符移位	0	0	0	0	0	1	S/C	R/L	*	*
6	置功能	0	0	0	0	1	DL	N	F	*	*
7	置字符发生存储器地址	0	0	0	1	字符发生存储器地址					
8	置数据存储器地址	0	0	1	显示数据存储器地址						
9	读写标志或地址	0	1	BF	计数器地址						
10	写数至 CGRAM 或 DDRAM	1	0	需写入的数据内容							
11	从 CGRAM 或 DDRAM 读数	1	1	需读出的数据内容							

5. 系统的硬件各个部分的设计

1）复位电路

单片机的复位是通过连接外部电路实现的，在 STC89C52 单片机上有一个复位引脚 RST，且其为高电平有效。复位电路的功能是当系统上电时，使 RC 电路充电，从而 RST 引脚出现正脉冲，提供复位信号直至系统电源稳定后，才撤销复位信号，为防止电源开关或电源插头在分合过程中引起抖动而影响复位，电源稳定后还要延迟一段时间。RC 复位电路就能够实现上面的基本功能，调整 RC 常数会对其驱动能力产生影响，查阅相关电路手册，要使复位脉冲宽一点，实现完全复位，这里选 R_9=10kΩ，C_1=10μF，R_3=1kΩ。其复位电路如图 6-91 所示。

2）晶振电路

晶振电路为单片机提供时钟控制信号，单片机的时钟方式分为内部时钟方式与外部时钟方式两种。单片机内部有一个用于构成振荡器的高增益反向放大器，引脚 XTAL₁ 和引脚 XTAL₂ 分别是反相放大器的输入端和输出端，由这个放大器与作为反馈元器件的片外晶体或陶瓷谐振器一起构成一个自激振荡器，这种方式形成的时钟信号称为内部时钟方式。本系统采用的内部方式就利用了芯片内部的振荡电路。使用内部方式时，时钟发生器对振荡脉冲二分频，如晶振为 12MHz，时钟频率就为 6MHz。查阅电路设计手册，晶振的频率可以在 1～24MHz 内选择，电容取 30pF 左右。因此，此系统电路的晶体振荡器的值为 11.059 26MHz，电容应尽可能地选择陶瓷电容，电容值 $C_2=C_3=30\mu F$。其时钟振荡电路如图 6-92 所示。

图 6-91　复位电路

图 6-92　时钟振荡电路

3）温度采集单元

在本系统采用 DS18B20 数字温度传感器采集温度信号时，在一条总线上挂了单个 DS18B20，并将 DS18B20 温度传感器接在 P3.7 端口上。本设计中 DS18B20 采用电源供电方式，此时 DS18B20 的 1 脚接地，2 脚作为信号线，3 脚接电源。当 DS18B20 处于写存储器操作和温度 A/D 转换操作时，总线上必须有大的上拉电阻，上拉电阻开启时间最长为 10μs，通过查阅电路手册，选取 $R_{11}=4.7k\Omega$。其温度采集电路如图 6-93 所示。

图 6-93　温度采集电路

4）显示电路

LCD1602 液晶显示部分将温度传感器采集到的信息转化为可视温度。由前面单片机的介绍得知，P0 口不自带上拉电阻，不能输出高电平。为驱动液晶显示屏显示，这里选用了 RESPACK-8 排阻作为上拉电阻，并将 RS、W/R、E 接到 P2.0 端口、P2.1 端口和 P2.2 端口，将 V_{SS} 接地，V_{DD} 接电源，V_{EE} 接滑动变阻器来调节屏幕亮度。LCD1602 液晶温度显示电路如图 6-94 所示。

图 6-94　LCD1602 液晶温度显示电路

5）按键电路

按键部分实现的主要原理是通过单片机读取与按键相连接的 I/O 口状态，来判断按键是否按下，从而达到系统参数设置目的。键盘在单片机应用系统中的作用是实现数据输入、命令输入，是人工干预的主要手段。各按键开关均采用了上拉电阻，是为了保证在按键断开时，各 I/O 口有确定的高电平。因为在这里键盘配置要求比较低，所以上拉电阻无须太大，通过查阅电路设计手册，这里取 $R_7 = R_{12} = R_{13} = 300\Omega$。在本系统中，由于只需加三个按键，故采用独立式键盘，其电路连接图如图 6-95 所示。

当调节温度时，S_2 键被用于控制设定温度。当按下 S_2 键时，显示出要设定的温度，接着按下 S₃ 键可增加设定温度值，按下 S₄ 键可减少设定温度值，当再次按下 S₂ 键时，不再显示设定温度值，此时 S₄、S₃ 键处于屏蔽状态，无法进行温度设置。

6）报警电路

根据设计要求，当温度高于 75℃时要求报警。蜂鸣器不能直接接到单片机的端口，因为它需要很大的电流才能发声，所以这里在蜂鸣器的一端接一个晶体管，用单片机的控制引脚控制晶体管的基极，从而控制晶体管的导通和截止，根据晶体管的原理，基极电流很小，集电极到发射极的电流很大，这样就能用小电流来控制大电流了，通过查阅电路设计手册，取 $R_5=200\Omega$。其电路图如图 6-96 所示。

图 6-95　按键电路连接图　　　　　　　　　　图 6-96　报警电路图

6.4.4　系统软件设计部分

本部分主要介绍以 STC89C52 单片机为基础的温度采集及显示系统的软件设计。依据系统需要实现的功能，系统设计由一些子程序组成，即温度采集子程序、按键处理子程序、数据处理子程序、温度显示子程序。本设计采用 Keil 软件来完成 C 语言的编写与编译。控制系统程序流程图如图 6-97 所示。其中主程序由各个模块组合而成，单片机复位后，程序进入，首先进行各个子程序的初始化设置，然后调取温度子程序、LCD1602 的程序，最后将设定温度与实时温度显示在液晶显示屏上。

下面介绍各个子程序流程图及程序内容。

1. DS18B20 各个子程序流程图

1）DS18B20 初始化子程序流程图

DS18B20 在初始化的时候，总线控制器会拉低总线，并且在保持 480μs 后会发出一个复位脉冲，之后 DS18B20 会将总线释放，从而进入接收状态。单总线由 1kΩ 的上拉电阻拉至高电平。当 DS18B20 监测到 I/O 口为上升沿后，会等待 15～60μs，之后会发出一个由 60～240μs 的低电平构成的存在脉冲。在每次测温前都必须对 DS18B20 初始化，反之系统将无法正常工作。因此此步骤很重要，DS18B20 初始化子程序流程图如图 6-98 所示。

图 6-97 控制系统程序流程图

2）DS18B20 写字节子程序流程图

DS18B20 写字节由两种写时序组成，即写"1"时序和写"0"时序。总线控制器通过写"1"时序写逻辑"1"到 DS18B20，通过写"0"时序写逻辑"0"到 DS18B20。所有写时序必须最少持续 60μs，包括两个写周期之间至少 1μs 的恢复时间。当总线控制器把数据线从逻辑高电平拉到低电平的时候，写时序开始，总线控制器要产生一个写时序就必须把数据线拉到低电平然后释放，在写时序开始后的 15μs 释放总线。当总线被释放的时候，1kΩ的上拉电阻将拉高总线。总控制器要生成一个写"0"时序，必须把数据线拉到低电平并保持（至少 60μs）。总线控制器初始化写时序后，DS18B20 在一个 15～60μs 的时间内对 I/O 线采样。如果线上是高电平，就是写"1"；如果线上是低电平，就是写"0"。DS18B20 写字节子程序流程图如图 6-99 所示。

图 6-98 DS18B20 初始化子程序流程图

图 6-99 DS18B20 写字节子程序流程图

3）DS18B20 读字节子程序流程图

总线控制器发起读时序时，DS18B20 仅被用来传输数据给控制器。因此，总线控制器在发出读暂存器指令或读电源模式指令后必须立刻开始读时序，DS18B20 可以提供请求信息。当总线控制器把数据线从高电平拉到低电平时，读时序开始，数据线必须至少保持 1μs，然后总线才能被释放。在总线控制器发起读时序后，DS18B20 通过拉高或拉低总线来传输"1"或"0"。从 DS18B20 输出的数据在读时序的下降沿出现后 15μs 内有效。因此，总线控制器在读时序开始后必须停止，把 I/O 口驱动为低电平 15μs，以读取 I/O 口状态。DS18B20 读字节子程序流程图如图 6-100 所示。

4）温度采集子程序流程图

程序在采集温度时，测量两次取平均值，就已达到精确的目的。温度采集子程序流程图如图 6-101 所示。

2．显示子程序

显示子程序是要将温度传感器所测得的实时温度值显示出来，该系统使用的是 LCD1602 液晶显示器，首先需要把液晶显示器初始化，因为本系统设计要求液晶显示器只写，所以不需要读操作时序图。因此 R/W 将一直处于低电平，只需控制 RS 和引脚就可以了。LCD1602 液晶显示器子程序流程图如图 6-102 所示。

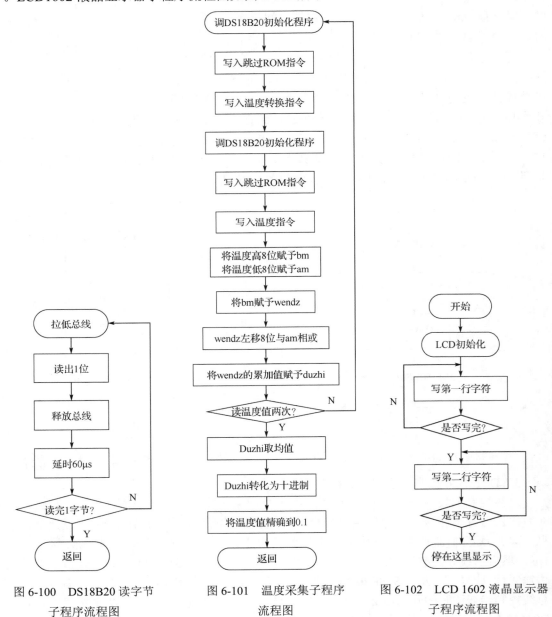

图 6-100　DS18B20 读字节
子程序流程图

图 6-101　温度采集子程序
流程图

图 6-102　LCD 1602 液晶显示器
子程序流程图

3. DS18B20 的 C 语言程序源代码（整体程序代码）

DS18B20 的 C 语言程序源代码如下。

```
/************DS18B20 温度传感器函数********************/
#include <reg52.h>
#include <math.h>
#include <intrins.h>
#include<string.h>
#define uchar unsigned char

unsigned char high_time,low_time,count=0;
sbit output=P3^4;
sbit    SPEAKER=P3^0;
sbit DATA=P3^7;
void delay(unsigned int i)
{
  while(i--);
}


Init_DS18B20(void)        //传感器初始化
{
    uchar x=0;
    DATA = 1;    //DQ 复位
    delay(10);   //稍做延时
    DATA = 0;    //单片机将 DQ 拉低
    delay(80);   //精确延时 大于 480μs    //450
    DATA = 1;    //拉高总线
    delay(20);
    x=DATA;      //稍做延时后，如果 x=0 则初始化成功；如果 x=1 则初始化失败
    delay(30);
}
//读一个字节
ReadOneChar(void)
{
    uchar i=0;
    uchar dat = 0;
    for (i=8;i>0;i--)
    {
      DATA = 0; // 给脉冲信号
      dat>>=1;
      DATA = 1; // 给脉冲信号
      if(DATA)
      dat|=0x80;
      delay(8);
```

```
        }
     return(dat);
}
//写一字节
WriteOneChar(uchar dat)
{
   uchar i=0;
   for (i=8; i>0; i--)
    {
       DATA = 0;
       DATA = dat&0x01;
       delay(10);
       DATA = 1;
       dat>>=1;
     }
   delay(8);
}
//读取温度
int ReadTemperature(void)
 {
uchar a=0;
uchar b=0;
    int t=0;
    float tt=0;
    uchar  flag_Negative_number;
    Init_DS18B20();
    WriteOneChar(0xCC);  // 跳过读序号列号的操作
    WriteOneChar(0x44);  // 启动温度转换
    Init_DS18B20();
    WriteOneChar(0xCC);  //跳过读序号列号的操作
    WriteOneChar(0xBE);  //读取温度寄存器等（共可读 9 个寄存器），前两个就是温度
    a=ReadOneChar();//低位
    b=ReadOneChar();//高位
    t=b;
    t<<=8;
    t=t|a;
    if(b&0x80)
     {
        t=~t+1;
         flag_Negative_number = 1;
      }
     else
      {
       flag_Negative_number = 0;
      }
```

```
      tt=t*0.0625;   //DS18B20温度传感器的分辨率
      t= tt*10+0.5;
      tt=tt+0.05;
      return(t);
}
 /*************LCD1602液晶显示器函数*******************/
#include <reg52.h>
#define uchar unsigned char
sbit EN=P2^2;
sbit RS=P2^0;
sbit RW=P2^1;

void Delayms_1602(unsigned int x)     //延时函数
{
      unsigned int i;
      while(x--)
       for (i=0;i<200;i++);
}
uchar Busy_Check_1602()    //盲检测
{
    uchar LCD_Status;
    RS = 0;
    RW = 1;
    EN = 1;
    Delayms_1602(1);
    LCD_Status = P0;
    EN = 0;
    return LCD_Status;
}


void Write_LCD_Command_1602(uchar cmd)       //LCD1602写命令
{
    while((Busy_Check_1602()&0x80)==0x80);
    RS = 0;
    RW = 0;
    EN = 0;
    P0 = cmd;
    EN = 1;
    Delayms_1602(1);
    EN = 0;
}


void Write_LCD_Data_1602(uchar dat)          //LCD1602写数据
{
    while((Busy_Check_1602()&0x80)==0x80);
```

```
    RS = 1;
    RW = 0;
    EN = 0;
    P0 = dat;
    EN = 1;
    Delayms_1602(1);
    EN = 0;
}

void Initialize_LCD_1602()          //初始化 LCD1602
{
    Write_LCD_Command_1602(0x38);      //显示模式设置
    Delayms_1602(1);
    Write_LCD_Command_1602(0x01);      //显示清屏
    Delayms_1602(1);
    Write_LCD_Command_1602(0x06);      //显示光标移动设置
    Delayms_1602(1);
    Write_LCD_Command_1602(0x0c);      //显示开/关及显示光标设置
    Delayms_1602(1);
}
void ShowString_1602(uchar x,uchar y,uchar *str)
{
    uchar i = 0;
    if(y == 0)
        Write_LCD_Command_1602(0x80 | x);
    if(y == 1)
        Write_LCD_Command_1602(0xc0 | x);
    for(i=0;i<16;i++)
    {
        Write_LCD_Data_1602(str[i]);
    }
}
/***********温控系统主函数*********************/
sbit K1=P1^2;
sbit K2=P1^3;
sbit K3=P1^4;
#define uchar unsigned char
#define uint unsigned int
#define Time_5ms    (0x10000-100)
uchar table []="temp=   .  C " ;
uchar table1 []="set temp=    .0C" ;
uchar  qian,bai,shi,ge;          //定义变量
uchar  qian1,bai1,shi1,ge1;      //定义变量
uchar  qian2,bai2,shi2,ge2;      //定义变量
uchar h1,h2,h3,h4;
```

```c
int  temp;
uchar m=0;
uchar set_temper=50;
void keyscan()       //按键处理函数
{
   if (K1==0)
   m++;
   if(m==1)
   {if(K2==0)
    set_temper++;
     else if(K3==0)
 set_temper--;
 }
     if(m==2)
 m=0;
 }


void display ()
{  int h;
   if(m==1)
  {
  qian1=set_temper%10000/1000;
  bai1=set_temper%1000/100;      //显示百位
  shi1=set_temper%100/10;        //显示十位
  ge1=set_temper%10;             //显示个位
  table1 [9]=qian1 +'0';
  table1 [10]=bai1 +'0';
  table1 [11]=shi1 +'0';
  table1 [12]=ge1 +'0';
  }
   if(m==0)
   {
}
  h=high_time;
  h1=h/1000;
  temp=ReadTemperature();       //读温度
  qian=temp%10000/1000;
  bai=temp%1000/100;            //显示百位
  shi=temp%100/10;             //显示十位
  ge=temp%10;                   //显示个位
  table [5]=qian +'0';
  table [6]=bai +'0';
  table [7]=shi +'0';
  table [9]=ge +'0';
}
```

```c
int redtemper(void)
{int h=0;
 int w=0;
 h=ReadTemperature();
 qian2=h%10000/1000;
 bai2=h%1000/100;              //显示百位
 shi2=h%100/10;               //显示十位
 ge2=h%10;                    //显示个位
  w=qian2*1000+bai2*100+shi2*10+ge2;
  return(w);
 }

void warm()
{
  uint t,a;
  unsigned char i;
  t=set_temper;
  t=t*10;
  a=bai*100+shi*10+ge;
  SPEAKER=1;
  if(a>750)
   {     SPEAKER=0;
   }
   else
   {SPEAKER=1;
    }
    }

void main ()
{
  TMOD=TMOD|0x01;
  TMOD=TMOD&0xF1;
  ET0=1;                       //定时器 0 的中断控制位
  EX0=1;                       //外部中断 0 控制位
  IT0=1;                       //外部中断 0 为下降沿触发方式
  EA=1;
  high_time=50;
  low_time=50;
  Init_DS18B20();              //温度传感器初始化
  Initialize_LCD_1602();       //LCD1602 初始化
   while (1)
    {
      keyscan();
      display ();
```

```
      warm();
      ShowString_1602(0,0,table);
      ShowString_1602(0,1,table1);
   }
}
```

4．系统仿真

下面查看单片机控制作用下的温度传感器实时采集、液晶显示及设定温度值的控制过程。

（1）采集实时温度并显示实时温度与设定温度值，如图 6-103 所示。

从图 6-103 中可以看出设定温度值是初始程序中所设的 50℃且能正常显示，DS18B20 温度传感器采集到的温度值是 109℃且液晶显示屏可以正常显示该温度值，该控制系统经常被用在温室控制系统中，可以通过上位机将现场的实际温度数据远程传输到控制机房，从而达到较好的监控作用。

图 6-103　实时温度采集及显示图

（2）S_2 键和 S_3 键被按下时设置设定温度值，使设定温度值增加，如图 6-104 所示。

图 6-104　按键设置设定温度值增加的仿真图

从图 6-104 中可以看出在 S_2 键和 S_3 键被按下后，设定温度值不断增加，从原来的 50℃
增加到 100℃。满足设计要求。

（3）S_2 键和 S_4 键被按下时，设定值减小，如图 6-105 所示。

图 6-105　按键设置设定温度值减小的仿真图

从图 6-105 中可以看出，将 S_2 键和 S_4 键按下后，可以将温度从 100℃不断减小到 24℃，满足设计要求。

（4）当实际温度值大于 75℃时，蜂鸣器报警，发出尖锐的声音，如图 6-106 所示。

图 6-106　温度高于 75℃时蜂鸣器报警的仿真图

报警电路是由低电平触发的，从图 6-106 中可以看出，当温度在 75℃以下时 P1^0 为高电平，蜂鸣器不响；当温度值大于 75℃时，蜂鸣器控制端口变为低电平，蜂鸣器发出声音。

6.5　PROTEUS 软件与 Keil 联调的应用

　　PROTEUS 软件是一种低投资的电子设计自动化软件，提供原理图绘制、SPICE 仿真与 PCB 设计功能，这一点与 Multisim 比较类似，只不过它不仅可以仿真单片机和周边设备，还可以仿真 51 系列、AVR、PIC 等常用的 MCU，与 Keil 和 MPLAB 不同的是，它还提供了周边设备的仿真，只要给出电路图就可以仿真，如含有 LED 的电路图及含有示波器的电路图等。PROTEUS 软件提供了大量的元器件库，包括 RAM、ROM、键盘、电动机、LED、LCD、AD/DA、部分 SPI 元器件、部分 IIC 元器件等，在 PCB 设计时进行元器件的封装，PROTEUS 软件提供了大量元器件的封装，用户可以自己根据封装手册进行封装，这就为学习提供了便利。在编译方面，PROTEUS 软件不仅可以进行程序编译，而且支持 Keil 和 MPLAB，并且里面有大量的例子可供参考。下面具体介绍 PROTEUS 软件的功能。

（1）PROTEUS 软件提供了可仿真数字和模拟、交流和直流等数千种元器件，以及 30 多个元器件库。

（2）虚拟仪器仪表的数量、类型和质量，是衡量仿真软件是否合格的一个关键因素。在 PROTEUS 软件中，理论上同一种仪器可以在一个电路中随意调用。

（3）除了现实存在的仪器，PROTEUS 软件还提供了一个图形显示功能，可以将线路上变化的信号以图形的方式实时显示出来，其作用与示波器相似但功能更多。

（4）这些虚拟仪器仪表具有理想的参数指标，如极高的输入阻抗、极低的输出阻抗。这些都尽可能减少了仪器对测量结果的影响。

（5）PROTEUS 软件提供了比较丰富的测试信号用于电路测试。这些测试信号包括模拟信号和数字信号。

在程序编译方面，PROTEUS 软件常与 Keil 联合使用。Keil 是德国公司开发的一个 51 单片机开发软件平台，最开始只是一个支持 C 语言和汇编语言的编译器软件。后来随着版本的不断升级成了一个重要的单片机开发平台，不过 Keil 的界面并不是非常复杂，操作也不是非常困难，很多工程师开发的优秀程序都是在 Keil 这一软件平台上编写出来的。可以说 Keil 是一个比较重要的软件，熟悉它的人很多很多，用户群极为庞大，操作有不懂的地方只要找相关的资料看看，或者到相关的单片机技术论坛提问，很快就可以掌握它的基本使用方法了。

（1）Keil 的 μVision5 可以进行纯粹的软件仿真（仿真软件程序，不接硬件电路），也可以利用硬件仿真器搭接上单片机硬件系统，在硬件仿真器中载入项目程序后进行实时仿真；还可以使用 μVision5 的内嵌模块 Keil Monitor-51，在不需要额外硬件仿真器的条件下，搭接单片机硬件系统对项目程序进行实时仿真。

（2）μVision5 调试器具备所有常规源极调试、符号调试特性，以及历史跟踪、代码覆盖、复杂断点等功能。DDE 界面和 C 语言支持自动程序测试。

利用 PROTEUS 软件与 Keil 联调，为解决软/硬件一体化验证问题提供了一些思路。

6.5.1　学习目的

（1）熟悉 Keil 软件平台的使用；
（2）掌握 Keil 编程编译调试的方法；
（3）掌握 PROTEUS 软件与 Keil 联调的学习方法。

6.5.2　学习任务

创建源程序实现存储块清零的功能，将该程序在 PROTEUS 软件和 Keil 中调试，完成两者之间的联调。

6.5.3　学习要求

利用 μVision5 创建工程项目，对其进行设置和编译，并完成程序的调试，能够完成 PROTEUS 软件与 Keil 联调的学习任务，对仿真结果进行观测。

6.5.4　Keil 的 μVision5 集成开发环境的使用

μVision5 IDE 是一个标准的 32 位 Windows 应用程序，支持长文件名操作，其界面类似于 MS Visual C++，可以在 Windows 7、Windows 8 和 Windows 10 等系统上运行，功能十分强大。它由 Keil Software 公司开发，为嵌入式软件开发提供了一个全面的工具链，包括编辑、编译、调试和仿真等功能。

μVision5 支持所有的 KEIL8051 工具，包括 C 语言编译器、宏汇编器、连接/定位器、目标代码到 HEX 的转换器。以下是 μVision5 IDE 的一些主要特点和功能。

（1）编辑器：μVision5 IDE 内置了一个功能强大的代码编辑器，支持多种程序语言（如 C、C++和汇编语言）。它具有语法高亮、自动完成、代码折叠等功能，方便开发者编写和修改代码。

（2）编译器和调试器：μVision5 集成了 ARM C/C++编译器及调试器。它可以将源代码编译成目标代码，并生成可在目标硬件上运行的可执行文件。调试器支持单步执行、断点设置、变量监视、寄存器查看等功能，方便开发者进行代码调试和错误排查。

（3）项目管理：μVision5 IDE 提供了一个项目管理系统，可以帮助开发者组织和管理工程文件。开发者可以创建、打开和保存项目，管理项目中的源代码、头文件和其他资源。

（4）设备支持：μVision5 IDE 广泛支持多种嵌入式设备，包括各种 ARM Cortex-M 和 Cortex-R 处理器。它提供了对这些设备的硬件和软件仿真支持，以便开发者在不实际部署到目标硬件上的情况下进行调试和测试。

（5）仿真器支持：μVision5 IDE 与多种硬件仿真器兼容，如 Keil 的 ULINK 系列仿真器。这些仿真器可以与 IDE 集成，提供更高级别的仿真和调试功能。

（6）代码生成：μVision5 IDE 可以生成适用于嵌入式系统的二进制可执行文件，并支持多种输出格式，如 Intel Hex、BIN 和 ELF 等。

1．μVision5 开发环境

运行 μVision5 程序，将出现程序启动界面，之后程序进入 μVision5 用户界面主窗口。主窗口提供一个菜单、一个工具条、源代码的显示窗口、对话框和信息显示等，以便用户快速选择对应命令按钮和查看信息。μVision5 允许同时打开并浏览多个源文件。

2．建立应用

采用 Keil C51 开发 8051 单片机应用程序一般需要以下步骤。

（1）在 μVision5 IDE 中创建一个新项目文件（Project），并为该项目选定合适的单片机 CPU。

（2）利用 μVision5 的文件编辑器编写 C 语言（或汇编语言）源程序文件，并将文件添加到项目中去。一个项目可以包含多个文件，除源程序文件外，还可以有库文件或文本说明文件。

（3）通过 µVision5 的各种选项，可以配置 C51 编译器、A51 宏汇编器、BL51 连接定位器及 Debug 调试器。

（4）利用 µVision5 的构造（Build）功能对项目中的源程序文件进行编译连接，生成绝对目标代码和可选的 HEX 文件。如果出现编译连接错误，则返回第（2）步，修改源程序中的错误后重新构造整个项目。

（5）将没有错误的绝对目标代码装入 µVision5 调试器进行仿真调试，调试成功后将 HEX 文件写入单片机应用系统的 EPROM 中。

3．创建项目

µVision5 具有强大的项目管理功能，一个项目由源程序文件、开发工具选项及编程说明三部分组成，通过目标创建（Build Targe）选项很容易对一个 µVision5 项目进行完整的编译和连接，并且可以直接产生最终的应用目标程序。

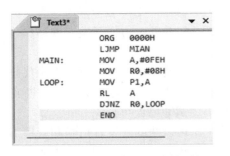

图 6-107　Text 源文件编辑窗口

（1）双击"Keil µVision5"图标，启动应用程序，进入 µVision5 用户界面主窗口。

µVision5 提供下拉菜单和工具按钮两种操作方法。一个源文件可以通过单击工具按钮 📄 新建，也可以通过单击"File"→"New"新建，单击选项后，将在项目窗口中重新打开一个新的文本窗口，即 Text 源文件编辑窗口，如图 6-107 所示。

在该窗口中可以进行源程序文件的编辑，还可用键盘输入 C 源程序、汇编源程序、混合语言源程序，源程序输入完毕，保存文件，单击"File"→"Save as"，就会出现"Save As"对话框，单击"保存"按钮。

源程序文件必须加上扩展名（*.c，*.h，*.a*，*.inc，*.txt）。

源程序文件就是一般的文本文件，不一定使用 Keil 编写，可以使用任何文本编辑器编写。可把源文件（包括 Word 文档中的源文件）复制到 Keil C51 文件窗口中，从而使 Word 文档变成 TXT 文档。这种方法最好，可十分方便地对源文件输入中文注释。

（2）创建一个项目。源程序文件编辑好后，要进行编译、汇编、连接。Keil C51 只能对项目而不能对单一的源程序进行编译、汇编、连接等操作。µVision5 IDE 提供了强大的项目管理功能，通过项目文件可以方便地进行应用程序的开发。一个项目中可以包含各种文件，如源程序文件、头文件、说明文件等。因此，当源文件编辑好后，要为源程序建立项目文件。

以下是新建一个项目文件的操作。单击"Project"→"New Project"，弹出一个对话框，此对话框要求输入项目文件名，输入项目文件名"max"（不需要扩展名），并选择合适的保存路径（通常为每个项目建立一个单独的文件夹），单击"保存"按钮，这样就创建了文件名为"max"的新项目。

项目文件名保存完毕后，弹出如图 6-108 所示的元器件数据库对话框。

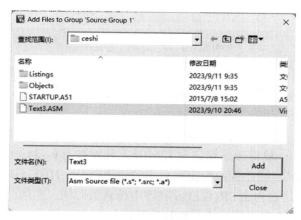

图 6-108 元器件数据库对话框

该对话框用于为新建项目选择一个 CPU。Keil C51 支持的 CPU 很多，在对话框中选择 Ateml 公司的 AT89C51，选定 CPU 后，μVision5 按所选的 CPU 自动设置默认的工具选项，从而简化了项目的配置过程。选好 CPU 后单击"OK"按钮，此时弹出询问是否复制标准 8051 启动代码到工程文件夹并添加文件到工程的对话框，单击"Yes"按钮完成项目的新建。创建一个新项目后，项目中会自动包含一个默认的目标（Target1）和文件组（Source Group1）。用户可以给项目添加其他项目组（Group）及文件组的源文件，这对于模块化编程特别有用。项目中的目标名、组名及文件名都显示在 μVision5 的"项目窗口/File"标签页中。

μVision5 具有十分完善的右键功能，将光标指向"项目窗口/File"标签页中的"Source Group1"文件组并右击，弹出右键快捷菜单。单击右键快捷菜单中的"Add Files to Group 'Source Group 1'"选项，弹出如图 6-109 所示的添加源文件选择对话框，在其中选择待添加的源文件。

图 6-109 添加源文件选择对话框

该对话框下面的"文件类型"默认为.c（C 语言源程序），而待添加的文件是以.asm（汇编语言源程序）为扩展名的，因此要对对话框下面的"文件类型"进行修改。单击对话框中"文件类型"后的下拉箭头，找到并选择"Asm Source file（*.si*.sor；*.a）"选项，这样，在列表中就可以找到 Text3.asm 文件。双击 Text3.asm 文件，就可以将汇编语言文件添加到新创建的项目中去。

4．项目的设置

　　项目建立好后，还要根据需要设置项目目标硬件，即 C51 编译器、A51 宏汇编器、BL51 连接定位器及 Debug 调试器的各项功能。单击"Project"→"Options for Target 'Target 1'"，弹出如图 6-110 所示的"Target"标签页。

图 6-110　"Target"标签页

　　这是一个十分重要的窗口，包括"Device""Target""Output""Listing""C51""A51""BL51 Locate""BL51 Misc""Debug"等，其中许多选项可以直接用其默认值，必要时可进行适当调整。下面介绍常用的一些设置。

　　（1）单击"Target"，在出现的界面中，芯片的频率一般是需要修改的，为了与单片机时钟电路的频率相同，一般将频率设定为 12MHz，具体如图 6-111 所示。

　　（2）单击"Output"，在出现的输出设置中勾选"Create HEX File"，即可将输出文件格式改为.HEX 格式，这是因为在 PROTEUS 软件中仿真的时候，系统只能识别.HEX 格式的文件，所以输出格式必须修改。具体如图 6-112 所示。

图 6-111　设置频率

图 6-112　设置输出文件格式

5. 项目的编译、链接

设置好项目后，即可对当前项目进行整体创建（Build Target）。将鼠标指向项目窗口中的文件"Text3.asm"并右击，从弹出的菜单中选择"Build target"选项或可以直接单击上面的按钮 ，μVision5 将按"Options for Target"窗口内的各种选项设置，自动完成对当前项目中所有源程序模块的编译、链接。

同时，μVision5 的输出窗口（Output Windows）将显示编译、链接过程中的提示信息，如图 6-113 所示。

图 6-113　编译提示信息

> 如果源程序中有语法错误，则将光标指向窗口内的提示信息并双击，程序中的光标将自动跳到编辑窗口源程序出错位置，以便于修改；如果没有编译错误，则生成绝对目标代码文件。

6. 程序调试

在对项目成功地进行汇编、链接以后，将 μVision5 转入仿真调试状态，单击"Debug"→"Start/Stop Debug Session"，即可进入调试状态，如图 6-114 所示。在此状态下的"项目窗口"自动转换到"Register"标签页，显示调试过程中单片机内部的工作寄存器 $R_0 \sim R_7$、累加器 A、堆栈指针 SP、数据指针 DPTR、程序计数器 PC 及程序状态字 PSW 等。

图 6-114　μVision5 仿真调试状态窗口

在仿真调试状态下，单击"Debug"→"Run"，启动程序将会全速运行，如图 6-115 所示。

图 6-115　用户程序运行输出窗口

图 6-116 所示为模拟调试窗口的工具栏快捷按钮。

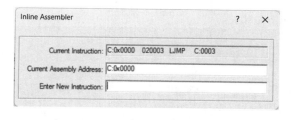

图 6-116　模拟调试窗口的工具栏快捷按钮

"Debug"下拉菜单上的大部分选项可以在此找到对应的快捷按钮。工具栏快捷按钮的功能从左到右依次为复位、运行、暂停、单步、过程单步、执行完当前子程序、运行到当前行、下一状态、打开跟踪、查看跟踪、反汇编窗口、观察窗口、代码作用范围分析、1#串行窗口、内存窗口、反汇编代码窗口、性能分析、逻辑分析窗口、符号窗口及工具按钮。

7．在线汇编

在进入 Keil 的调试环境以后，如果发现程序有错误，那么可以直接对源程序进行修改。但是要使修改后的代码起作用，必须先退出调试环境，重新进行编译、链接后再进入调试。这样的过程未免有些麻烦。因此，Keil 提供了在线汇编的功能：将程序中的光标定位于需要修改的程序语句上，单击"Debug"→"Inline Assembly…"，如图 6-117 所示。此时将出现如图 6-118 所示的"Inline Assembler"对话框。

图 6-117　"Inline Assambly"选项

图 6-118　"Inline Assembler"对话框

在"Enter New Instruction"后面的文本框内直接输入需要更改的程序语句，输入完成后按回车键，程序将自动指向源程序的下一条语句，继续修改，如果不需要继续修改，则可以单击窗口右上角的关闭按钮来关闭窗口。

1）断点管理

断点功能对于用户程序的仿真调试是十分重要的，断点调试便于用户观察了解程序的运行状态，查找或排除错误。Keil 在"Debug"调试命令菜单中设置断点的功能。在程序中设置、移除断点的方法是，将汇编窗口中程序中的光标定位于需要设置断点的程序行，单击"Debug"→"Insert/Remove Breakpoint"，可在编辑窗口内当前程序中的光标所在行上设置/移除一个断点（也可用鼠标在该行双击实现同样功能）；单击"Debug"→"Enable/Disable

Breakpoint"可激活/禁止当前程序中的光标所指向的一个断点；单击"Debug"→"Disable All Breakpoint"将禁止所有已经设置的断点；单击"Debug"→"Kill All Breakpoint"将清除所有已经设置的断点；单击"Debug"→"Show Next Statement"将在汇编窗口中显示下一条将要被执行的用户程序指令。

　　除了在程序行上设置断点这一基本方法，Keil 还提供了通过断点设置对话框（Breakpoints）来设置断点的方法。单击"Debug"→"Breakpoint"，将弹出如图 6-119 所示的断点设置对话框。

　　该对话框用于对断点进行详细设置。对话框中的"Current Breakpoints"栏显示当前已经设置的断点列表；对话框中的"Expression"栏用于输入断点表达式，该表达式用于确定程序停止运行的条件；对话框中的"Count"栏用于输入断点通过的次数；对话框中的"Command"栏用于输入当程序执行到断点时需要执行的命令。

　　2）Keil 的模拟仿真调试窗口

　　Keil 在对程序进行调试时提供了多个模拟仿真窗口，主要包括主调试窗口、输出调试窗口（Output Windows）、观测窗口（Watch & Call Statck Windows）、存储器窗口（Memory Windows）、反汇编窗口（Disassembly Windows）、串行窗口（Serial Windows）等。进入调试模式后，通过单击 View 菜单中的相应选项（或单击工具条中的相应按钮），可以更方便地实现窗口的切换。

　　调试状态下的 View 菜单如图 6-120 所示。

图 6-119　断点设置对话框　　　　　　图 6-120　调试状态下的 View 菜单

　　第一栏用于快捷工具条按钮的显示/隐藏切换。"Status Bar"选项为状态栏；"Toolbars"选项为调试工具条按钮。

第二栏、第三栏用于 μVision5 中各种窗口的显示/隐藏切换。

下面简要介绍一下其中的几个窗口。

（1）观测窗口。

观测窗口（Watch & Call Statck Windows）也是调试程序中的一个重要窗口，在项目窗口（Project Windows）中仅可以观察到工作寄存器和有限的寄存器内容，如寄存器 A、B、DPTR 等，若要观察其他寄存器的值或在高级语言程序调试时直接观察变量，则需要借助观测窗口。单击工具栏上观测窗口的快捷按钮可打开观测窗口。观测窗口有两个标签，分别是观测 1（Watch 1）、观测 2（Watch 2）。图 6-121 所示为观测窗口的观测 1（Watch 1）页，显示用户调用程序的过程中变量的使用情况。

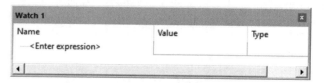

图 6-121　观测窗口的观测 1（Watch 1）页

图 6-122 所示为观测 1 页的观测数据，显示用户程序中已经设置了的观测点在调试中的当前值。

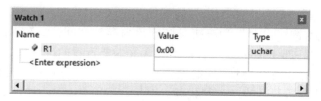

图 6-122　观测 1 页的观测数据

在"Watch 1"栏中右击可以选择添加进存储器窗口的数据，图 6-123 所示为添加"R1"进存储器窗口的过程。

图 6-123　添加"R1"进存储器窗口的过程

另外，单击"View"→"Periodic Windows Update"（周期更新窗口），可在用户程序全速运行时动态地观察程序中相关变量值的变化。

（2）存储器窗口。

View 菜单的"Memory Windows"选项用于系统存储器空间的显示/隐藏切换。存储器窗口如图 6-124 所示。

图 6-124　存储器窗口

存储器窗口用于显示程序调试过程中单片机的存储器系统中各类存储器内的值，在窗口"Address"后的文本框内输入存储器地址（"字母：数字"），将立即显示对应存储空间的内容。

需要注意的是，输入地址时要指定存储器的类型 C、D、I、X 等，其含义分别是"C"为代码（ROM）存储空间；"D"为直接寻址的片内存储空间；"I"为间接寻址的片内存储空间；"X"为扩展的外部 RAM 空间。数字的含义为要查看的地址值。例如，输入 D：0，可查看从地址 0 开始的片内 RAM 单元的内容；输入 C：0，可查看从地址 0 开始的 ROM 单元中的内容，也就是查看程序的二进制代码。

存储器窗口的显示值可以是十进制、十六进制、字符型等多种形式，改变显示形式的方法：在存储器窗口右击，弹出如图 6-125 所示的右键菜单，从中可以改变存储器内容的显示方式。

图 6-125　存储器窗口右键菜单

（3）反汇编窗口。

单击"View"→"Disassembly Windows"，或者单击调试工具条上的反汇编按钮可打开如图 6-126 所示的反汇编窗口，它用于显示已装入 μVision5 的用户程序汇编语言指令、反汇编代码及其地址。

图 6-126 反汇编窗口

当采用单步或断点方式运行程序时，反汇编窗口的显示内容会随指令的执行而滚动。在反汇编窗口中可以使用右键菜单，方法是将光标指向反汇编窗口并右击，可弹出如图 6-127 所示的反汇编窗口中的右键菜单。

图 6-127 反汇编窗口中的右键菜单

该右键菜单第一栏中的选项用于选择窗口内反汇编内容的显示方式，其中"Mixed Mode"选项表示采用高级语言与汇编语言混合方式显示；"Assembly Mode"选项表示采用汇编语言方式显示；"Address Range"选项用于显示用户程序的地址范围。

右键菜单第二栏中的"Show Disassembly at Address…"选项用于查看给定地址处的汇编代码的功能；"Set Program Counter"选项用于设置程序计数器（Program Counter，PC）的值；"Run to Cursor line"选项用于运行程序直到指定的光标行处，这个选项能够快速地执行代码，直到程序达到所需的行号。

右键菜单第三栏中的"Insert/Remove Breakpoint"选项用于插入/删除程序执行时的断点；"Enable/Disable Breakpoint"选项用于激活/禁止选定一个断点。

右键菜单第四栏中的"Insert Tracepoint at'C:0x0002'…"选项用于在指定的地址（如 C:0x0002）处插入跟踪点（Tracepoint）；"Enable/Disable Tracepoint"选项用于激活/禁止选定一个跟踪点。

右键菜单第五栏中的"Inline Assembly …"选项用于程序调试中的"在线汇编"，利用窗口跟踪已执行的代码；"Load Hex or Object file …"选项用于重新装入 Hex 或 Object 文件到 µVision5 中调试。

右键菜单第六栏中的"Instruction Trace"选项（指令跟踪）是一种功能强大的调试工具，可用于记录并分析程序执行期间的指令流，通过收集和显示每个指令的执行情况，可以更好地理解程序的执行路径和行为；"Execution Profiling"选项用于评估代码的执行性能和资源使用情况。

右键菜单第七栏中的"Insert/Remove Bookmark"（插入/移除书签）选项可以帮助用户快速导航到代码中的特定位置。

右键菜单第八栏中的"Copy"选项用于复制。

（4）串行窗口。

单击"View"→"Serial Window #1/ Serial Window #2/ Serial Window #3"，用于进行串行窗口 1、串行窗口 2 和串行窗口 3 的显示/隐藏切换，选中该项弹出串行窗口。串行窗口在进行用户程序调试时十分有用，如果用户程序中调用了 C51 的库函数 scanf()和 printf()，则必须利用串行窗口来完成库函数 scanf()的输入操作，库函数 printf()的输出结果也将显示在串行窗口中。利用串行窗口可以在用户程序仿真调试过程中实现人机交互对话，可以直接在串行窗口中输入字符。该字符不会被显示出来，但却能传递到仿真 CPU 中。如果仿真 CPU 通过串口发送字符，那么这些字符会在串行窗口中显示出来。串行窗口可以在没有硬件的情况下用键盘模拟串口通信。在串行窗口右击将弹出如图 6-128 所示的串行窗口显示方式选择菜单，可按需将窗口内容以 HEX 或 ASCⅡ格式显示，也可以随时清除显示内容。串行窗口中可保持近 8KB 串行输入/输出数据，并可以进行翻滚显示。

图 6-128　串行窗口显示方式选择菜单

Keil 的串行窗口除可以模拟串行口的输入和输出外，还可以与计算机上实际的串口相连，接收串口输入的内容，并将信息输出到串口。

（5）项目窗口。

项目窗口（Project Windows）在仿真调试状态下自动转换到"Regs"（寄存器）标签页。在调试中，当程序执行到对某个寄存器操作时，该寄存器会以反色（蓝底白字）显示。先用鼠标单击窗口内的某个寄存器，然后按 F2 键，即可修改寄存器的内容。

（6）通过"Peripherals"下拉菜单观察仿真结果。

µVision5 通过内部集成元器件库实现对各种单片机外围接口功能的模拟仿真，在调试状态下可以通过"Peripherals"下拉菜单来直观地观察单片机的定时器、中断、并行端口、串行端口等常用外围接口的仿真结果。"Peripherals"下拉菜单如图 6-129 所示。

　　该下拉菜单的内容与建立项目时所选的 CPU 有关，如果选择的是 89C51 这一类"标准"的 51 机，则有 Interrupt（中断）、I/O-Ports（并行 I/O 口）、Serial（串行口）、Timer（定时器/计数器）这四个外围接口菜单选项，打开这些菜单选项，系统列出了这些外围设备当前的使用情况及单片机对应的特殊功能寄存器各标志位的当前状态等。

图 6-129　　"Peripherals"下拉菜单

　　单击"Debug"菜单中的第二栏"Reset CPU"选项，可以对模拟仿真中的 8051 单片机进行复位操作。

　　"Peripherals"下拉菜单中的"I/O-Ports"选项用于仿真 8051 单片机的 I/O 接口 Port0～Port3，选中 Port1 后将弹出如图 6-130 所示的"Parallel Port 1"窗口，其中"P1"栏显示 8051 单片机 P1 口锁存器的状态，"Pins"栏显示 P1 口各引脚的状态。

　　"Peripherals"下拉菜单中的"Timer"选项用于仿真 8051 单片机内部定时器/计数器。选中"Timer"选项后弹出如图 6-131 所示的"Timer/Counter 0"窗口。

图 6-130　　"Parallel Port1"窗口

图 6-131　　"Timer/Counter0"窗口

　　窗口中的"Mode"栏用于选择工作方式，可选择定时器/计数器工作方式，单击下拉箭头就很容易实现选择，图 6-131 所示为 13 位定时器工作方式。选定工作方式后相应的特殊寄存器 TCON 和 TMOD 控制字也显示在窗口中，可以直接写入命令字；窗口中的"TH0"和"TL0"项用于显示定时器/计数器的定时/计数初值；"T0 Pin"和"TF0"复选框用于显示 T0 引脚和定时器/计数器 0 的溢出状态。窗口中的"Control"栏用于显示和控制定时器/计数器 0 的工作状态（Run 或 Stop），"TR0""GATE""INT0#"复选框是启动控制位，通过对这些状态位的置位或复位操作（选中或不选中）很容易实现对 8051 单片机内部定时器/计数器的仿真。勾选"TR0"，启动定时器/计数器 0 开始工作，这时"Status"后的"Stop"变成"Run"。如果全速运行程序，则可观察到"TH0""TL0"后的值也在快速变化。当然，由于上述源程序未对对话框写入任何信息，所以该程序运行时不会对定时器/计数器 0 的工作进行处理。

　　"Peripherals"下拉菜单中的"Serial"选项用于仿真 8051 单片机的串行口。单击该选项会弹出如图 6-132 所示的串行口窗口。

　　窗口中"Mode"栏用于选择串行口的工作方式，选定工作方式后相应的特殊寄存器 SCON 和 SBUF 的控制字也显示在窗口中。通过对特殊控制位"SM2""REN""TB8""RB8""TI""RI"复选框的置位或复位操作（选中或不选中）很容易实现对 8051 单片机内部串行口的仿真。"Baudrate"栏用于显示串行口的工作波特率，"SMOD"位置位时将使波特率加倍。"IRQ"栏用于显示串行口发送和接收中断标志。

　　"Peripherals"下拉菜单中的"Interrupt"选项用于仿真 8051 单片机的中断系统状态。单击该选项会弹出如图 6-133 所示的系统中断窗口。

图 6-132　串行口窗口

图 6-133　系统中断窗口

　　选中不同的中断源，窗口中的"Selected Interrupt"栏将出现与之相对应的中断允许和中断标志位的复选框，通过对这些标志位的置位或复位操作（选中或不选中）很容易实现对 8051 单片机中断系统的仿真。除了 8051 几个基本的中断源，还可以对其他中断源，如看门狗定时器（Watchdog Timer）等进行模拟仿真。

6.5.5　PROTEUS 软件与 Keil 的整合

　　在 Keil 中调用 PROTEUS 软件进行 MCU 外围元器件的仿真的步骤如下：安装 PROTEUS 软件与 Keil；安装 PROTEUS 软件与 Keil 的链接文件 vdmagdi.exe；打开 PROTEUS 软件，画出相应电路，在 PROTEUS 软件的"Debug"菜单中选中"Enable Remote Debug Monitor"；在 Keil 中编写 MCU 的程序；单击并打开 Keil 的"Project"菜单中的"Option for Target '工程名'"选项；在弹出的对话框中，单击打开"DEBUG"选项中右栏上部的下拉菜单，选中"Proteus VSM Monitor-51 Driver"选项。选中"Proteus VSM Monitor-51 Driver"选项如图 6-134 所示。

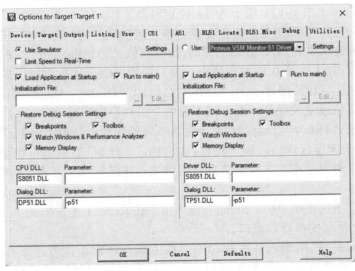

图 6-134　选中"Proteus VSM Monitor-51 Driver"选项

单击"OK"按钮完成设置。

单击 Keil 中的启动调试按钮，此时 PROTEUS 软件与 Keil 实现联调。

6.5.6 进行 PROTEUS 软件与 Keil 的联调

本节以存储块清零为例说明 PROTEUS 软件与 Keil 联调的过程。

> **说明**
>
> **存储块清零：** 指定某块存储空间的起始地址和长度，要求能将存储器内容清零。通过该实验，可以了解单片机读写存储器的方法，同时也可以了解单片机编程和调试的方法。

1. 程序流程

存储块清零流程，如图 6-135 所示。

图 6-135 存储块清零流程

Keil 软件的源程序：

```
         ORG    00H
START    EQU    30H
         MOV    R1,#START    ;起始地址
         MOV    R0,#32       ;设置 32 字节计数值
         MOV    A,#0FFH
LOOP:    MOV    @R1,A
         INC    R1           ;指向下一个地址
         DJNZ   R0,LOOP ;计数值减 1
```

```
        SJMP        $
        END
```

2. 在 Keil 中调试程序

打开 Keil μVision5，单击"Project"→"New Project"，弹出"Create New Project"对话框，选择目标路径，在"文件名"文本框中输入项目名。新建项目如图 6-136 所示。

图 6-136　新建项目

单击"保存"按钮，这时会弹出"Select Device for Taget 'Target1'…"对话框。在此对话框中单击"Microchip"前面的"+"号，或者直接双击"Microchip"，在其子类中选择"AT89C51"芯片，确定 CPU 类型。选择 CPU 如图 6-137 所示。

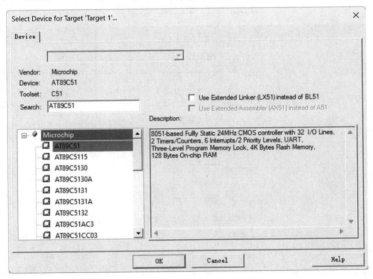

图 6-137　选择 CPU

先在 Keil μVision5 的菜单栏中单击"File"→"New"，新建文档，然后在菜单栏中单击"File"→"Save"，保存此文档，这时会弹出"Save As"对话框，在"文件名"一栏中，为此文本命名，注意要填写扩展名".asm"。保存文本如图 6-138 所示。

单击"保存"按钮，这样在编写汇编代码时，Keil 会自动识别汇编语言的关键字，并以不同的颜色显示，以减少在输入代码时出现的语法错误。

图 6-138　保存文本

程序编写完后，再次保存。在 Keil 中的"Project"子窗口里单击"Target 1"前的"+"号，展开此目录。在"Source Group 1"文件夹上右击，在右键菜单中选择"Add File to Group 'Group Source 1'"，弹出"Add File to Group"对话框，在此对话框的"文件类型"栏中，选择"Asm Source File"，并找到刚才编写的.asm 文件，双击此文件，将其添加到 Source Group 中，此时的"Project"子窗口如图 6-139 所示。

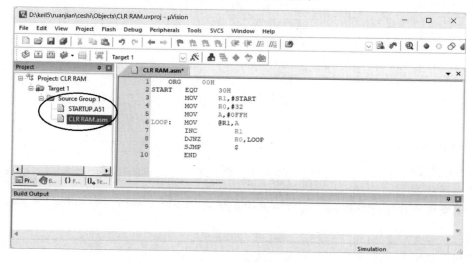

图 6-139　添加源程序

在"Project"子窗口中的"Target 1"文件夹上右击，在弹出的右键菜单中选择"Option for Target"选项，这时会弹出"Options for Target 'Target 1'"对话框，在此对话框中选择"Output"选项卡，勾选"Create HEX File"复选框，如图 6-140 所示。

在 Keil 的菜单栏中单击"Project"→"Build Target"，编译汇编源文件，如果编译成功，则在 Keil 软件中的"Build Output"子窗口里会显示如图 6-141 所示的信息；如果编译不成功，双击"Build Output"子窗口中的错误信息，则在编辑窗口中系统会指示错误的语句。

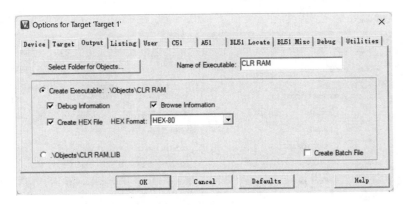

图 6-140　"Options for Target 'Target 1'"对话框

图 6-141　编译源文件

为了查看程序运行的结果，在这里我们把源程序中第 5 行的语句改写为

MOV　　A，#0FFH

即把存储空间清零的操作改为置 1 操作，原理相同。

　　在 Keil 的菜单栏中，单击 "Debug" → "Start/Stop Debug Session"，进入 Keil 的程序调试环境，如图 6-142 所示。按 F11 键，单步运行程序。在 "Project Workspace" 窗口中，可以查看累加器、通用寄存器及特殊功能寄存器的变化；在 "Registers" 窗口中，可以看到每个寄存器所对应的地址。在 "Address" 栏中输入 "D：30H"，查看 AT89C51 的片内直接寻址空间，并单步运行程序。可以看到，随着程序的顺序执行，从 30H 到 4FH 这 32 个存储单元依次被置 1。

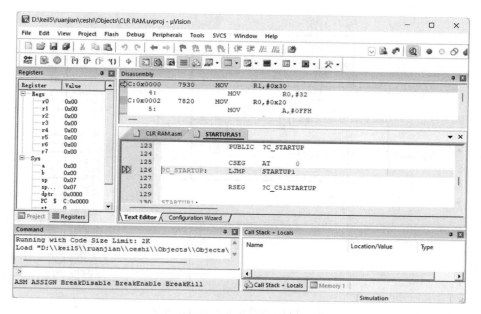

图 6-142　Keil 的程序调试环境

程序调试完毕后，再次在菜单栏中单击"Debug"→"Start/Stop Debug Session"，退出调试环境。

3. 在 PROTEUS 软件中调试程序

打开 PROTEUS 软件原理图编辑环境。添加 AT89C51。

　　在 PROTEUS 软件中添加的 CPU 一定要与 Keil 中选择的 CPU 相同，否则无法执行 Keil 生成的.HEX 文件。

按照图 6-143 连接晶振和复位电路，晶振频率为 12MHz。元器件清单如表 6-7 所示。

表 6-7　元器件清单

元器件名称	所　属　类	所　属　子　类
AT89C51	Microprocessor ICs	8051 Family
CAP	Capacitors	Generic
CAP-ELEC	Capacitors	Generic
CRYSTAL	Miscellaneous	—
RES	Resistors	Generic

选中 AT89C51 并双击，打开"Edit Component"窗口，在此窗口的"Program File"栏中，选择先前用 Keil 生成的.HEX 文件，如图 6-144 所示。

在 PROTEUS 原理图的菜单栏中单击"File"→"Save Project"，保存设计。在保存设计文件时，最好将与一个设计相关的文件（如 Keil 项目文件、源程序、PROTEUS 设计文件）都存放在一个目录下，以便查找。

图 6-143　单片机晶振和复位电路

图 6-144　添加.HEX 文件

单击 PROTEUS 原理图界面左下角的按钮 ▐▐ ，进入程序调试状态，并在 "Debug" 菜单中打开 "8051 CPU\Registers-U3" "8051 CPU\Internal (IDATA) Memory-U3" 两个观测窗口，按 F11 键，单步运行程序。在程序运行过程中，可以在这三个窗口中看到各寄存器及存储单元的动态变化。程序运行结束后，"8051 CPU\Registers-U3" 和 "8051 CPU\Internal (IDATA) Memory-U3" 的状态如图 6-145 所示。

程序调试成功后，将汇编源程序的第 5 行语句改为：

```
MOV    A, #00H
```

单击 PROTEUS 原理图界面左下角的按钮 ▐▐ ，进入程序调试状态，并在 "Debug" 菜单中打开"8051 CPU\Registers-U3""8051 CPU\Internal (IDATA) Memory-U3""8051 CPU SFR Memory-U3"三个观测窗口，按 F11 键，单步运行程序。编译后重新运行，在程序运行过程中即可实现存储块清零的功能，可以在这三个窗口中看到各寄存器及存储单元的动态变化。程序运行结束后，"8051 CPU\Registers-U3"和"8051 CPU\Internal (IDATA) Memory-U3"的状态如图 6-146 所示。

图 6-145　程序运行结果

图 6-146　改变语句后的程序运行结果

6.6　PROTEUS 与 IAR EMBEDDED WORKBENCH 的联调应用

IAR EMBEDDED WORKBENCH（简称 IAR）是一套高度精密且使用方便的嵌入式应用编程开发工具。在其集成开发环境（IDE）中包含 IAR 的 C/C++编译器、汇编工具、链接器、文本编辑器、工程管理器和 C-SPY 调试器。通过其内置的针对不同芯片的代码优化器，IAR EMBEDDED WORKBENCH 可以为 8051 系列芯片生成非常高效和可靠的 FLASH/PROMable 代码。IAR EMBEDDED WORKBENCH 不仅有这些过硬的技术，IAR Systerm 还为用户提供专业化的全球技术支持。下面具体介绍 IAR EMBEDDED WORKBENCH for 8051 的特点。

（1）模块化、可扩展的集成开发环境：

① 创建和调试嵌入式应用程序的无缝集成开发环境；

② 强大的工程管理器允许在同一工作区管理多个工程；

③ 层次化的工程表示方法；

④ 自适应窗口和浮动窗口管理；

⑤ 智能的源文件管理器；

⑥ 编译器带有代码模板并支持多字节；

⑦ 工具选项可以设置为通用的源文件组或单个源文件；

⑧ 灵活的工程编译方式，如编译批处理、前/后编译或在编译过程中访问外部工具的客户定制编译；

⑨ 集成了源代码控制系统；

⑩ 现成的头文件、芯片描述文件及链接器命令文件，可以支持绝大多数芯片；

⑪ 带有针对不同 8051 评估板的代码和工程范例。

（2）高度优化的 C/C++编译器：

① 支持 C 和 C++；

② 自带 MISRA C 检查器；

③ 完全支持大多数经典型和扩展型 8051 架构，登录官网可获取芯片支持列表；

④ 针对特定目标的嵌入式应用程序语言扩展；

• 用于数据/函数定义及存储器/类型属性声明的扩展关键字；

• 用于控制编译器行为（如怎样分配内存）的 Pragma 指令；

• C 源码形式的内在函数可直接访问低级处理器操作。

⑤ 通过专用运行时的库模块来支持硬件乘法器外设模块；

⑥ 用户可以控制寄存器的使用情况，从而获得最优的性能；

⑦ 支持 DATA、IDATA、XDATA、PDATA 和 BDATA；

⑧ 支持编译器和库中的 DPTP 乘法；

⑨ SFR 寄存器位寻址；

⑩ 最多可以使用 32 个虚拟寄存器；

⑪ 完全支持 C++中的存储器属性；

⑫ C/C++中的高效中断处理；

⑬ IEEE 兼容的浮点型计算；

⑭ C/C++和汇编混合列表；

⑮ 支持内联汇编；

⑯ 高度优化的可重入代码模型，便于工程在不同目标系统之间移植；

⑰ 对代码的大小和执行速度多级优化，允许不同的转换形式，如函数内联和循环展开等；

⑱ 先进的全局优化和针对特定芯片优化相结合，可以生成更为紧凑和稳定的代码。

（3）IAR 汇编器：

① 强大的可重定位宏编译器，并带有丰富的标识符和操作符；

② 内置 C 语言预处理器，支持所有 C 宏定义。

（4）仿真方式：

EW8051 的 C-SPY 调试器支持以下仿真方式：

① 模拟仿真；

② IAR ROM-monitor 仿真；

③ Analog Devices ROM-monitor 仿真；

④ Chipcon JTAG 仿真；

⑤ Silabs 调试仿真器；

⑥ 含工程模板的 IAR ROM-monitor 仿真，让用户可以对其他的 8051 开发板和开发全套件进行重配置；

⑦ 其他第三方仿真方式。

（5）IAR XLINK 链接器：

① 产生完全链接、重定位和格式生成的 FLASH/PROMable 代码；

② 灵活的段命令，允许对代码和数据的放置进行细化控制；

③ 优化链接，移除不需要的代码和数据；

④ 直接连接原始二进制图像，如直接连接多媒体文件；

⑤ 运行时进行代码校验和计算校验；

⑥ 全面的交叉参考和相关的存储映射；

⑦ 支持超过 30 种工业标准输出格式，兼容绝大多数流行的调试器和仿真器。

（6）IAR 库和库工具：

① 包含所有必需的 ISO/ANSI C/C++库和源代码；

② 为所有的低级程序，如 writechar 和 readchar，提供完整的源代码；

③ 轻量级 Runtime 库，可由用户根据应用的需要自行配置（包括完整源代码）；

④ 用于创建和维护库工程、库和库模块的库工具；

⑤ 入口点和符号信息清单。

IAR 支持 8051 系列的单片机，IAR FOR 8051 可专门用于 51 系列单片机程序编译，IAR FOR 8051 除了可以直接将编译过的程序烧入单片机，还可以与 PROTEUS 软件联机调试，下面是联机调试的优点：

① IAR FOR 8051 可以进行纯粹的软件仿真，也可以利用硬件仿真器，搭接上单片机硬件系统，将编译过的程序烧入硬件进行仿真；

② IAR FOR 8051 完全支持大多数经典型和扩展型 8051 架构，其编译器带有代码模板，并支持多字节，内置 C 语言预处理器，支持所有 C 宏定义，其具有强大的可重定位宏编译器，并带有丰富的标识符和操作符等，使其在仿真方面具有强大的功能和便利性。

下面具体介绍 IAR EMBEDDED WORKBENCH 开发环境的使用及与 PROTEUS 软件的联机操作过程。

6.6.1 IAR EMBEDDED WORKBENCH 开发环境的使用

1．IAR EMBEDDED WORKBENCH 开发环境

运行 IAR FOR 8051 程序，进入 IAR EMBEDDED WORKBENCH 主界面。

2．建立应用

采用 IAR FOR 8051 开发 8051 单片机应用程序一般需要以下步骤：

（1）在 IAR FOR 8051 集成开发环境中创建一个新项目文件（Project）；

（2）根据所选的芯片及使用的编程语言类别配置项目选项，包括基本选项配置、C/C++编译器配置、汇编器配置、链接器配置、调试器配置等；

（3）给新建的工程添加文件并编写相关程序；

（4）利用构造所有（Build ALL）功能对项目中的源程序文件进行编译连接，生成绝对

目标代码和可选的.HEX 文件。如果出现编译连接错误则返回第（2）步，修改源程序中的错误后重新构造整个项目；

（5）将没有错误的绝对目标代码装入 IAR FOR 8051 调试器进行仿真调试，调试成功后将.HEX 文件写入单片机应用系统的 EPROM 中。

3．创建项目

生成新项目的步骤如下：

（1）首先双击"IAR FOR 8051"图标，启动应用程序，进入主界面。然后单击"Project"→"Creat New Project"，就会弹出生成新项目对话框，如图 6-147 所示。这里选择空工程，单击"OK"按钮。

图 6-147　生成新项目对话框

单击"OK"按钮后出现如图 6-148 所示的保存工程文件对话框，将其保存在一个事先建立好的、位于 D 盘的"IAR8051"文件中，并为其命名为"test"并单击"保存"按钮，会出现一个后缀为".ewp"的文件。

图 6-148　保存工程文件对话框

此时在屏幕左边的"Workspace"窗口中将显示新建的项目名称及配置模式，如图 6-149 所示。

 说明

项目名称后面的"Debug"表示当前激活的配置模式。IAR FOR 8051 为每个新项目提供两种默认的配置模式：Debug 和 Release。Debug 模式生成包含调试信息的可执行文件，且编译器优化级别较低；Release 模式生成不包含调试信息的发行版本文件，且编译器优化级别较高。用户可以从 Workspace 窗口顶部的下拉菜单中选择合适的模式，也可以单击"Project"→"Configurations"创建新的模式。

（2）进行项目参数设置。

右击工作区窗口中的项目名称"test"，单击菜单中的"Options…"，如图 6-150 所示。

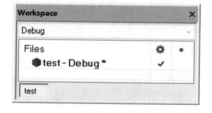

图 6-149　"Workspace"窗口

图 6-150　单击菜单中的"Options…"

此时会出现如图 6-151 所示的界面。

① General Options 配置：先单击"Target"，然后单击 Device 复选框查找所使用的单片机，这里选择"AT89C51"，如图 6-151 所示，其他选择默认设置。

② C/C++编译器设置：

单击 Category 中的"C/C++Compiler"，进行编译器设置，如图 6-152 所示，这里选择 C 语言，其他保持默认设置。

图 6-151　选择正确的芯片型号

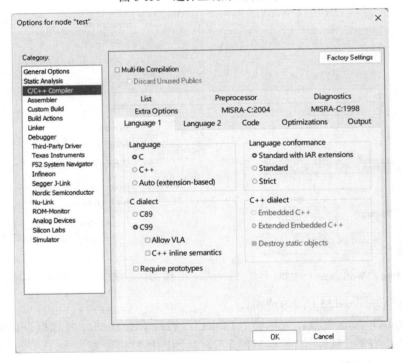

图 6-152　"C/C++Compiler" 设置

③ 汇编器设置：

单击 Category 中的 "Assembler"，进行汇编器设置，如图 6-153 所示，这里保持默认设置。

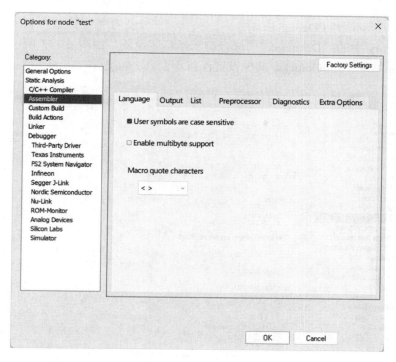

图 6-153　"Assembler"设置

④ 链接器设置：

单击 Category 中的"Linker"，进行链接器设置，如图 6-154 所示，单击"Config"，在链接器配置文件即"Linker configuration file"中勾选"Override default"，其他保持不变。

图 6-154　"Linker"设置

⑤ 配置仿真器调试（Debugger）：

单击 Category 中的"Debugger"，进行仿真器调试设置，如图 6-155 所示，在"Setup"中选择"Driver"为"Simulator"，其他设置保持不变。

图 6-155   "Debugger"设置

设置完成后单击"OK"按钮，项目参数配置完成。在"IAR Project"文件夹会生成一个"settings"的文件。

（3）为工程添加源程序文件。

① 先单击"Project"→"New"→"file"建立一个文件，也可以直接单击上面菜单栏中的按钮□新建，并将其保存为"test.c"。

源程序文件必须加上扩展名（*.c，*.txt）。

源程序文件就是一般的文本文件，不一定使用 IAR 软件编写，可以使用任何文本编辑器编写。可把源文件，包括 Word 文档中的源文件复制到 IAR 文件窗口中，使 Word 文档变为 TXT 文档。这种方法最好，可方便对源文件输入中文注释。

② 然后将新建的文件添加到之前建好的工程"test"中，具体操作如图 6-156 所示。

添加了源程序文件的工程如图 6-157 所示。

图 6-156　添加文件到工程

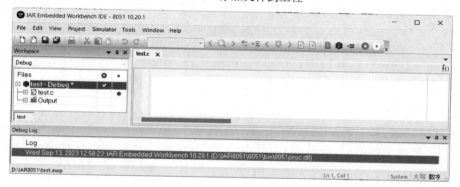

图 6-157　添加了源程序文件的工程

（4）项目的编译、链接。

下面进行程序编写、编译。这里以矩阵键盘的控制为例，下面是其程序代码。

矩阵键盘程序代码：

```c
//数码管显示 4×4 矩阵键盘键值
#include <ioAT89C51.h>
unsigned char disp_buff[] = {0xc0,0xf9,0xa4,0xb0,0x99,0x92,0x82,0xf8,
                0x80,0x90,0x88,0x83,0xc6,0xa1,0x86,0x8e,0x00};
//上次按键和当前按键序号，该矩阵中序号范围为0~15，16 表示无按键
unsigned char pre_keyno = 16,keyno = 16;
//延时函数
void delayms(unsigned int x)
{
 unsigned char i;
 while(x--)
```

```
    {
     for(i = 0;i < 120;i++);
    }
}
void key_scan(void)
{
 unsigned char i;
 //高 4 位置 1，放入 4 行
 P1 = 0x0f;
 delayms(1);
 //有按键按下后，其中一列将变为低电平
 i = P1^0x0f;
 //判断按键发生在哪一列
 switch(i)
 {
  case 1: keyno = 0;break;
  case 2: keyno = 1;break;
  case 4: keyno = 2;break;
  case 8: keyno = 3;break;
  default: keyno = 16;                //无按键按下
 }
 //低 4 位置 1，放入 4 列
 P1 = 0xf0;
 delayms(1);
 //
 i = P1 >> 4 ^ 0x0f;
 //对 0～3 行分别附加起始值
   switch(i)
 {
   case 1: keyno += 0;break;
  case 2: keyno += 4;break;
  case 4: keyno += 8;break;
  case 8: keyno += 12;break;
 }
}
// 主函数
void main(void)
{
 P0 = 0x00;
 while(1)
 {
   P1 = 0xf0;
   if(P1 != 0xf0)     //扫描键盘获得按键序号
   {
    key_scan();
```

```
    }
    if(pre_keyno != keyno)
    {
      P0 = ~disp_buff[keyno];   //显示，共阳极段码取反作为共阴极段码
    pre_keyno = keyno;
    }
    delayms(100);
  }
}
```

将程序写入并单击"Project"→"build All"或"Make"进行编译。编译完成后出现如图 6-158 所示的界面，说明没有错误。

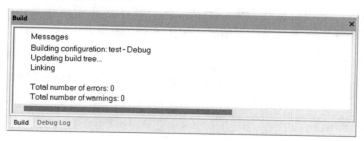

图 6-158　编译结果

为了使生成的".HEX"文件可以下载到单片机中与 PROTEUS 软件联机使用，可以重复之前的工作，选中工程文件，首先单击"Opions"，然后单击"Linker"→"Output"，在"Output file"中勾选"Override default"，并在下面的文本框中填写"test.hex"，如图 6-159 所示。

图 6-159　配置"Linker"生成".hex"文件

编译成功后，生成的".hex"文件存放在"Exe"文件夹下，如图 6-160 所示。

图 6-160 生成的".hex"文件

（5）程序调试：对项目进行汇编、链接之后，转入仿真调试状态。单击"Project"→"Download and Debug"进入在线仿真调试，如图 6-161 所示。

图 6-161 在线仿真调试

下面介绍几个执行按钮，图 6-162 所示为 IAR 在线仿真调试的执行按钮。

图 6-162 IAR 在线仿真调试的执行按钮

① ：设置断点功能。

② ：重新编译并重新启动调试器。

③ ：重新启动调试器。

④ ：停止按钮。

⑤ ：遇到函数调用时不进入该函数内部，而是直接执行完函数并停留在函数调用之后的下一行。

⑥ ：使程序执行跳转到当前所在行的下一行，并且如果有函数调用，会进入函数内

部并在函数内部的第一行停止。

⑦ ↱：使程序执行到当前函数的末尾。

"Debug"下拉菜单上的大部分选项可以在此找到对应的按钮。

（6）断点管理。

设置断点的方法是选中要设置断点的行，单击菜单栏中的"Toggle Breakpoint"按钮
▪▤，设置好之后这行代码会变成红色，如图 6-163 所示。

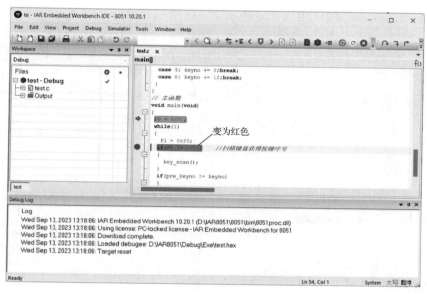

图 6-163　断点设置

设置完之后也可以单击"View"→"Breakpoint"，打开断点管理窗口，观察断点的设
置情况，如图 6-164 所示。单击"全速运行"按钮，代码运行到断点处就会停止执行下面语
句，如图 6-165 所示。

图 6-164　断点管理

要想取消断点只需要单击菜单栏中的按钮 即可。

（7）IAR FOR 8051 的模拟仿真调试窗口。

IAR 软件采用的是 C-SPY 调试器，它在对程序进行调试时提供了多个模拟仿真窗口，主要包括反汇编窗口（Disassembly Windows）、存储器窗口（Memory Windows）、寄存器窗口、Auto 窗口、Watch 窗口、Locals 窗口、Live Watch 窗口等。进入调试模式后，通过单击 View 菜单中的相应选项，可以更方便地实现窗口的切换。

调试状态下的 View 菜单如图 6-166 所示。

图 6-165　语句执行到断点处 　　　　　　　　　　图 6-166　调试状态下的
　　　　　　　　　　　　　　　　　　　　　　　　　　　　　　　　View 菜单

① 反汇编窗口：

IAR 支持反汇编调试以满足用户的多种需求，用户可以在主调试窗口和反汇编窗口两种模式间切换。下面具体介绍反汇编调试方法。

- 必要时单击工具条上的"Reset"按钮来复位程序。
- 正常情况下，反汇编窗口是默认打开的，若没有可以单击"View"→"Disassembly"，打开如图 6-167 所示的反汇编窗口，其用于显示已装入 IAR 中的程序汇编语言指令、反汇编代码及其地址。反汇编代码与 C 语句逐一对应。
- 当采用单步或断点方式运行程序时，反汇编窗口的显示内容会随指令的执行而滚动。

② 存储器窗口：

View 菜单的"Memory"选项用于系统存储器空间的显示/隐藏切换。用户可以在存储器窗口查看和修改所选择的存储器区域。具体操作如下。

- 单击"View"→"Memory"，打开如图 6-168 所示的存储器窗口。
- 在源程序中任意双击变量名或函数名并将其拖入 Memory 窗口中，调试系统会自动确定该变量的地址或该函数的入口地址，并在 Memory 窗口中反亮，如图 6-168 所示。单步执行可以观察存储器内容变化，用户也可以在窗口中直接修改 RAM 的内容，只需要将光标放到想要修改的地方，输入值即可。

图 6-167　反汇编窗口

图 6-168　存储器窗口

③ 寄存器窗口：

C-SPY 允许用户查看寄存器内容和修改处理器内部的寄存器。单击"View"→"Register"，打开寄存器窗口，如图 6-169 所示。图中选中的是基本寄存器，用户也可以查看目标处理器的所有外设寄存器，只需再单击打开图 6-169 左上方的下拉菜单即可。

图 6-169　寄存器窗口

④ Auto 窗口：

单击"View"→"Auto"，出现如图 6-170 所示的自动窗口，自动窗口可以自动显示当前语句及周围的相关变量和表达式的值，单步执行时，可以观察变量的变化。

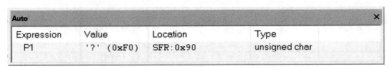

图 6-170　自动窗口

⑤ Watch 窗口：

在 Debug 状态下，单击"View"→"Watch"即可打开 Watch 窗口，如图 6-171 所示。

图 6-171　Watch 窗口

把变量名添加到 Watch 窗口的方法有两种：①先双击变量，使变量变成高亮状态，然后用鼠标将变量拖到 Watch 窗口即可；②右击窗口空白处，在弹出的右键菜单中选中"Add to Watch"即可。图 6-172 所示为添加了变量 keyno 的 Watch 窗口。

图 6-172　添加了变量 keyno 的 Watch 窗口

说明

　　Watch 窗口和自动窗口是最常用的变量观察窗口，在大多数情况下，用户可以通过这两个窗口满足大部分变量查看的需求。

⑥ Locals 窗口：

Locals 窗口可以自动显示当前活跃函数的参数及其内部的自变量，单击"View"→"Locals"就会出现如图 6-173 所示的 Locals 窗口。

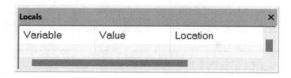

图 6-173 Locals 窗口

⑦ Live Watch 窗口：

Live Watch 窗口如图 6-174 所示，其可以用来观察静止位置上的变量值在程序执行期间如何连续变化，比如全局变量。

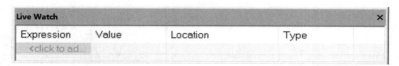

图 6-174 Live Watch 窗口

　　当使用优化级 None 时，所有非静态变量在它们的活动范围内都是活跃的，因此这些变量是完全可以调试的；但是使用更高级别的优化时，变量可能不能完全调试。

6.6.2 PROTEUS 软件与 IAR FOR 8051 的联调

上面的调试表明程序是正确的，而且已经生成了 .HEX 文件，下面以矩阵键盘的控制为例，说明 PROTEUS 软件与 IAR FOR 8051 的联调过程。

打开 PROTEUS 原理图编辑环境，添加器件 AT89C51。

　　在 PROTEUS 软件中添加的 CPU 一定要与 IAR 中选择的 CPU 相同，否则无法执行 IAR 生成的 .HEX 文件。

按照图 6-175 所示的 4×4 矩阵键盘电路连接电路，晶振频率为 12MHz。元器件清单如表 6-8 所示。

表 6-8 元器件清单

元器件名称	所 属 类	所 属 子 类
AT89C51	Microprocessor ICs	8051 Family
CAP	Capacitors	Generic
CAP-ELEC	Capacitors	Generic
CRYSTAL	Miscellaneous	—

续表

元器件名称	所 属 类	所 属 子 类
RES	Resistors	Generic
BUTTON	Switchs&Relay	Switch
RESPACK-8	Resistors	Resistor Packs
7SEG-CATHODE	Display	—

图 6-175　4×4 矩阵键盘电路

选中 AT89C51 并双击，打开"Edit Component"窗口，在此窗口的"Program File"栏中，选择先前用 Keil 生成的.HEX 文件，如图 6-176 所示。

图 6-176　添加.HEX 文件

在 PROTEUS 原理图的菜单栏中单击"File"→"Save Project"，保存设计。在保存设计文件时，最好将与一个设计相关的文件（如 IARl 项目文件、源程序、PROTEUS 设计文件）都存放在一个目录下，以便查找。

单击 PROTEUS 原理图界面左下角的按钮 **‖**，进入程序调试状态，并在 Debug 菜单中打开"8051 CPU\Registers…""8051 CPU\SFR Memory-U？""8051 CPU\Internal (IDATA) Memory-U？"三个观测窗口，按 F11 键，单步运行程序。在程序运行过程中，可以在这三个窗口中看到各寄存器及存储单元的动态变化。在程序运行中，"8051 CPU\Registers""8051 CPU\SFR Memory-U？""8051 CPU\Internal (IDATA) Memory-U？"的状态如图 6-177 所示。

（a）　　　　　　　　　（b）　　　　　　　　　（c）

图 6-177　程序运行时各窗口的状态

单击各个按键，使数码管依次显示 0、1、2、3、…、a、b、c、d、e、f，结果如图 6-178所示。

（a）按下"K0"时的仿真结果

图 6-178　仿真结果

（b）按下"K5"时的仿真结果

（c）按下"Kd"时的仿真结果

图 6-178　仿真结果（续）

思考与练习

（1）简述信号发生器的设计原理。

（2）简述如何利用 AT89C51 单片机产生占空比可调的 PWM 波形。

（3）使用 AT89C52 单片机设计一个湿度采集电路，并将采集到的湿度显示到 LCD 液晶显示屏上。

（4）简述矩阵键盘的设计原理。

第7章 微处理器应用设计实例

 ## 7.1 8253 定时器/计数器的设计

7.1.1 设计要求

利用 8253 定时器/计数器功能，在工作方式 2 和工作方式 3 下多次计数仿真，观察得到波形之间的关系，验证是否符合芯片对应的工作方式之间的关系。

7.1.2 设计原理

1．8086 微处理器

1）8086 微处理器基本结构

8086 微处理器有 16 位通用寄存器和 16 位外部数据总线，20 位地址总线，寻址为 1MB 的地址空间。8086 微处理器的内部功能结构如图 7-1 所示。

由图 7-1 可以看出，8086 微处理器按功能可分为两大部分：执行单元（EU）和总线接口单元（BIU）。下面分别进行简要介绍。

（1）执行单元。

组成：16 位通用寄存器组（AX、BX、CX、DX、SP、BP、DI、SI）、算术逻辑单元（ALU）、标志寄存器（FLAG）、执行部分控制电路。

功能：执行单元，完成指令执行、分析，暂存中间运算结果并储存结果等。

（2）总线接口单元。

组成：段寄存器组（CS、DS、SS、ES）、指令指针（IP）、地址加法器、指令队列缓冲器、总线接口控制逻辑。

功能：负责微处理器与存储器、I/O 接口之间的信息传送。

2）8086 的两种工作模式

（1）最小模式：系统中只使用一个 8086 微处理器，在这种模式下，所有的总线控制信号直接由 8086 微处理器产生，该模式适用于较小的微机系统。本次仿真电路是在 8086 微处理器最小模式下进行的。

（2）最大模式：系统中至少包含两个 8086 微处理器，主要应用在中、大规模的微机系统中。其中一个微处理器称为主处理器，其他的微处理器称为协处理器。

图 7-1　8086 微处理器的内部功能结构

3）8086 微处理器引脚结构

8086 微处理器采用 40 条引脚的双列直插式封装。为减少引脚，采用分时复用的地址/数据总线，因而部分引脚具有两种功能。在两种工作方式下，部分引脚的功能是不同的。8086C 微处理器的引脚图如图 7-2 所示。下面以最小工作方式为例说明。

部分引脚功能如下：

（1）地址/数据信号。

AD0～AD15：地址/数据复用引脚，分时复用总线，三态。

A16～A19：地址/状态复用引脚，分时复用引脚，输出引脚，三态。

（2）控制信号引脚。

$\overline{\text{BHE}}$：数据总线高 8 位允许/状态信号，输出，三态，也是分时复用总线。

图 7-2　8086 微处理器的引脚图

$\overline{\text{TEST}}$：测试信号，当微处理器执行 WAIT 指令时，每隔 5 个时钟周期对此引脚测试一次，是高电平时，微处理器继续等待，一直等到出现低电平，微处理器才开始执行下一条指令。

READY：准备就绪信号，是由所访问的存储器或 I/O 设备发来的响应信号，高电平表示数据已经准备就绪，马上可以进行一次数据传送。

INTR：可屏蔽中断请求信号，当此引脚为高电平时，表示外设提出了中断请求。INTA 中断响应信号（输出、三态、低电平有效）。

NMI：非屏蔽中断请求，当该引脚输入一个由低电平变为高电平的信号时，微处理器会在执行完当前指令后，响应中断请求。

MN/$\overline{\text{MX}}$：最小/最大工作方式，当 MN/$\overline{\text{MX}}$ 引脚接高电平时，8086 微处理器工作于最小工作方式；当 MN/$\overline{\text{MX}}$ 引脚接低电平时，8086 微处理器工作于最大工作方式。

4）最小工作方式引脚

ALE/QS0：地址锁存允许信号，输出，是微处理器在每个总线周期 T1 发出的。

$\overline{\text{DEN}}$ /S2：数据允许信号，输出，三态，低电平有效，表示微处理器准备好接收和发送数据。

M/$\overline{\text{IO}}$ /S0：存储器/IO 控制信号，输出，三态，高电平表示访问 I/O，低电平表示访问存储器。

HOLD/$\overline{\text{GT1}}$：总线保持请求信号，输入，高电平有效。

HLDA/$\overline{\text{GT0}}$：总线保持响应信号，输出，三态，高电平有效。

DT/$\overline{\text{R}}$ /S1：数据发送/接收控制信号输出，三态，当此引脚为高电平时，则微处理器进行数据发送；当此引脚为低电平时，微处理器进行数据接收。

2．定时器/计数器 8253 简介

1）8253 引线和功能

8253 是 Intel 公司生产的三通道 16 位可编程定时器/计数器，是具有 24 根引脚的双列直插式器件，其外部引线图如图 7-3 所示。它的最高计数频率可达 2MHz，使用单电源+5V 供电，部分引脚功能如下。

图 7-3　8253 外部引脚图

（1）连接系统端的主要引线。

D0～D7：8 位双向数据线，用来传送数据、命令和状态信息。

$\overline{\text{CS}}$：片选信号，输入，低电平有效，由系统高位 I/O 地址译码产生。

$\overline{\text{RD}}$：读控制信号，输入信号，低电平有效。

$\overline{\text{WR}}$：写控制信号，输入信号，低电平有效。

A0、A1：地址信号线，产生 4 个有效地址对应 8253 内部的 3 个计数器通道和 1 个控制寄存器。

8253 地址表如表 7-1 所示。

表 7-1　8253 地址表

A0	A1	A2	读操作有效	写操作有效
0	0	0	读计数器 0	写计数器 0
0	0	1	读计数器 1	写计数器 1
0	1	0	读计数器 2	写计数器 2
0	1	1	无操作	写控制字

（2）连接外设端的主要引线。

CLK0～CLK2：时钟脉冲输入，计数器对此脉冲进行计数。

GATE0～GATE2：门控信号输入，用于控制计数的启动和停止。

OUT0～OUT2：计数器输出信号，不同的工作方式下，OUT 输出端产生不同的输出波形。

2）8253 的工作方式

8253 的每个计数器都具有六种工作方式，即工作方式 0～工作方式 5。

（1）计数启动方式：由 GATE 端门控信号的形式决定计数启动方式。

软件启动：GATE 端为高电平时用输出指令写入计数初值启动计数。

硬件启动：用输出指令写入计数初值后并未启动计数，需要 GATE 端有一个上升沿时才启动计数。

（2）8253 的工作方式。

工作方式不同，计数器各引脚的时序关系不同，每个工作方式将重点阐述引脚时序关系。

① 工作方式 0：计数结束中断。

图 7-4 所示为工作方式 0 的基本时序图，工作方式 0 为软启动，控制字写入时，OUT 输出端变为低电平，在计数初值写入后，下一个 CLK 脉冲为下降沿，计数初值寄存器中的内容装入寄存器，计数器重新开始计数。当计数值计数为 0 时，OUT 输出端变为高电平，直到微处理器写入新的控制字或计数值，才能使 OUT 输出端变为低电平。所以这种方式的特点是低电平计数，不重复计数，若要重复计数，需再次写入计数初值；在整个计数过程中，GATE 端应始终保持高电平，若变为低电平，则暂停计数，直到 GATE 端变为高电平后再接着计数。

图 7-4　工作方式 0 的基本时序图

② 工作方式 1：可重复触发的单稳态触发器。

图 7-5 所示为工作方式 1 的基本时序图，工作方式 1 为硬件启动，控制字写入 OUT 输出端变为高电平，写入计数初值 OUT 输出端保持高电平不变，GATE 端的上跳沿启动计数，启动后的下一个 CLK 脉冲，使 OUT 输出端变为低电平，计数初值才由初值寄存器传送给减 1 寄存器。当计数值计数为 0 时，OUT 输出端变为高电平，直到 GATE 端再次出现上跳沿时，计数器开始重新计数。

③ 工作方式 2：频率发生器。

图 7-6 所示为工作方式 2 的基本时序图，工作方式 2 的两种启动方式均可以启动计数。控制字写入后，OUT 输出端变为高电平，启动计数后，写入计数初值，OUT 输出端保持高电平不变，在减 1 计数器由 1 到 0 的计数中，OUT 输出端先输出一个负脉冲，宽度为一个时钟周期，然后初值寄存器自动装入减 1 计数器，开始下一个周期的计数。

图 7-7 所示为工作方式 2 GATE 端作用的时序图，当 GATE 端为低电平时，OUT 输出端

为高电平，计数器停止计数，出现上跳沿时重新启动计数器，按最新计数初值计数，GATE 端为高电平时，不影响计数器工作。

图 7-5   工作方式 1 的基本时序图

图 7-6   工作方式 2 的基本时序图

图 7-7   工作方式 2 GATE 端作用的时序图

图 7-8 所示为工作方式 2 计数期间写入新的计数初值的时序图，在计数期间写入新的计数初值，不影响当前周期的计数，但会影响随后周期的计数。

③ 工作方式 3：方波发生器。

图 7-9 所示为工作方式 3 的基本时序图，工作方式 3 的两种启动方式均可以启动计数。控制字写入后，OUT 输出端变为高电平，启动计数后，写入计数初值，OUT 输出端保持高电平不变，若

图 7-8   工作方式 2 计数期间写入新的计数初值的时序图

初始值 N 为偶数，则在前 $N/2$ 计数期间，OUT 输出端为高电平，后 $N/2$ 计数期间，OUT 输出端为低电平；若 N 为奇数，则在前 $(N+1)/2$ 计数期间，OUT 输出端为高电平，在后 $(N-1)/2$ 计数期间，OUT 输出端为低电平，计数为 0 时，OUT 输出端先变为高电平，从而完成一个周期，然后初值寄存器自动装入减 1 计数器，开始下一个周期的计数，这样产生连续的方波，方波的周期等于计数初值乘以时钟周期。

图 7-10 所示为工作方式 3 GATE 端作用的时序图，当 GATE 端为低电平时，OUT 输出端为高电平，计数器停止计数，出现上跳沿时重新启动计数器，按最新计数初值计数，GATE 端为高电平时，不影响计数器工作。

图 7-11 所示为工作方式 3 计数期间写入新的计数初值的时序图，在计数期间写入新的计数初值，不影响当前周期的计数，但会影响随后周期的计数。

图 7-9　工作方式 3 的基本时序图

图 7-10　工作方式 3 GATE 端作用的时序图

④　方式 4：软件触发选通。

图 7-12 所示为工作方式 4 的基本时序图，工作方式 4 为软启动，控制字写入 OUT 输出端变为高电平，写入计数初值，OUT 输出端保持高电平不变。此时，GATE 端为高电平时将启动计数，计数初值由初值寄存器传送给减 1 计数器。当计数初值计数为 0 时，OUT 输出端输出一个时钟周期的负脉冲，之后自动变为高电平，并一直维持高电平，直到重新启动，通常将此负脉冲作为选通信号。GATE 端为低电平时禁止计数，当 GATE 端为高电平时允许计数，此时（GATE 端为高电平）计数从暂停的地方连续计数。

图 7-11　工作方式 3 计数期间写入新的计数值时序图

图 7-12　工作方式 4 的基本时序图

图 7-13 所示为工作方式 4 计数期间写入新的计数值时序图，在计数期间写入新的计数初值，当 GATE 端为高电平时，新的计数值将立即有效。

⑤　工作方式 5：硬件触发选通。此工作方式的输出波形特点与工作方式 4 相同，不同之处在于工作方式 5 的启动方式为硬启动，而工作方式 4 为软启动。

3）8253 控制字

8253 必须先初始化才能正常工作，每个计数通道可分别初始化。微处理器通过指令将控制字写入 8253 的控制寄存器，从而确定 3 个计数器分别工作于何种工作方式下，8253 控制字的格式和含义如图 7-14 所示。

图 7-13　工作方式 4 计数期间写入新的计数值时序图

图 7-14　8253 控制字的格式与含义

7.1.3　硬件设计

硬件框图和完整硬件电路原理图分别如图 7-15 和图 7-16 所示，8086 工作在最小模式，用 74LS373 锁存 8086 的 16 位地址数据复用总线的低 8 位，利用锁存输出的地址一方面给 138 译码器及与门电路，产生 8253 的片选信号，另一方面将锁存分离出的地址送到 8253A 的 A0、A1，来确定控制口及三个计数器的具体地址。电路中 T2 计数器的 CLK2 端接 1MHz 时钟信号，作为最初的触发源。

图 7-15　硬件框图

由电路图可以看出 A7、A6 需同时为高电平，A5 为低电平，要使 Y2 输出低电平选通 8253A，则 A、B、C 对应的输入为 0、1、0，8253A 的控制口 A1、A0 的地址为 11，因此控制口地址为 11001110，即 CEH。用同样的方式可以确定 T0、T1 和 T2 的地址分别为 C8H，CAH，CCH。图 7-17 所示的框选部分为译码电路及 8253A 端口连接。

图 7-16　完整硬件电路原理图

图 7-17　译码电路及 8253A 端口连接

　　输出端接法如硬件框图所示，T2 的 CLK 由时钟给出，且时钟输出到示波器 A 口；T2
输出波形同时输出到 T1 的 CLK 和示波器 B 口，作为 T1 的触发信号；同样 T1 接示波器 C
口和 T0 的 CLK 端，触发 T0 开始计数。三个计数器的 GATE 端都接 5V 恒压源。图 7-18 所
示的框选部分为输出端口与示波器的连接。

图 7-18　输出端口与示波器的连接

7.1.4　软件实现

8253A 的汇编语言源程序代码：

```
.MODEL  SMALL
.8086
.STACK
.CODE
.STARTUP
ORG 100H
MOV  DX, 0CEH
MOV  AL,36H
OUT  DX,AL
MOV  DX,0C8H
MOV  AX,1234H
OUT  DX,AL
MOV  AL,AH
OUT  DX,AL
MOV  AL,36H   ;T0：16 位，工作方式 3，二进制
MOV  DX, 0CEH  ;8253A 控制口地址端口
OUT  DX,AL
MOV  AX, 6
MOV  DX, 0c8H
OUT  DX,AL    ;T0 低字节
MOV  AL,AH
OUT  DX,AL    ;高字节
```

```
MOV AL,74H  ;T1, 16 位，工作方式 2，二进制
MOV DX,0CEH
OUT DX,AL
MOV AX,5
MOV DX,0CAH
OUT DX,AL
MOV AL,AH
OUT DX,AL
MOV AL,0B6H ;T2, 16 位，工作方式 3，二进制
MOV DX,0CEH
OUT DX,AL
MOV AX,5
MOV DX,0CCH
OUT DX,AL    ;T2 低字节
MOV AL,AH
OUT DX,AL    ;高字节
JMP $
RET
.DATA
END
```

7.1.5　系统仿真

这里介绍一种新的编译软件，而且它可以与 PROTEUS 软件联机使用，即 MASM32 编译器。本实例应用 MASM32 编译器汇编生成.EXE 文件，具体编译方法如下。

（1）建立源程序。

在 PROTEUS 软件的硬件电路中右击 8086，选择"Display Model Help"（帮助文档）。在帮助文档中查看"Supported Assemblers and Compilers"，找到"Creating a.EXE file with MASM32"，复制以下的文本（下述代码）到 MASM32 编译器中，并另存为 SAMPLE.asm 至当前工作目录；程序代码中加粗部分需要根据电路实际要实现的功能进行修改。

```
.MODEL SMALL
.8086
.STACK
.CODE
.STARTUP
    MOV DX,0020H,
    MOV AL,35H
    OUT DX,AL
END_LOOP:
    JMP END_LOOP
.DATA
END
```

（2）建立批处理文件。

在 PROTEUS 软件的硬件电路中右击 8086，选择"Display Model Help"。在其中查看 "Supported Assemblers and Compilers"，找到"Creating a.EXE file with MASM32"，复制 BUILD.BAT 下的文本（下述代码）到 MASM32 Editor 应用程序编译器中，并另存为 BUILD.BAT 至当前工作目录。

```
ml /c /Zd /Zi 8253.asm
link16 /CODEVIEW 8253.obj,8253.exe,,,nul.def
```

第一行命令的作用是编译 8253.asm 源程序；第二行命令的作用是连接 8253.obj，并生成 8253.exe。

（3）执行 MASM32 Editor 应用程序，单击"File"菜单中的"Cmd Prompt"，转至 DOS 当前工作目录。输入"build"，完成编译和连接，若有错误，则在修改源程序错误后重新编译。编译和连接批处理如图 7-19 所示。

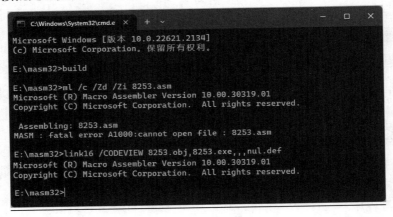

图 7-19　编译和连接批处理

此时，当前目录文件夹中产生了以下文档。

（1）8253.asm 源程序；

（2）Build.bat 批处理文档；

（3）8253.exe 可执行文件，还可以直接加载到 8086 微处理器进行软件和硬件的联合调试。

（4）打开 PROTEUS 软件中绘制的硬件原理图，双击 8086 微处理器，在"Edit Component"界面下添加可执行文件"8253.exe"，全速执行或单步执行调试程序，观察输出波形的变化。图 7-20 至图 7-22 分别为验证 8253A 的工作方式 2 和工作方式 3 的计数功能。

图 7-20 中的第一线是 1MHz 时钟波形，第二线是 T2 输出波形，由于 T2 设为工作方式 3 方波发生器，且计数初值设为 5，是单数，所以前半周期是(5+1)/2 个时钟脉冲，后半周是 (4−1)/2 个时钟脉冲。观察图 7-20 中的第一线和第二线，理论与输出相符。

图 7-21 中的第三线是计数器 T1 的输出波形，工作方式 2 的计数初值为 5，所以是 (4−1) 个脉冲周期的高电平，1 个脉冲周期的低电平。观察图 7-21 中的第二线和第三线，理论与输出相符。

图 7-20 工作方式 3 的计数初值为单数 5 的输出图

图 7-21 工作方式 2 的计数初值为单数 5 的输出图

图 7-22 工作方式 3 的计数初值为双数 6 的输出图

图 7-22 中的第四线，它的波形由 T0 计数器经示波器的 D 口输出。T0 设为工作方式 3，T0 计数初值 6 为偶数，因此是三个脉冲周期的高电平和三个脉冲周期的低电平，即标准方波。观察图 7-22 中的第三线和第四线可得，理论和实际输出相符。

7.2 基于 8279 键盘显示控制器的设计

7.2.1 设计要求

1. 按键显示

有按键输入时，相应信息显示在 8 位数码管上，其对应关系如表 7-2 所示。

表 7-2 按键显示对应表

按 键 编 号	显 示	按 键 编 号	显 示	按 键 编 号	显 示	按 键 编 号	显 示
0	0	1	1	2	2	3	3
4	4	5	5	6	6	7	7
8	8	9	9	A	A	B	b
C	C	D	d	E	E	F	F
G	q	M	n	P	P	W	U
X	x	Y	Y	R	r	清屏	空白

2. 利用 8279、键盘和数码显示电路来设计电子钟

电子钟的显示格式如下：

XX—XX—XX（由左向右分别为时、分、秒）。

要求按键具有如下功能。

（1）C 键：清除，显示全零。

（2）G 键：启动，电子钟计时。

（3）D 键：停止，电子钟停止计时。

7.2.2 设计原理

1. 键盘显示控制器 8279

8279 是集键盘、显示功能于一体的可编程接口芯片。它既具有按键处理功能，又具有自动显示功能，因此其在单片机系统中应用很广泛。下面具体介绍 8279 的引脚、内部结构等内容。

1）8279 部分引脚功能介绍

8279 内部集成了键盘 FIFO（先进先出堆栈）、传感器及双重功能的 8×8=64B RAM，键盘控制部分可控制 8×8=64 个按键或 8×8 阵列方式的传感器。该芯片具有自动消抖及双键锁定保护功能。显示 RAM 容量为 16×8=128B，即显示器最大配置可达 16 位 LED 数码显示。8279 的引脚图如图 7-23 所示。

图 7-23 8279 的引脚图

（1）数据线。

AD0～AD7 是双向三态数据总线，在接口电路中与系统数据总线相连，用以传送微处理器和 8279 之间的数据和命令。

（2）地址线。

$\overline{\text{CS}}$：8279 的片选端，低电平有效。当=0 时，微处理器选中 8279，可以对其进行读写操作。

A0：当 A0=1 时，为命令字及状态字地址；当 A0=0 时，为片内数据地址，故 8279 芯片占用 2 个端口地址。

（3）控制线。

CLK：8279 的时钟输入线，用以产生内部定时的时钟脉冲。

IRQ：中断请求输出线，高电平有效。

$\overline{\text{RD}}$、$\overline{\text{WR}}$：读、写输入控制线。

SL0～SL3：扫描输出线，用来作为扫描键盘和显示的代码输出或直接输出线。

RL0～RL7：回复输入线，它们是键盘或传感器矩阵的信号输入线。

SHIFT：换位功能，当有开关闭合时被拉为低电平，没有按下 SHIFT 开关按键时，SHIFT 输入端保持高电平，在键盘扫描方式中，按键一闭合，按键位置就和换位输入状态一起被存储起来。

CNTL/STB：控制/选通输入线，高电平有效。使用键盘控制输入方式时，键盘数据最高位（D7）的信号输入该引脚，以扩充键功能；使用选通输入方式时，当该引脚信号上升沿到时，把 RL0～RL7 的数据存入先进先出存储器（FIFO）中。

OUT_A0～OUT_A3：通常作为显示信号的高 4 位输出线。

OUT_B0～OUT_B3：通常作为显示信号的低 4 位输出线。

$\overline{\text{BD}}$：显示熄灭输出线，低电平有效。当其等于 0 时将显示全熄灭。

2）8279 的内部结构

8279 的内部结构图如图 7-24 所示。

（1）数据缓冲器。

数据缓冲器是内部总线到外部总线的双向缓冲器，用来传送 8279 和微处理器之间的信息。

图 7-24　8279 的内部结构图

（2）I/O 控制。

I/O 控制如表 7-3 所示。

表 7-3　I/O 控制

$\overline{CS}$	$\overline{WR}$	$\overline{RD}$	A0	操作
0	0	1	0	写显示 RAM（写数据）
0	0	1	1	写命令字
0	1	0	0	读 FIFO RAM 或显示 RAM
0	1	0	1	读状态字

（3）控制与定时寄存器及定时控制。

控制与定时寄存器：用于寄存键盘及显示器工作方式，锁存操作命令，通过译码产生相应的控制信号，使 8279 的各个部件完成一定的控制功能。

定时控制：含有一个可编程的 5 位计数器，对外部输入的时钟信号进行分频，产生 100kHz 的内部定时信号。外部时钟输入信号的周期不小于 500ns。

（4）扫描计数器。

扫描计数器有两种工作方式，分别为译码方式和编码方式，由编程设定。

① 译码方式：对扫描计数器的最低两位进行解码，并提供一个经过解码的扫描信号（四选一），由 SL0～SL3 输出，作为键盘及显示器的扫描信号（任何时刻，SL0～SL3 只有一根线是低电平，实现四选一）。

② 编码方式：在这种方式下提供二进制计数，由外部对计数值进行译码，以便为键盘或显示提供扫描线（实现十六选一）。

（5）回复缓冲器。

回复缓冲器具有锁存功能，用来对 8 条回送线上的信息进行缓冲和锁存，在键盘方式中，这些回送线被逐个扫描，以寻找出在该行中被按下的键。若去抖动电路找到某一被按下的键，则等待 10ms，以检查此键是否确实被按下。若键保持闭合，则该键在阵列中的地址，加上 SHIFT 及 CONTROL 状态一起被送入 FIFO 中。在扫描传感器阵列中，回送线的内容在每次按键扫描时被直接存储到传感器 RAM 的相应单元中去。在选通输入方式中，回送线的内容在 CNTL/STB 信号的脉冲上升沿被送到 FIFO。

（6）FIFO/传感器 RAM。

FIFO/传感器 RAM 是双功能 8×8RAM，用于存储按键数据。在键盘输入方式或选通输入方式中，FIFO 中的每一条新的进入信息都先被顺序写入相应的 RAM 中，然后又按写入的顺序读出。FIFO 状态则跟踪 FIFO 中字符数目，并监视着 FIFO 是"满"还是"空"。在扫描传感器阵列下，该存储器用作传感器 RAM，传感器 RAM 的每一位代表传感器对应的状态。在这种方式中，若检测出某一位的变化，则 IRQ 信号即变为高电平。

（7）显示 RAM 及地址寄存器。

显示 RAM 16×8 位：存储字符的字形码，显示时，从 OUT_A3～OUT_A0 和 OUT_B3～OUT_B0 输出。它们既可单独送数，也可组成一个 8 位的字节。

显示地址寄存器：显示 RAM 的内部地址，可由命令直接设定，或设置为每次读/写后自动加 1。

2．键盘扫描基本原理

非编码式键盘工作原理通常分为两种：一种是行扫描法，另一种是线反转法。

行扫描法是通过行线发出低电平信号的方法，如果该行线所连接的按键没有被按下的话，则列线所接端口得到的是全"1"信号，如果有按键被按下的话，则得到非全"1"信号。找到闭合键后，读入相应的键值，再转至相应的键处理程序。

线反转法先将行线作为输出线，列线作为输入线，行线输出全"0"信号，读入列线的值，然后将行线和列线的输入与输出关系互换，并将刚读到的列线值从列线所接的端口输出，再读取行线的输入值。那么在闭合键所在的行线上输出值必为"0"。这样，当一个按键被按下时，必定可读到一对唯一的行列值，从而确定唯一的键号。

通过对比以上两种方法并结合实际情况，本设计使用行扫描法，即首先利用程序不断扫描键盘是不是有按键被按下，若有按键被按下，回复缓冲器缓冲并锁存行列式键盘的列输入线。在逐行列扫描时，回复线用来搜寻每一行列中闭合的按键，当某一按键闭合时，去抖电路被置位，延时等待 10ms 后，再检查该按键是否仍处在闭合状态，如不是闭合状态，则当作干扰信号不予理睬，如是闭合状态，则将该按键的列扫描码、行回复码、引脚 CNTL 和引脚 SHIFT 的状态（两个独立附加的开关）一起形成键盘数据被送入内部存储器，完成输入，利用汇编的程序核对输入按键的数值，并将储存内容显示到 LED 显示器上。

7.2.3 硬件设计

8279 的 SL0～SL2 输出 000～111 循环渐变的编码信号，此信号经 3～8 译码器产生 8 个数码管的位选信号，对应某个数码管位选信号代码，OUT_A0～OUT_A3 和 OUT_B0～OUT_B3 输出显示管显示段码，依次循环操作，则可显示 8 位数字或字符。SL0～SL2 信号经 3～8 译码器产生键盘行扫描信号。8279 通过 RL0～RL7 线不断采集键盘矩阵列信号，当有按键被按下时，8279 将 SL2～SL0 行扫描编码值和 RL0～RL7 列反馈编码值组合成键值存入 FIFO，并向微处理器发送中断申请信号。微处理器响应中断后，进入中断服务处理程序，读取存在 8279 FIFO 微处理器中的键值。键盘显示控制器总设计图如图 7-25 所示。其中，地址锁存电路模块如图 7-26 所示。键盘矩阵模块如图 7-27 所示。

图 7-25 键盘显示控制器总设计图

图 7-26　地址锁存电路模块

图 7-27　键盘矩阵模块

7.2.4　软件实现

程序设计流程图如图 7-28 所示。

（a）按键显示流程图

图 7-28　程序设计流程图

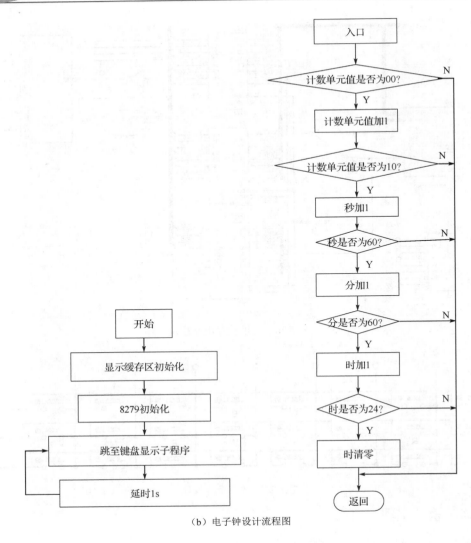

（b）电子钟设计流程图

图 7-28　程序设计流程图（续）

汇编语言键盘显示源程序代码：

```
.MODEL SMALL
.8086
.STACK
.CODE
.STARTUP
PORT EQU 0200H
INIT_8279:MOV DX,PORT+2    ；8279 命令（状态口）地址
MOV AL,02H                 ；8 位，左入，编码扫描键盘，2 键封锁
OUT DX,AL
MOV AL,34H                 ；时钟 2 分频
OUT DX,AL
MOV AL,0D7H                ；清除显示 RAM，清 0
OUT DX,AL
```

```
    WAIT1:IN AL,DX
    AND AL,80H
    JNZ WAIT1
    LOP:CALL DISP
    KEY:MOV DX,PORT+2          ；8279 命令（状态口）地址
    IN AL,DX
    AND AL,0FH
    JZ KEY                    ；有键按下
    MOV AL,40H                ；读 FIFO 键盘缓冲区
    OUT DX,AL
    MOV DX,PORT               ；8279 数据口地址
    IN AL,DX
    AND AL,3FH
    MOV KEY_TEMP,AL           ；暂存键盘号
    MOV AL,DISP_BUF+1         ；显示数码内容左移
    MOV DISP_BUF,AL
    MOV AL,DISP_BUF+2         ；显示数码内容左移
    MOV DISP_BUF+1,AL
    MOV AL,DISP_BUF+3         ；显示数码内容左移
    MOV DISP_BUF+2,AL
    MOV AL,DISP_BUF+4         ；显示数码内容左移
    MOV DISP_BUF+3,AL
    MOV AL,DISP_BUF+5         ；显示数码内容左移
    MOV DISP_BUF+4,AL
    MOV AL,DISP_BUF+6         ；显示数码内容左移
    MOV DISP_BUF+5,AL
    MOV AL,DISP_BUF+7          ；显示数码内容左移
    MOV DISP_BUF+6,AL
    MOV AL,KEY_TEMP           ；恢复键盘号
    MOV DISP_BUF+7,AL
    JMP LOP
    KEY1:
    MOV DX,PORT+2             ；8279 命令（状态口）地址
    IN AL,DX
    AND AL,0FH
    JZ KEY1                   ；有键按下
    MOV AL,40H
    OUT DX,AL
    MOV DX,PORT              ；8279 数据口地址
    IN AL,DX
    AND AL,3FH
    MOV KEY_TEMP,AL          ；暂存键盘号
    MOV BYTE PTR DISP_BUF+0,10H  ；消隐
    MOV BYTE PTR DISP_BUF+1,10H  ；消隐
```

```
MOV BYTE PTR DISP_BUF+2,10H   ; 消隐
MOV BYTE PTR DISP_BUF+3,10H   ; 消隐
MOV BYTE PTR DISP_BUF+4,10H   ; 消隐
MOV BYTE PTR DISP_BUF+5,10H   ; 消隐
MOV BYTE PTR DISP_BUF+6,10H   ; 消隐
MOV AL,KEY_TEMP               ; 恢复键盘号
MOV DISP_BUF+7,AL
JMP LOP
DISP PROC NEAR
MOV DX,PORT+2                      ; 8279 命令（状态口）地址
MOV AL,90H                         ; 8 位，左入，编码扫描键盘，2 键封锁
OUT DX,AL
LEA SI,DISP_BUF
MOV DX,PORT                        ; 8279 数据口地址
MOV CX,8
LEA BX,TAB1
DL0:
MOV AL,[SI]
XLAT
OUT DX,AL
INC SI
LOOP DL0
RET
DISP ENDP
.DATA
KEY_TEMP DB ?
DISP_BUF DB 8 DUP (10H)              ; 显示缓冲区
TAB1 DB 3FH,06H,5BH,4FH,66H,6DH,7DH,07H   ; 共阴极数码管段码表
     DB 7FH,6FH,77H,7CH,39H,5EH,79H,71H
     DB 6FH,54H,73H,31H,3EH,6EH,72H,00H
END
```

汇编语言电子钟源程序代码：

```
.MODEL SMALL
.8086
.STACK
.CODE
.STARTUP
 PORT EQU 0200H
INIT_8279:MOV DX,PORT+2           ; 8279 命令（状态口）地址
MOV AL,00H                        ; 8 位，左入，编码扫描键盘，2 键封锁
OUT DX,AL
MOV AL,34H                        ; 时钟 2 分频
OUT DX,AL
```

```
        MOV AL,0D7H                        ; 清除显示 RAM, 清 0
        OUT DX,AL
        WAIT1:
        IN AL,DX
        AND AL,80H
        JNZ WAIT1
        LOP:
        CALL DISP
        CALL DELAY
        MOV BX,OFFSET DISP_BUF
        INC BYTE PTR[BX+7]                 ; 秒个位加 1
        CMP BYTE PTR[BX+7],0AH
        JNE LOP
        MOV BYTE PTR[BX+7],0
        INC BYTE PTR[BX+6]                 ; 秒十位加 1
        CMP BYTE PTR[BX+6],06H
        JNE LOP
        MOV BYTE PTR[BX+6],0
        INC BYTE PTR[BX+4]                 ; 分个位加 1
        CMP BYTE PTR[BX+4],0AH
        JNE LOP
        MOV BYTE PTR[BX+4],0
        INC BYTE PTR[BX+3]                 ; 分十位加 1
        CMP BYTE PTR[BX+3],06H
        JNE LOP
        MOV BYTE PTR[BX+3],0
        INC BYTE PTR[BX+1]                 ; 时个位加 1
        CMP BYTE PTR[BX],02H
        JE HOUR4
        CMP BYTE PTR[BX+1],0AH
        JNE LOP
        MOV BYTE PTR[BX+1],0
        INC BYTE PTR[BX]                   ; 时十位加 1
        JNE LOP
        HOUR4:CMP BYTE PTR[BX+1],04H
        JNE LOP
        MOV BYTE PTR[BX+1],0               ; 时个位清 0
        MOV BYTE PTR[BX],0                 ; 时十位清 0
        JNE LOP
        DELAY PROC NEAR                    ; 延时子程序
        PUSH BX
        PUSH CX
        MOV BX,200
        LP1:MOV CX,469
```

```
LP2:LOOP LP2
DEC BX
JNZ LP1
POP CX
POP BX
RET
DELAY ENDP
DISP PROC NEAR
MOV DX,PORT+2              ;8279 命令（状态口）地址
MOV AL,90H                 ;8 位，左入，编码扫描键盘，2 键封锁
OUT DX,AL
LEA SI,DISP_BUF
MOV DX,PORT               ;8279 数据口地址
MOV CX,8
LEA BX,TAB1
DL0:
MOV AL,[SI]
XLAT
OUT DX,AL
INC SI
LOOP DL0
RET
DISP ENDP
.DATA
DISP_BUF DB 00H,00H,10H,00H,00H,10H,00H,00H  ;时－分－秒
TAB1 DB 3FH,06H,5BH,4FH,66H,6DH,7DH,07H       ;共阴数码管段码
     DB 7FH,6FH,77H,7CH,39H,5EH,79H,71H
     DB 40H
END
```

7.2.5　系统仿真

结合 7.1.6 节的调试方法本实例同样应用 MASM32 编译器汇编生成.EXE 文件，即打开 MASM 3C 编辑器，新建.ASM 文档，输入上述参考程序并存入当前工作目录；新建"build.bat"编译批处理文档并存入当前工作目录。单击"File"菜单下的"CMD Prompt"，转到 DOS 当前工作目录，执行 bulid 批处理直至没有编译和连接错误。最后在 PROTEUS 软件中打开电路图，添加键盘显示程序生成的.EXE 可执行程序。

将 8086 时钟频率设置为 1200kHz，单击矩阵键盘，显示屏上会显示相应的数字或字符，本次设计使用 3×8 矩阵键盘，可以输入 0～9 十个数字及 A～R 13 个字符，还有一个清屏按键，显示空白，即可每次从右向左消掉一个数字或字符。图 7-29 所示为键盘显示电路仿真图，顺次单击矩阵键盘上的"F、1、9、2、5、8、9、F"，屏幕上会对应显示"F、1、9、2、5、8、9、F"。

同样设置 8086 的时钟频率为 1200kHz，根据上述方法加载电子钟程序生成的.EXE 可执行程序，电子钟显示格式为 XX—XX—XX，由左到右分别为时、分、秒。

图 7-29　键盘显示电路仿真图

C 键：清除，显示全零。

G 键：启动，电子钟计时。

D 键：停止，电子钟停止计时。

8279 电子钟电路仿真图如图 7-30 所示，此时电子钟计时为 1 分 4 秒。

图 7-30　8279 电子钟电路仿真图

思考与练习

（1）简述 8253 与 8279 的基本工作原理。

（2）简述键盘扫描的基本原理。

第8章 DSP 应用设计实例

8.1 基于 TMS320F28027 的 I²C 总线读写设计

8.1.1 设计要求

基于 I²C（Inter-Integrated Circuit）（也可简写为 I2C）总线协议传输 8 位数据，将传输的结果显示在 2 位七段数码管上，并通过 I²C 调试器观察总线上的活动。

8.1.2 设计原理

1. 系统框图

系统框图如图 8-1 所示，利用 8 位拨码开关进行数据输入，根据I²C 总线协议，将输入的数据转化为 2 位 16 进制数，以实时显示在七段数码管上。

图 8-1 系统框图

2. I²C 总线简介

I²C 总线是一种由 PHILIPS（飞利浦）公司开发的两线式串行总线，用于连接微控制器及其外围设备，是目前应用十分广泛的串行外围扩展总线。

1）I²C 总线特点

I²C 总线最主要的特点是简单性和有效性。由于接口直接接在组件上，因此 I²C 总线占用的空间非常小，减少了电路板的空间和芯片引脚的数量，降低了互联成本。总线的长度可达 25 英尺（1 英尺=30.48 厘米），并且能够以 10kbp/s 的最大传输速率支持 40 个组件。I²C 总线的另一个优点是，它支持多主控（Multimastering），其中任何能够进行发送和接收的设备都可以成为主总线。一个主控能够控制信号的传输和时钟频率，并且在任何时间点上只能有一个主控。

2）总线工作原理

I²C 总线由串行数据线（SDA）和串行时钟线（SCL）所构成，即可发送和接收数据。因需要，要求所有挂接在 I²C 总线上的元器件和接口电路都应该具有 I²C 总线接口，且所有的 SDA/SCL 同名端相连。总线上所有元器件都有唯一的地址。依靠 SDA 发送的地址信号寻址，不需要片选线。总线的长度可达 7.6m，传送速度可达 400kbp/s，标准速率为 100kbp/s，支持多个组件，支持多主控器件（某时刻只能有一个主控器件）。I²C 总线上所有设备的 SDA 和 SCL 的引脚必须外接上拉电阻。

3）I²C 总线信号的时序

I²C 总线上传输的数据和地址字节都为 8 位，且高位在前，低位在后。I²C 总线以起始信号为启动信号，接着传输的是地址和数据字节，数据字节的位数不限，但每个字节后都必须跟随一个应答位，以终止信号表示全部数据传输结束。I²C 总线的一次完整的数据传输格式如图 8-2 所示。

图 8-2　I²C 总线的一次完整的数据传输格式

起始条件（START）：当时钟引脚（SCL）为高电平时，数据引脚（SDA）的电平由高变低，主设备发出起始条件，显示一次数据传输开始。

终止条件（STOP）：当时钟引脚（SCL）为高电平时，数据引脚（SDA）的电平由低变高，主设备发出停止条件，显示一次数据传输停止。

应答信号：I²C 总线上的所有数据都是以 8 位字节传送的，发送器每发送一个字节，就在时钟脉冲 9 期间释放数据线，由接收器反馈一个应答信号。应答信号为低电平时，规定为有效应答位（ACK），表示接收器已经成功接收了该字节；应答信号为高电平时，规定为非应答位（NACK），一般表示接收器接收该字节没有成功。

数据位传送：在 I²C 总线上传送的每一位数据都有一个时钟脉冲相对应（或同步控制），即在 SCL 串行时钟的配合下，在 SDA 上逐位地串行传送每一位数据。进行数据传送时，在 SCL 呈高电平期间，SDA 上的电平必须保持稳定，低电平为数据 0，高电平为数据 1。只有在 SCL 为低电平期间，才允许 SDA 上的电平改变状态。数据位的传送是边沿触发。

3. TMS320F2802x 的内部集成电路（I²C）模块

F2802x Piccolo™系列微控制器为 C28x 内核供电，此内核与低引脚数量元器件中的高集成控制外设相耦合。该系列的代码与以往基于 C28x 的代码相兼容，并且提供了很高的模拟集成度；一个内部电压稳压器允许单一电源轨运行；对 HRPWM 模块实施了改进，以提供双边缘控制（调频）；增设了具有内部 10 位基准的模拟比较器，并可直接对其进行路由，以控制 PWM 输出。ADC 可在 0～3.3V 固定全标度范围内进行转换操作，并支持公制比例 VREFHI / VREFLO 基准。ADC 接口专门针对低开销/低延迟进行了优化。

1）I²C 模块的主要特性（符合飞利浦半导体 I²C-bus 规范）

（1）支持 8 比特数据传输。

（2）7 位和 10 位地址模式。

（3）广播功能。

（4）起始位模式。

（5）支持主发和从收复用。

（6）支持从发和主收复用。

（7）集成主发/收和收/发模式。

（8）数据传输速率从 10kbp/s 到 400kbp/s。

（9）一个 16 位接收 FIFO 和一个 16 位发送 FIFO。

（10）模块使能/禁止。

（11）自由的数据格式模式。

2）I^2C 模块的主要组成

I^2C 模块主要由以下各部分组成。I^2C 模块图如图 8-3 所示。

（1）串行接口：一个数据引脚（SDA）和一个时钟引脚（SCL）。

（2）时钟同步：用于同步 I^2C 输入时钟和 SCL 引脚上的时钟信号，同时在不同时钟速率的主设备之间同步数据传输。

（3）外围总线接口：使微处理器存取 I^2C 模块的寄存器和 FIFO。

（4）数据保存：数据寄存器和数据 FIFO 临时保存在数据引脚与微处理器之间接收和发送的数据。

（5）预分频器：把输入的时钟频率分频用于驱动 I^2C 模块。

（6）仲裁器：用于在 I^2C 模块（设置为主设备）和另外的主设备上进行仲裁。

（7）FIFO 中断逻辑判断：在 I^2C 模块中，FIFO 存取可以和数据接收与数据发送同步。

图 8-3　I^2C 模块图

I^2CDXR 是发送缓存，I^2CXSR 是发送移位寄存器。总线上的数据送到 I^2CDXR 后，被复制到 I^2CXSR，按位移出，送到 SDA，先移出的位是最高位。I^2CDRR 与 I^2CRSR 分别是接收缓存和接收移位寄存器，负责将 SDA 上的数据移入，合并成字节后，放到接收缓存，并将数据发送到数据总线。

3）时钟产生

I^2C 时钟模块如图 8-4 所示。DSP 输入时钟为 DSP 系统的外接时钟，本书设计的系统时钟频率为 10MHz，PLLCR 为系统的锁相环，先对外接时钟分频，锁定时钟，然后按照不同的分频系数，分出三个时钟，供 TMS320F28027 使用，其中的一个输出到 I^2C 模块，I^2C 模块先根据 IPSC 的值将时钟预分频，分频后的时钟供 I^2C 模块使用，同时根据 ICCL 与 ICCH 的值再将时钟分频，分别控制 SCL 的低电平与高电平周期，生成的 I^2C 模块时钟为了满足所有的 I^2C 协议时钟规范，模块的时钟信号必须被配置在 7～12M。模块时钟可由式（8-1）计算最终频率：

$$\text{模块时钟频率}=I^2C\text{ 输入时钟频率}\div(IPSC+1) \qquad\qquad (8\text{-}1)$$

图 8-4　I^2C 时钟模块

　　预分频器必须只能在 I^2C 模块为复位状态时（I^2CMDR 寄存器中 IRS＝0）被初始化，分频后的频率在 IRS 置 1 的时候才有效，当 IRS 为高电平的时候，改变 IPSC 的值是没有任何效果的。

　　当 I^2C 模块在 I^2C 总线上被配置为主设备时，主时钟从 SCL 输出，时钟控制 I^2C 模块和全设备的通信开始计时，从图 8-4 中可以看出，I^2C 模块中的第二个时钟分频率器对模块时钟进行分频，产生主设备时钟信号，时钟分频器设置 I^2CCLKL 寄存器的 ICCL 值对模块时钟信号源的低电平部分进行分频，设置 I^2CCLKH 寄存器的 ICCH 值对模块时钟信号源的高电平部分进行分频。

　　4）I^2C 模块操作方式

　　I^2C 模块作为主设备或从设备时有四种基本的操作方式用于支持数据传输，分别是主发送模式、从发送模式、主接收模式、从接收模式。在数据传输期间，主器件和从器件始终处于从发送模式反的工作模式（发送器/接收器）。

　　（1）主发送模式：I^2C 模块作为主设备，并向从设备发送数据。所有的主设备一开始工作在这个模式，由 7 位或 10 位地址组成的数据从 SDA 脚移出，比特位移出速率和 I^2C 模块在 SCL 脚产生时钟信号同步，发送一个字节的数据后，发送寄存器空（XSMT＝0）时，SCL 脚被模块拉低。

　　（2）从发送模式：I^2C 模块作为从设备，并向主设备发送数据。只能从从接收模式进入该模式，I^2C 首先必须从主设备接收一个命令，当发送的 7 位或 10 位地址模式的地址和 I^2C 模块内部的本地址（I2COAR）相一致，同时主设备发送的读/写（R/W）位为 1 时，I^2C 模块就进入从发送模式。I^2C 模块作为从发送模式，在主设备产生的时钟脉冲下，从 SDA 脚发送串行数据；I^2C 模块作为从设备，I^2C 模块不产生时钟信号，发送一个字节的数据后，发送寄存器空（XSMT=0）时，SCL 脚被模块拉低。

　　（3）主接收模式：I^2C 模块作为主设备，并从从设备接收数据。只能从主发送模式进入该模式。I^2C 模块首先向从设备发送一个命令，发送 7 位或 10 位的地址和读/写位（R/W）为 1 后，I^2C 模块就进入主接收模式，在 I^2C 产生的时钟脉冲下，SDA 脚接收串行数据移入模块内部并寄存在从器件中，接收到一个字节的数据后，接收寄存器满（RSFULL＝1）时，SCL 脚被模块拉低。

　　（4）从接收模式：I^2C 模块作为从设备，并从主设备接收数据。所有的从设备一开始工作在这个模式，在主设备产生的时钟脉冲下，从 SDA 脚接收串行数据；作为从设备，I^2C 模块不产生时钟信号，接收到一个字节的数据后，接收寄存器满（RSFULL＝1）时，SCL 脚被模块拉低。

如果 I²C 模块工作在主设备中，开始工作在主发送模式，发送一个地址给特定的从设备，当在给从设备发送数据时，I²C 模块必须仍然保持在主发送模式；为了从从设备中接收数据，I²C 模块必须改为主接收模式；如果 I²C 模块工作在从设备中，开始工作在从接收模式，识别到从主设备发送来的从地址时，就做出应答，如果主设备向 I²C 模块发送数据，模块必须保持在从接收模式；如果主设备从 I²C 模块读取数据，模块必须改为从发射模式。

4．I²C 调试器

PROTEUS 软件的 I²C 调试器可以很方便地用来监视 I²C 接口，与 I²C 接口交互，既可以监视 I²C 总线上数据的传送，也可以对 I²C 总线发送数据或是从 I²C 总线上接收数据。在设计 I²C 控制程序时，它既可以作为调试工具又可以作为开发和测试的辅助手段。

I²C 调试器（ISIS）中元器件界面非常简单，如图 8-5 所示。

SDA 引脚：双向引脚，用于连接 I²C 总线的数据线。

SCL 引脚：双向引脚，用于连接 I²C 总线的时钟线。

TRIG 引脚：输入引脚，用于触发一系列连续的储存数据到输出队列。

当仿真暂停或运行时，I²C 调试器的元器件界面将会出现，它包括输入数据的显示、预定义序列表、缓冲/队列的序列表、序列输入窗口等。

图 8-5 I²C 调试器

8.1.3 硬件设计

I²C 总线读写设计电路图如图 8-6 所示。GPIO0～GPIO7 连接 8 位拨码开关，GPIO12～GPIO18 和 GPIO32～GPIO35 分别连接七段数码管进行数据传输，SDA 和 SCL 接上拉电阻。通过 I²C 调试器监视 I²C 总线上数据的传送过程。

图 8-6 I²C 总线读写设计电路图

8.1.4　软件实现

1．主程序流程图

主程序流程图如图 8-7 所示。

图 8-7　主程序流程图

2．主程序源代码

主程序源代码如下：

```
void main(void)
{   InitSysCtrl();
    InitGpioCtrls();
    InitI2CGpio();
    DINT;
    InitPieCtrl();
    IER = 0x0000;
    IFR = 0x0000;
    InitPieVectTable();
    EALLOW;          // This is needed to write to EALLOW protected registers
    PieVectTable.I2CINT1A = &i2c_int1a_isr;
    EDIS;            // This is needed to disable write to EALLOW protected registers
```

```
        PieCtrlRegs.PIEIER8.bit.INTx1 = 1;
        IER |= M_INT8;
        EINT;
        dt_rdy = 0;
        dt_rx = 0;
        set_7seg_data(0);                                // Application loop
        for(;;)
        { if (dt_rdy)
          { dt_rdy = 0;
            set_7seg_data(dt_rx);
          }
          if (I2caRegs.I2CSTR.bit.XRDY)
          { dt_tx = get_res_data();
            I2caRegs.I2CDXR = dt_tx;
            set_7seg_data(dt_tx);
          }
        }
    }                                                    // end of main
I2C 初始化:
    void I2CA_Init(void)
    {
      #if (CPU_FRQ_40MHz||CPU_FRQ_50MHz)
        I2caRegs.I2CPSC.all = 4;                    // Prescaler - need 7-12 Mhz on
module clk
      #endif
      #if (CPU_FRQ_60MHz)
        I2caRegs.I2CPSC.all = 6;                    // Prescaler - need 7-12 Mhz on
module clk
      #endif
      I2caRegs.I2CCLKL = 10;                    // NOTE: must be non zero
      I2caRegs.I2CCLKH = 5;                     // NOTE: must be non zero
      I2caRegs.I2COAR = I2C_SLAVE_ADDR;
    // I2caRegs.I2CMDR.all = 0x0000;    // SLAVE, 8bits per data byte, TRX is
don't care
      I2caRegs.I2CCNT = 1;                  // Get 1 byte
      I2caRegs.I2CIER.all = 0x18;          // Clear interrupts (was 0)
      I2caRegs.I2CSTR.bit.RRDY = 1;        // Clear flag
      I2caRegs.I2CIER.bit.RRDY = 1;            // Enable Receive Interrupt
    I2caRegs.I2CMDR.all = 0x0020;        // Take I2C out of reset
      return;
    }
    interrupt void i2c_int1a_isr(void)
    {  Uint16 IntSource;
      IntSource = I2caRegs.I2CISRC.all;                // Interrupt source = stop
```

```
condition detected
    if(IntSource == I2C_RX_ISRC)
    {   dt_rdy = 1;                          // Data received
      dt_rx = I2caRegs.I2CDRR;
    }                                   // end of stop condition detected
    PieCtrlRegs.PIEACK.all = PIEACK_GROUP8;
  }
  void InitGpioCtrls(void)
  {
    EALLOW;
    GpioCtrlRegs.GPAMUX1.all = 0x0000;      // GPIO functionality GPIO0-GPIO15
    GpioCtrlRegs.GPAMUX2.all = 0x0000;      // GPIO functionality GPIO16-GPIO31
    GpioCtrlRegs.GPBMUX1.all = 0x0000;      // GPIO functionality GPIO32-GPIO34
    GpioCtrlRegs.AIOMUX1.all = 0x0000;       // Dig.IO funct. applies to
AIO2,4,6,10,12,14
    GpioCtrlRegs.GPADIR.all = 0xFFFFFFF0;   // GPIO0-GPIO7 are GP inputs,
GPIO8-GPIO31 are outputs
    GpioCtrlRegs.GPBDIR.all = 0xFFFFFFFF;     // GPIO32-GPIO35 are outputs
    GpioCtrlRegs.AIODIR.all = 0x00000000;         // AIO2,4,6,19,12,14 are
digital inputs
    // Each input can have different qualification
    // a) input synchronized to SYSCLKOUT
    // b) input qualified by a sampling window
    // c) input sent asynchronously (valid for peripheral inputs only)
    GpioCtrlRegs.GPAQSEL1.all = 0x0000;   // GPIO0-GPIO15 Synch to SYSCLKOUT
    GpioCtrlRegs.GPAQSEL2.all = 0x0000;   // GPIO16-GPIO31 Synch to SYSCLKOUT
    GpioCtrlRegs.GPBQSEL1.all = 0x0000;   // GPIO32-GPIO34 Synch to SYSCLKOUT
    // Pull-ups can be enabled or disabled.
  //  GpioCtrlRegs.GPAPUD.all = 0x0000;      // Pullup's enabled GPIO0-GPIO31
  //  GpioCtrlRegs.GPBPUD.all = 0x0000;      // Pullup's enabled GPIO32-GPIO34
    GpioCtrlRegs.GPAPUD.all = 0xFFFFFFFF;       // Pullup's disabled GPIO0-
GPIO31
    GpioCtrlRegs.GPBPUD.all = 0xFFFFFFFF;       // Pullup's disabled GPIO32-
GPIO34
    EDIS;
  }                                    // 12,16,17,18 - GPA; 32,33,34,35 - GPB
  void set_7seg_data(char ch)
  { if (ch & 0x01)
      GpioDataRegs.GPASET.bit.GPIO12 = 1;
    else
      GpioDataRegs.GPACLEAR.bit.GPIO12 = 1;
    if (ch & 0x02)
      GpioDataRegs.GPASET.bit.GPIO16 = 1;
    else
```

```
                    GpioDataRegs.GPACLEAR.bit.GPIO16 = 1;
    if (ch & 0x04)
            GpioDataRegs.GPASET.bit.GPIO17 = 1;
        else
            GpioDataRegs.GPACLEAR.bit.GPIO17 = 1;
    if (ch & 0x08)
            GpioDataRegs.GPASET.bit.GPIO18 = 1;
        else
            GpioDataRegs.GPACLEAR.bit.GPIO18 = 1;
    if (ch & 0x10)
            GpioDataRegs.GPBSET.bit.GPIO32 = 1;
        else
            GpioDataRegs.GPBCLEAR.bit.GPIO32 = 1;
    if (ch & 0x20)
            GpioDataRegs.GPBSET.bit.GPIO33 = 1;
        else
            GpioDataRegs.GPBCLEAR.bit.GPIO33 = 1;
    if (ch & 0x40)
            GpioDataRegs.GPBSET.bit.GPIO34 = 1;
        else
            GpioDataRegs.GPBCLEAR.bit.GPIO34 = 1;
    if (ch & 0x80)
            GpioDataRegs.GPBSET.bit.GPIO35 = 1;
        else
            GpioDataRegs.GPBCLEAR.bit.GPIO35 = 1;
    }
char get_res_data()
    { return GpioDataRegs.GPADAT.all & 0x000000FF;
    }
```

8.1.5　系统仿真

通过 GPIO0～GPIO7 连接 8 位拨码开关（接上拉电阻），GPIO12～GPIO18 和 GPIO32～GPIO35 分别连接七段数码管进行数据传输，SCL 和 SDA 接上拉电阻。图 8-8 中的电路控制 8 位拨码开关 DSW1（OFF 为 0，ON 为 1），通过 TMS320F2802x 的内部集成电路（I²C）模块，在七段数码显示管上输出 2 位十六进制数据，且高位在前，低位在后，输出的数据与拨码开关一一对应。通过 I²C 调试器监视 I²C 总线上数据的传送。系统仿真图如图 8-8 所示。

当仿真暂停或运行后，会出现 I²C 调试器监视窗口，如图 8-9 所示，如果没有出现监视窗口的话，在 PROTEUS ISIS 界面菜单栏中的"Debug"菜单里选择"I²C debugger"，即可打开。I²C 调试器监视窗口第一行的数据"S C1 A 10 N P"为一次数据传输时序，由该数据可知 I²C 总线数据传送的详细情况：主机发送起始条件 S 后先发送地址 C1（读），然后发送应答信号，接着发送传输的数据 10，再发送非应答信号 N，最后主机发送终止条件 P。若系统运行不正常，通过查看 I²C 调试器监视窗口可方便地发现具体是哪个 I²C 子程序及该子程序的哪一程序段发生了错误，从而有针对性地进行修改，直至调试成功。

图 8-8   系统仿真图

图 8-9   I²C 调试器监视窗口

8.2　PID 温度控制器的设计

8.2.1　设计要求

用 TMS320F2802x 设计实现基于 PID 算法的温度控制器。

8.2.2　设计原理

1. 设计结构图

系统框图如图 8-10 所示，温度传感器实时测量实际温度，温度值通过 A/D 转化成数字信号，此信号作为 PID 算法的反馈输入。通过虚拟终端可以输入希望到达的温度，它将作为 PID 算法的参考输入，并且虚拟终端和 DSP 之间通过 SCI 接口进行通信。经过 PID 算法输出后，通过 ePWM 模块来控制温控设备（OVEN）的运行。PID 控制系统原理框图如图 8-11 所示。

图 8-10　系统框图

图 8-11　PID 控制系统原理框图

2. TMS320F2802x 片上相关模块的工作原理

1）ePWM 模块

ePWM 外设能够在占用很少的微处理器资源的情况下产生复杂的脉冲信号，其灵活的特点需要根据具体应用进行编程设置。ePWM单元需要根据时序和控制需求对每个通道独立设置，避免了各通道之间的相互依赖，这种相互独立的结构为应用提供了更高的灵活性。ePWM 模块主要包括以下几个部分：

（1）时间基准模块（Time-Base Module）。

（2）计数器比较模块（Counter Compare Module）。

（3）动作限定模块（Action Qualitier Module）。

（4）死区产生模块（Dead-Band Module）。

（5）PWM 斩波模块（PWM Chopper Module）。

（6）制动模块（Trip Zone Module）。

（7）事件触发模块（Event Trigger Module）。

（8）数字比较模块（Digital Compare Module）。

ePWM 模块的每个 PWM 通道都由两个 PWM 输出组成，即 ePWMxA 和 ePWMxB。一个器件中集成了多个 ePWM 通道。为了能够输出更高精度的 PWM 信号，该模块还提供了 HRPWM 子模块。ePWM 模块的所有通道采用时间同步模式，在必要的情况下，可以类似在一个通道内进行操作。此外，还可以利用捕捉单元（eCAP）进行通道间的同步控制。

2）串行通信接口（SCI）模块

串行通信接口是采用双线通信的异步串行通信接口，即通常人们所说的 UART 口。为减少串口通信时微处理器的开销，支持 16 级接收和发送 FIFO。SCI 模块采用标准非归零数据格式，可以与微处理器或其他通信数据格式兼容的异步外设进行数字通信。当不使用 FIFO 时，SCI 接收器和发送器采用双缓冲传送数据，SCI 接收器和发送器有自己的独立使能和中断位，可以独立操作，在全双工模式下也可以同时操作。为保证数据完整，SCI 模块对接收的数据进行间断、极性、超限和帧错误检测。通过对 16 位的波特率控制寄存器进行编程，配置不同的 SCI 通信速率。每个 SCI 模块的特性如下。

（1）两个外部引脚。

① SCITXD：SCI 发送—输出引脚。

② SCIRXD：SCI 接收—输入引脚。

注释：两个引脚如果不被用于 SCI 的话，可被用于 GPIO。

③ 波特率被设定为 64k 内的不同速率。

（2）数据—字格式。

① 一个开始位。

② 数据的字长度可被设定为 1 至 8 位。

③ 可选偶/奇/无奇偶校验位。

④ 一个或两个停止位。

（3）四个错误检测标志：奇偶、超载、组帧、中断检测。

（4）两个唤醒多处理器模式：空闲线路和地址位。

（5）半双工或全双工运行。

（6）双缓冲接收和发送功能。

（7）可通过带有状态标志的中断驱动或轮询算法来完成发射器和接收器操作。

① 发射器：TXRDY 标志（发射缓冲寄存器已经准备好接收另外的字符）和 TX EMPTY（TX 空）标志（发射器移位寄存器已空）。

② 接收器：RXRDY 标志（接收缓冲寄存器已经准备好接收另外的字符）、BRKDT 标

志（发生了中断条件）和 RX ERROR 错误标志（监控四个中断条件）。

（8）用于发射器和接收器中断的独立使能位（除了 BRKDT）。

（9）NRZ（非归零码）格式。

（10）增强型特性。

（11）自动波特率检测硬件逻辑电路。

（12）4 级发送/接收 FIFO。

8.2.3　硬件设计

PID 温度控制器电路图如图 8-12 所示。它由温控设备模块（见图 8-13）和温度传感器模块（见图 8-14）等组成。

图 8-12　PID 温度控制器电路图

PROTEUS 软件中的 OVEN 模块是模拟加热的装置，通过加一定的电压便可以开始不停升温，直到电压要消失时则开始降温。仿真时，U 形加热器为红色表示正在加热，一直发红时将直流电压反过来接，就会制冷，并且变绿。T 端输出的是电压，温度越高，电压就越高。仿真时需要调整一下 OVEN 的时间参数，否则系统仿真的时候不收敛，界面会提示最小时间问题。

图 8-13   温控设备模块   图 8-14   温度传感器模块

温度传感器模块是使用 K 型热电偶 TCK 实现的，热电偶就是利用热点效应进行温度测量的，其中直接用作测量介质温度的一端叫作工作端（也称为测量端），另一端叫作冷端（也称为补偿端）；冷端与显示仪表或配套仪表连接，显示仪表会指出热电偶所产生的热电势。本设计中冷端接地。

8.2.4   软件实现

1．PID 算法流程图

PID 算法流程图如图 8-15 所示。

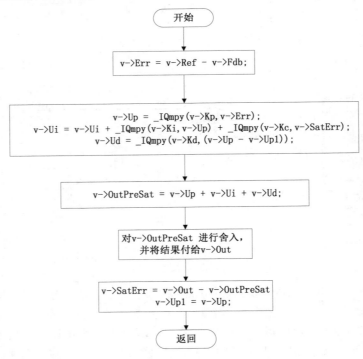

图 8-15   PID 算法流程图

2．主程序源代码

主程序流程图如图 8-16 所示。

图 8-16　主程序流程图

主程序源代码如下：

```
void main(void)
 { char *msg;
   char s[16];
   int temp_target;
   int temp_last_target;
   _iq prd;
   PIDREG3 pidstate = PIDREG3_DEFAULTS;
   initialize_peripheral();
   msg = "\r\nTdef = 50\r\nEnter target temperature...\r\n\0";
   scia_msg(msg);
   pidstate.Ref = _IQ(DEF_TEMPERATURE * TCOEF);
   pidstate.OutMax = PWM_PERIOD-1;
   pidstate.OutMin = 1;
   temp_last_target = DEF_TEMPERATURE;
   temp_target = 0;
   temp_measured = 0;
   for(;;)
    { if(read_temperature(temp_last_target, &temp_target))
      { pidstate.Err = 0;
        pidstate.Up = 0;
        pidstate.Ui = 0;
        pidstate.Ud = 0;
        pidstate.SatErr = 0;
        pidstate.Ref = _IQ(temp_target * TCOEF);
        pidstate.OutMax = PWM_PERIOD-1;
        pidstate.OutMin = 1;
        temp_last_target = temp_target;
        temp_target = 0;
       }
      pidstate.Fdb = _IQ(temp_measured);
      pid_reg3_calc(&pidstate);
      EPwm2Regs.CMPA.half.CMPA = pidstate.Out;     // 1 .. PWM_PERIOD-1
    }
 }
```

PID 算法：

```
void pid_reg3_calc(PIDREG3 *v)
 { // Compute the error
   v->Err = v->Ref - v->Fdb;                    // Compute the proportional output
  v->Up = _IQmpy(v->Kp,v->Err);                 // Compute the integral output
   v->Ui = v->Ui + _IQmpy(v->Ki,v->Up) + _IQmpy(v->Kc,v->SatErr);
   v->Ud = _IQmpy(v->Kd,(v->Up - v->Up1));   // Compute the derivative output
    v->OutPreSat = v->Up + v->Ui + v->Ud;     // Compute the pre-saturated
output
```

```
        if (v->OutPreSat > v->OutMax)
          v->Out =  v->OutMax;
      else if (v->OutPreSat < v->OutMin)
          v->Out =  v->OutMin;
      else
          v->Out =  v->OutPreSat;
          v->SatErr = v->Out - v->OutPreSat;    // Compute the saturate difference
      v->Up1 = v->Up;                  // Update the previous proportional output
    }
```

系统初始化程序：

```
void initialize_peripheral()
  {
// PLL, WatchDog, enable Peripheral Clocks
    InitSysCtrl();
// Clear all interrupts and initialize PIE vector table:
    DINT;
// Initialize PIE control registers to their default state.
// The default state is all PIE interrupts disabled and flags are cleared.
    InitPieCtrl();
    IER = 0x0000;
    IFR = 0x0000;
    InitPieVectTable();
    EALLOW;
// PERIPHERAL CLOCK ENABLES
// If you are not using a peripheral you may want to switch
// the clock off to save power, i.e. set to =0
    SysCtrlRegs.PCLKCR0.bit.ADCENCLK = 1;         // ADC
    SysCtrlRegs.PCLKCR3.bit.GPIOINENCLK = 0;// GPIO
    SysCtrlRegs.PCLKCR3.bit.COMP1ENCLK = 0; // COMP1
    SysCtrlRegs.PCLKCR3.bit.COMP2ENCLK = 0; // COMP2
    SysCtrlRegs.PCLKCR0.bit.I2CAENCLK = 0;       // I2C
    SysCtrlRegs.PCLKCR0.bit.SPIAENCLK = 0;    // SPI-A
    SysCtrlRegs.PCLKCR0.bit.SCIAENCLK = 1;    // SCI-A
    SysCtrlRegs.PCLKCR1.bit.ECAP1ENCLK = 0;  // eCAP1
    SysCtrlRegs.PCLKCR1.bit.EPWM1ENCLK = 0;      // ePWM1
    SysCtrlRegs.PCLKCR1.bit.EPWM2ENCLK = 1;      // ePWM2
    SysCtrlRegs.PCLKCR1.bit.EPWM3ENCLK = 0;      // ePWM3
    SysCtrlRegs.PCLKCR1.bit.EPWM4ENCLK = 0;      // ePWM4
    SysCtrlRegs.PCLKCR0.bit.TBCLKSYNC = 1;        // Enable TBCLK
// Timer 0
    CpuTimer0Regs.PRD.all = (long) (TMR0_FREQ * TMR0_PERIOD);
CpuTimer0Regs.TPR.all  = 0;
// Set pre-scale counter to divide by 1 (SYSCLKOUT):
    CpuTimer0Regs.TPRH.all = 0;
    CpuTimer0Regs.TCR.bit.TSS = 1;
// 1 = Stop timer, 0 = Start/Restart Timer
```

```
        CpuTimer0Regs.TCR.bit.TRB = 1;          // 1 = reload timer
        CpuTimer0Regs.TCR.bit.SOFT = 0;
        CpuTimer0Regs.TCR.bit.FREE = 0;      // Timer Free Run Disabled
        CpuTimer0Regs.TCR.bit.TIE = 1;
    // 0 = Disable/ 1 = Enable Timer Interrupt
        CpuTimer0Regs.TCR.all = 0x4001;
    // Use write-only instruction to set TSS bit = 0
    //  ADC
        AdcRegs.ADCCTL1.bit.ADCREFSEL = 0;       // Select interal BG
        AdcRegs.ADCCTL1.bit.ADCBGPWD = 1;       // Power ADC BG
        AdcRegs.ADCCTL1.bit.ADCREFPWD = 1;      // Power reference
        AdcRegs.ADCCTL1.bit.ADCPWDN  = 1;       // Power ADC
        AdcRegs.ADCCTL1.bit.ADCENABLE = 1;      // Enable ADC
    asm(" RPT#100 || NOP");
    AdcRegs.ADCCTL1.bit.INTPULSEPOS=1;
     //ADCINT1 trips after AdcResults latch
    AdcRegs.ADCSOC0CTL.bit.ACQPS  = 6;
      //set SOC0 S/H Window to 7 ADC Clock Cycles, (6 ACQPS plus 1)
        AdcRegs.INTSEL1N2.bit.INT1SEL  = 0;
    //setup EOC0 to trigger ADCINT1 to fire
        AdcRegs.INTSEL1N2.bit.INT1CONT= 0;       //Disable ADCINT1 Continuous mode
        AdcRegs.INTSEL1N2.bit.INT1E  = 1;       //Enabled ADCINT1
        AdcRegs.ADCSOC0CTL.bit.CHSEL   = 4;
    //set SOC0 channel select to ADCINA4
        AdcRegs.ADCSOC0CTL.bit.TRIGSEL= 1;
    //set SOC0 start trigger on Timer0
        GpioCtrlRegs.AIOMUX1.bit.AIO4 = 2;
     // Configure AIO4 for A4 (analog input) operation
        PieVectTable.ADCINT1 = &adc_isr;
    EDIS;
    //  SCI
        SciaRegs.SCICCR.all =0x0007;   // 1 stop bit, No loopback, No parity,8
    char bits,, async mode, idle-line protocol
        SciaRegs.SCICTL1.all =0x0003;   // Enable: TX, RX, internal SCICLK.
    Disable: RX ERR, SLEEP, TXWAKE
        SciaRegs.SCICTL2.all =0x0003;
        SciaRegs.SCICTL2.bit.TXINTENA =1;
        SciaRegs.SCICTL2.bit.RXBKINTENA =1;
        SciaRegs.SCIHBAUD   =0x0000;  // 9600 baud @LSPCLK = 15MHz (60 MHz SYSCLK).
        SciaRegs.SCILBAUD   =0x00C2;
        SciaRegs.SCICTL1.all =0x0023; // Relinquish SCI from Reset
        SciaRegs.SCIFFTX.all=0xE040;
        SciaRegs.SCIFFRX.all=0x2044;
        SciaRegs.SCIFFCT.all=0x0;
    //  PWM
    // B-channel will be configured as example but will not be used
```

```
        EPwm2Regs.TBPRD = PWM_PERIOD;
    // Set timer period, PWM frequency = 1 / period
        EPwm2Regs.TBPHS.all = 0;                    // Time-Base Phase Register
        EPwm2Regs.TBCTR = 0;                    // Time-Base Counter Register
      EPwm2Regs.TBCTL.bit.PRLD = TB_IMMEDIATE;    // Set Immediate load
        EPwm2Regs.TBCTL.bit.CTRMODE = TB_COUNT_UP;
    // Count-up mode: used for asymmetric PWM
        EPwm2Regs.TBCTL.bit.PHSEN = TB_DISABLE;        // Disable phase loading
        EPwm2Regs.TBCTL.bit.SYNCOSEL = TB_SYNC_DISABLE;
        EPwm2Regs.TBCTL.bit.HSPCLKDIV = TB_DIV1;
        EPwm2Regs.TBCTL.bit.CLKDIV = TB_DIV1;
    // Setup shadow register load on ZERO
        EPwm2Regs.CMPCTL.bit.SHDWAMODE = CC_SHADOW;
        EPwm2Regs.CMPCTL.bit.SHDWBMODE = CC_SHADOW;
        EPwm2Regs.CMPCTL.bit.LOADAMODE = CC_CTR_ZERO;  // load on CTR=Zero
        EPwm2Regs.CMPCTL.bit.LOADBMODE = CC_CTR_ZERO;  // load on CTR=Zero
    // Set Compare values
        EPwm2Regs.CMPA.half.CMPA = 1;                // Set duty 0% initially
        EPwm2Regs.CMPB = PWM_PERIOD/2;               // Set duty 50% initially
    // Set actions
        EPwm2Regs.AQCTLA.bit.ZRO = AQ_SET;           // Set PWM2A on Zero
        EPwm2Regs.AQCTLA.bit.CAU = AQ_CLEAR;
    // Clear PWM2A on event A, up count
        EPwm2Regs.AQCTLB.bit.ZRO = AQ_CLEAR;         // Set PWM2B on Zero
        EPwm2Regs.AQCTLB.bit.CBU = AQ_SET;
    // Clear PWM2B on event B, up count
        EALLOW;
    // GPIO
    // GPIO-02 - PIN FUNCTION = --Spare--
        GpioCtrlRegs.GPAMUX1.bit.GPIO2 = 1;
    // 0=GPIO, 1=EPWM2A, 2=Resv, 3=Resv
        GpioCtrlRegs.GPADIR.bit.GPIO2 = 1;           // 1=OUTput, 0=INput
    // GPIO-28 - PIN FUNCTION = --Spare--
        GpioCtrlRegs.GPAMUX2.bit.GPIO28 = 1;
    // 0=GPIO, 1=SCIRX-A, 2=I2C-SDA, 3=TZ2
        GpioCtrlRegs.GPADIR.bit.GPIO28 = 0;          // 1=OUTput, 0=INput
        GpioCtrlRegs.GPAPUD.bit.GPIO28 = 0;
    // Enable pull-up for GPIO28 (SCIRXDA)
        GpioCtrlRegs.GPAQSEL2.bit.GPIO28 = 3;        // Async input GPIO28 (SCIRXDA)
    // GPIO-29 - PIN FUNCTION = --Spare--
        GpioCtrlRegs.GPAMUX2.bit.GPIO29 = 1;
    // 0=GPIO, 1=SCITXD-A, 2=I2C-SCL, 3=TZ3
        GpioCtrlRegs.GPADIR.bit.GPIO29 = 1;          // 1=OUTput, 0=INput
      GpioCtrlRegs.GPAPUD.bit.GPIO29 = 1;
// Disable pull-up for GPIO29 (SCITXDA)
// GPIO-34 - PIN FUNCTION = LED for F28027 USB dongle
```

```
    GpioCtrlRegs.GPBMUX1.bit.GPIO34 = 0;
// 0=GPIO, 1=COMP2OUT, 2=EMU1, 3=Resv
    GpioCtrlRegs.GPBDIR.bit.GPIO34 = 1;    // 1=OUTput, 0=INput
    GpioDataRegs.GPBSET.bit.GPIO34 = 1;
// uncomment if --> Set High initially
    EDIS;
    PieCtrlRegs.PIEIER1.bit.INTx1 = 1;     // Enable INT 1.1 in the PIE
    IER |= M_INT1;
    EINT;                                  // Enable Global interrupt INTM
    }
```

8.2.5 系统仿真

系统开始运行后，会输出提示输入参考温度的信息，系统初始化时，设置的参考温度是 50℃，我们可以看到，加热炉通电开始加热，等系统运行稳定后，温控设备的温度在 50℃左右变化，而且从探针"TEMPERATURE"处可以看出变化的误差在 1℃之内。PID 温度控制器仿真图 8-17 所示。

图 8-17　PID 温度控制器仿真图一

如果从虚拟终端输入参考温度 35℃，加热炉会有一定的延迟性，温度会慢慢回落，从而得到如图 8-18 所示的 PID 温度控制器仿真图，从这个结果可以看出，温控设备的实时温度在 35℃左右变化，并且从探针"TEMPERATURE"处可以看出变化的误差在 1℃之内。

图 8-18　PID 温度控制器仿真图二

思考与练习

（1）简述 I²C 通信协议。

（2）简述 K 型热电偶的工作原理。

第9章 基于 PROTEUS 的 Arduino 可视化设计

基于 PROTEUS 的 Arduino 可视化设计作为新增功能，需要学生掌握微控制器的基本架构，就可以在一个简单的流程图中编写任何应用程序来进行可视化设计。学生在可视化编程的实践中，不需要很深入了解单片机内部工作原理，不需要熟练掌握一门编程语言，只需要简单了解单片机的基本架构，就可以用简单的流程图在没有任何程序设计经验的情况下设计出复杂得令人惊讶的嵌入式应用程序。

 ## 9.1 可视化设计简介

9.1.1 概述

传统的 8 位单片机有着非常烦琐和复杂的控制逻辑，更不用说 32 位单片机，其开发周期较为漫长。单片机工程开发流程主要包括确定题目、芯片选型及方案选择、硬件设计及制作、软件设计、仿真测试、系统调试等。在硬件电路设计环节，最主要的是需要仔细查阅商家提供的硬件手册，弄清楚元器件和芯片每个引脚的用途、控制器的存储结构及其中详细的控制逻辑。要想完整开发一个单片机嵌入式项目，这一步骤至关重要，并且耗时较长。而且一般外围设备对存储器级别有着非常复杂的控制方式。在软件设计环节，学生最少要学习一门编程语言。常用的是 C、C++或是汇编语言，熟练掌握其语法和运算逻辑难度就比较大，再熟练运用其进行单片机工程设计就更难了。因此，要想进行完整的单片机工程开发，学生往往是先花一段时间研究单片机内部各个部分的控制逻辑，再花一定的时间学习编程语言。但等到这些基础知识都准备好了，需要用所学语言进行单片机项目开发时，就会发现二者的结合依旧是一个难点。为了解决硬件和软件结合困难的问题，接下来需要学生搭建开发环境进行应用练习。需要在第三方 IDE（Integrated Development Environment）软件中编写一些示例小程序，编译成功后先使用目标文件烧写器将程序烧录到单片机系统再来进行系统调试。这些程序往往被学生用来检测单片机的部分引脚功能及用来巩固单片机内部的控制逻辑。只有这些功能应用熟练，学生才能进行综合的、复杂的课题设计。其开发周期之长，工作量之大是可以想象的。

基于传统单片机工程开发时难度大、工作量大、开发周期长的劣势，我们提出可视化设计的理念。目前，一些嵌入式系统的可视化编程工具的目标就是对编程和控制外设方式进行简化。

综上所述，可视化设计理念的重点不是夯实学生的基础知识，而是激发学生的创造能力。但这并代表掌握控制器的内部工作原理和掌握一门编程语言不重要，在一定的条件下我们仍然需要熟练掌握。可视化设计的过程避免了学习进阶编程所带来的挫折和限制，淡化了电子设计初学者的盲目思维，其根本目的在于冲破电子设计初学者创造性思维的限制，使电子设计初学者能够快速入门嵌入式系统的设计。

9.1.2　可视化设计的优点

（1）随着新型高科技技术的迅猛发展，当今社会最需要的是具有创造性思维和创新能力的人才。随着物质水平的不断提高，精神层面的满足感也逐渐成为人们的追求。在此大环境下，以激发学生"享受创新的喜悦"为目标的"创客教育"热潮迅速席卷全球，我国对此也给予了高度重视并且帮助其快速发展。理所当然的，Arduino 工程的可视化设计成了人们当前关注的热点，尤其在教育界备受关注。其能够很好地激发学生的创造性，使学生能够快速入门嵌入式开发项目。

（2）由于 Arduino 平台的开源性、经济性、跨平台性及可扩展性，其在国内外电子设计行业已经渗入很多领域。在国外，伴随着机器人在各行业的普及应用，Arduino 在教育机器人领域的应用较为广泛。如将 Arduino 控制板与教育机器人的内置系统进行整合，从硬件上改进系统的性能并且降低成本。印度研究学者还论证并分析了将 Arduino 作为一门高中生学习课程的可行性。

（3）开发人员对当前最完善的图形化编程工具 Scratch 进行改进，开发了 mBlock 软件，使软件编程与 Arduino 交互，从而达到良好的效果。

（4）基于 Arduino 的可视化设计应用范围广泛，比如在家庭数控系统的设计中，通过 Arduino 平台扩展 Android 数控手机与 ZigBee 无线传感器网络的连接，体现了其在无线通信方面的应用；一部分电子及机械研究人员还设计了基于 Arduino 单片机控制的无线儿童玩具；在教学方面的应用也有一部分研究人员开始探究，台中教育大学（中国台湾）的黄小纹提出用 Arduino 整合绘本与感测装置，感测装置能够捕捉儿童的直觉操作来形成互动，达到激发儿童阅读兴趣的效果。上海交通大学的研究人员提出了使用 Arduino 平台开发交互式产品原型的理念，研究了如何将模块化思想应用在 Arduino 教学中，并且分析了学生学习和原型构建的效果。

9.1.3　传统单片机设计与可视化设计的区别

Arduino 由于可视化突出的优点，被广泛应用到教学中，但由于电子、物理、机械等专业技术门槛的限制，其课程的开设给老师带来了极大的挑战。为了论证 Arduino 工程可视化设计在教学中的有效性和必要性，这里主要介绍传统单片机工程设计的知识储备及可视化设计知识储备的对比，突出可视化设计在教学中应用的特点。

1. 传统单片机开发的特点

这里主要从传统单片机设计的知识储备方面来阐述传统单片机开发的特点。

要想熟练完成单片机工程的开发，需要有几个方面的知识储备：基本的模拟与数字电路的知识、基本的计算机理论知识与操作知识（二进制、ROM 和 RAM）、单片机内部工作原理（内部控制和存储逻辑及引脚功能）和至少一门编程语言的相关知识。其中，最后两方面的基础知识是必不可少和要扎实掌握的。

具体来说，在硬件电路知识储备方面，学生需要仔细查阅商家提供的技术手册，弄清楚所选单片机内部的各类寄存器、RAM、ROM、多种 I/O 口、中断系统、定时器/计数器的功能和工作方式及其复杂的控制逻辑。而且一般嵌入式系统所需的外围设备对存储器级别有着非常复杂的控制方式。现在一些单片机还集成了脉宽调制电路、模拟多路转换器、A/D 转换器、显示驱动电路等功能，在进行硬件电路方案确定的时候，这些功能的控制方法都需要明确才能达到熟练应用的效果。

在软件知识储备方面，学生最少要学习一门编程语言。汇编语言或 C、C++语言是单片机编程的常用语言。语言最基本的数据类型、控制命令语句、语法及运算逻辑是在学习初期就需要掌握的。

当学生完成这两方面的知识储备后，可能会发现二者的结合依旧是一个难点。因此，后期要想真正熟练运用单片机进行嵌入式系统的开发，还需要多结合一些单片机例程来学习其各部分功能的实现方法。只有这些功能应用熟练，学生才能进行综合且复杂的课题设计。其开发周期之长，工作量之大是可以想象的。

2．Arduino 工程可视化开发的特点

基于传统单片机工程开发时难度大、工作量大、开发周期长的劣势，本书提出了Arduino 工程可视化设计的理念。

首先，明确什么是 Arduino。Arduino 是一个基于开放原始码的软硬件平台。该平台包括一块具备简单 I/O 功能的电路板和一套程序开发环境软件。用户可以在此平台上设计和制作一些基于微控制器的数字装置和交互式系统。这些设计出来的系统可以在现实生活中感知和控制物体。

其次，之所以将 Arduino 应用在教学中，是因为该平台具有以下几方面优势。

（1）其硬件和软件均具有很强的开源性。硬件可部署在 Uno、Mega 和 Leonardo 板块上，软件工作环境简单、直观、交互性强，流程图化的编写界面和程序语言编写界面可以满足学生不同层次的需要。

（2）其硬件系统包括的各个扩展板模块价格低廉，适合学生及老师教学方面的研究。

（3）具有很强的扩展性。Arduino 常用的扩展板包括显示器、按钮、开关、传感器和电动机，以及更强大的器件，如 TFT 显示屏，SD 卡和音频播放器。

（4）Arduino IDE 可以跨平台使用。Arduino IDE 可以在 Windows、Mac、Linux 这些系统上使用，适用性较强。

（5）相比传统单片机设计，Arduino 的可视化设计有其独特的优点。

第一，知识储备"大瘦身"。相比传统单片机设计需要掌握单片机内部复杂的工作原理及控制逻辑，软件还需要精通掌握一门语言的语法规则及算法逻辑，Arduino 的可视化设计的过程根本不需要这些。硬件电路方面仅需要学生掌握微控制器的基本架构：有几个 I/O 口，哪些是数字量输入输出口，哪些是模拟量输入口，哪些是 PWM 输出口，有几个定时器/计数器，有几种中断方式。了解了这些基本架构常识，不用深究其内部的工作原理即可进行可视化设计。软件方面，学生也不需要精通一门语言的语法规则和算法逻辑，不存在学习进阶编程所带来的挫折和限制，Arduino 可视化设计软件通过"拖""放"的流程图编程和世界级的扩展板仿真，使学生对硬件可以更快速地上手。

第二，拖放流程图编辑器使编程更加快捷。这种可视化编程方法能减少打字输入，学

生仅需了解流程图布局的操作，确保其软件设计的逻辑呈现就可以了。

第三，丰富的外设使学生对硬件操作可以快速入门。本书提出的可视化设计软件为 PROTEUS Visual Designer，它包含 Arduino 功能扩展板和 Grove 模块，例如所有常用的显示器、按钮、开关、传感器和电动机，以及更强大的器件如 TFT 显示屏、SD 卡和音频播放器，而且调用这些模块的方法比较简单。学生先在图库窗口中选中模块，然后能自动将选中模块放置在原理图上，不需要布线就可以将 Grove 模块分配给接口。其驱动程序 API 提供的抽象化概念使学生能够理解复杂的外设。

第四，学生还可以自行创建新的外设模块来满足进阶的学习要求。

3. Arduino 工程可视化设计的教学优势

前面从 Arduino 自身的优势及可视化设计的优势角度阐述了学生学习 Arduino 工程可视化设计的便利性、趣味性和高效性。接下来从老师教学过程的角度阐述可视化教育在教学中的应用优势。

第一，老师可以在一个讲座或一节课的时间里完成基本知识的教学。因为老师只需要讲解微控制器的基本架构，编程语言的流程图操作过程，再辅以简单应用例程的相关内容，就可以使从未进行编程的学生体会到交互任务的乐趣。此外，学生能免除语法错误、编译问题和硬件故障的种种干扰及问题，能够更专注到程序逻辑的开发上去。

第二，Arduino 工程可视化设计可以作为理想的作业设计任务。完整的 Arduino/Grove 应用程序可以在没有硬件设备的情况下，通过仿真功能设计及开发，使流程图项目等可以在 C++代码级别上逐步或完整调试，使学生更容易地学习如何正确使用 C++编程。这样富有创造性、创新性及探索性的作业设计任务能够很好地锻炼学生独立思考、勇于创新的能力。

第三，可视化设计在教学中的应用可以实现进阶的教育效果。教育进阶路线图如图 9-1 所示，在可视化设计第一讲课程结束后，较优秀的学生就已经懂得创建、编程、仿真、调试和部署工程等操作了；在设计过程中，软件能够轻松地将流程设计转换为源代码命令，允许学生看到他们的流程图是如何在代码中表示的；可视化设计软件使用标准的 Arduino 功能扩展板和 Grove 模块接口作为可编程的"积木"；优秀的学生可以继续在 PROTEUS VSM 工作环境下用 C++或汇编语言对同一个硬件进行编程。

图 9-1　教育进阶路线图

通过对比传统单片机设计和 Arduino 可视化设计在知识储备方面各自的特点，突出了 Arduino 开源性、经济性、可扩展性和可跨平台使用的优势，并且 Arduino 工程的可视化软件简单、直观、交互性强。这些优势会让学生在使用 Arduino 进行可视化设计时，效率高、兴趣浓，可以快速地入门嵌入式系统设计。老师在教学可视化设计时，也可以通过这种简单高效培养学生创新能力的方法，使没有进行过编程的学生也可以设计出复杂且令人惊讶的嵌入式系统。

9.2　Arduino 工程可视化设计的编辑环境与设计流程

本节先介绍 Arduino 工程可视化设计的软件环境平台——PROTEUS Visual Designer，然后通过简单外设的调用和制作的设计过程带领学生熟悉 Arduino 工程可视化设计流程。

9.2.1　PROTEUS Visual Designer 概要

PROTEUS Visual Designer 是一款通过简单流程图界面来进行嵌入式系统设计，同时能进行仿真和调试的软件。它的集成开发环境最有意义的变革是提供了编辑界面和调试界面。

此外，因为它使用 PROTEUS 的仿真环境，所以能逐步调试应用程序，更容易发现和修正错误，使学生对编程的原理有更深入的认识，也在流程图上给予学生视觉反馈。以上一切，都是从前的软、硬件教学所不能达到的，而且可视化软件充分结合 PROTEUS 套件，允许学生和专业人士将他们的工程转化成行业标准的专业 PCB 设计和仿真环境。使用 PROTEUS 可视化软件能够真正为 Arduino 工程增添乐趣。

9.2.2　编辑环境的介绍

由于 PROTEUS Visual Designer 的集成开发环境最有意义的变革是提供了编辑界面和调试界面，所以我们主要介绍这两部分的功能。

1．编辑界面

在进行设计时，我们需要添加硬件外设和嵌入式控制逻辑来创建嵌入式系统。PROTEUS Visual Designer 的编辑环境主要分为六个区域，如图 9-2 所示。第一个区域为菜单栏、工具栏、标签页；第二个区域为工程树；第三个区域为流程图模块；第四个区域为编辑窗口；第五个区域为输出窗口；第六个区域为仿真控制面板。我们主要介绍后五个区域的相关功能。

1）工程树

在可视化设计中，工程树具有三个主要作用：流程图表的控制、嵌入式系统的资源控制、嵌入式系统的外围硬件控制。

（1）流程图表的控制：开始设计一个新的工程时，会在设计窗口默认得到一张图纸，名称为 "Main"。如果程序描述起来较为复杂，可以添加更多的图纸（副图）。新建图纸如图 9-3 所示。

图 9-2　PROTEUS Visual Designer 的编辑环境

图 9-3　新建图纸

（2）嵌入式系统的资源控制：我们可以将图片与音频资源文件添加至工程中。在工程树中右击，在右键菜单中选择添加或删除资源文件。如果当前工程中有资源文件，可以直接将其拖曳至流程图程序的设计规则中来进行分配。

（3）嵌入式系统的外围硬件控制：对于一个完整的嵌入式系统开发，可视化设计具有其先进的开发环境。

对于外设模块：不论是微处理器板上的外设还是外设终端（支持 Arduino Shield 或 Grove Sensors），学生都可以将其用于自己的硬件设计。开始设计一个新的工程，可以看到已经有两三个外设存在于当前工程中，如与处理器核心相关的微处理器、timer1 等。学生还可以利用右击工程树打开的右键菜单或工程菜单中的命令选项来添加其他外设。添加外设如图 9-4 所示，一旦添加成功，将可以看到该外设可用的编辑选项。这些选项用于实现对硬

件的设计要求，用户只要将需要编辑的选项拖入流程图程序中，随后就会出现一个对应的
I/O 外设模块。将硬件拖入流程图如图 9-5 所示。

图 9-4　添加外设

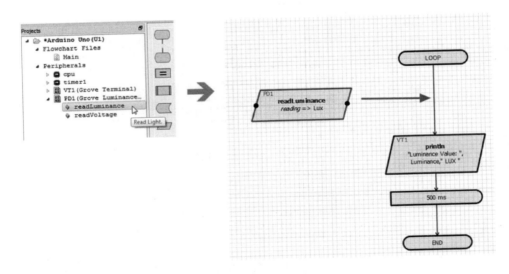

图 9-5　将硬件拖入流程图

2）流程图模块

流程图模块是程序设计的基础部分。除了在工程树中直接对上述模块进行拖曳外，用
户还可以在编辑窗口下对该列的流程图模块进行拖曳。事实上，一些设计功能，如延迟模
块、循环构造、时间触发等，只可以在流程图模块中找到并使用。

3）编辑窗口

编辑窗口可直接用于用户设计流程、建立工程。对于拥有多页的程序设计来说，编辑窗
口会显示当前图纸，并且在顶部提供一个小标签页，使用户能够在多张设计图中进行切换。

4）输出窗口

输出窗口会存储状态信息，将列出所有在构造流程图或硬件编程过程中的错误。

5）仿真控制面板

如同遥控一般操作，我们可以通过一个控制面板来控制仿真过程。

（1）PLAY 键：开始仿真。

（2）STEP 键：使仿真过程以规定速度进行。如果将按键按下并立即松开，仿真会以步进方式进行。如果将按键一直按下，仿真将持续进行，直到将按键松开。步进仿真速度可通过系统菜单的"Animated Circuit Configuration"工具箱调节。以步进方式进行仿真对于仔细研究与观察电路中的问题并寻找解决方法具有十分显著的帮助作用。

（3）PAUSE 键：可以使仿真暂停/重新开始，在此过程中可单击 STEP 按键进行单步仿真。仿真在遇到设计中的断点时同样会进入暂停状态。

（4）STOP 键：其会停止当前的实时仿真。它一旦按下，所有的仿真将会停止，仿真工具将停止使用。所有的指示设备将会复位至初始状态，但是执行机构（如开关）将保持其现有状态。

2．调试界面

在仿真与调试过程中，工程环境提供了相关工具。能够方便学生了解系统的运行过程，在系统运行出现问题时，该界面能逐步调试出问题的所在。调试界面如图 9-6 所示，第七个区域为源代码窗口；第八个区域为弹出外围窗口；第九个区域为动态弹出窗口；第十个区域为变量窗口/调试窗口。此处只详细介绍其中的几个主要区域。

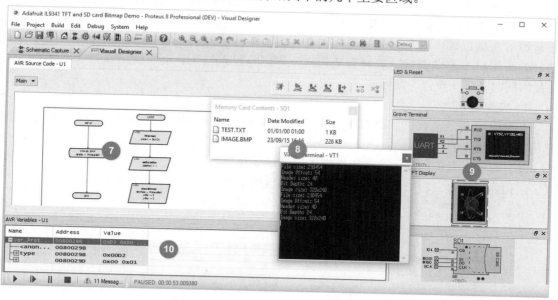

图 9-6　调试界面

1）源代码窗口

源代码窗口是调试软件设计的基本工具窗口，它可以具体细致地对程序进行改进，使我们能更加理想地实现嵌入式系统功能。当仿真处于暂停状态，源代码窗口将会高亮（红色）显示当前正在执行的流程图程序。可以选择在工程树菜单中的调试生成代码选项，使设计以代码显示，从而代替流程图显示。

2）外设选择窗口

在仿真时，所用到的外设可在外设选择窗口中找到。外设选择窗口中的虚拟终端如图 9-7 所示，如果添加 "Grove Terminal Module"，可以看到一个虚拟终端在仿真窗口中出现，可以进一步对其分配读写工作。

图 9-7　外设选择窗口中的虚拟终端

3）动态弹出窗口

动态弹出窗口可以显示设计中我们需要监视的区域，其默认在调试界面的右边显示，主要有两个功能：一是可以在软件执行过程中看到相关的硬件响应，如 LCD 的文字显示；二是可以在调试软件时与相关的硬件互动，如按下按键或调节传感器。使用动态弹出窗口的好处是用户不需在调试阶段频繁地切换原理图与显示结果。动态弹出窗口使这些相关信息能够同时在一个页面中显示。

4）变量窗口

变量窗口是一个调试工具窗口，它可以在调试过程中列出所有程序变量。变量窗口拥有几项十分重要的功能。

（1）数据类型扩展显示。数据类型扩展显示如图 9-8 所示，变量窗口将连续显示数据类型（结构体，数组）和指针，它将指针隐藏的数据类型以扩展树的方式显示。

AVR Variables - U1			x
Name	Address	Value	
var_ProteusBall	0080029B	0xD2 0x00 0x00 0x01	
<anonymous union>	0080029B		
type	0080029B	0x00D2	
*type	000000D2	'\0'	
	0080029D	0x00 0x01	
resource	0080029D	0x0100	
*resource	00000100	'I'	
file	0080029D	0x0100	
*file	00000100	Format (-1) not valid for type (0x00580000).	
File	00000100		
operator=	00000100	0x4D49	
#operator=	00004D49	Item (0 bytes at 0x00000D49) not within memory...	
File	00004D49		
operator=	00004D49	Item (2 bytes at 0x00000D49) not within ...	
ptr	0080029D		

图 9-8　数据类型扩展显示

（2）改变通知与预置值。当变量窗口中变量的值发生改变时，该变量名将会高亮显示，并且仿真将会暂停。我们可以通过选择变量窗口菜单下的显示预置值选项查看该变量的先前的预置值。显示预置值如图 9-9 所示。

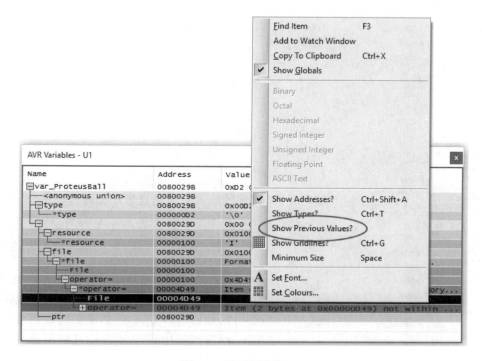

图 9-9　显示预置值

（3）将变量添加至观察窗口。变量窗口在运行仿真时是不可见的，但观察窗口是可见的。我们可以通过右键菜单将变量添加至观察窗口。观察窗口可以在调试菜单中打开。

9.2.3　Arduino 工程可视化设计流程

上面简单介绍了可视化设计软件的核心功能、界面显示及操作方法，为下面具体应用该软件进行可视化设计奠定了基础。Arduino 工程的可视化设计流程与传统单片机的设计流程相同，均包括确定题目、芯片选型及方案选择、硬件设计及制作、软件设计、仿真测试、系统调试这些环节。流程环节虽然相同，但是在 Arduino 工程的可视化设计中硬件设计、软件设计、仿真测试这三个环节的难度大大降低，趣味性和创新性大大提高。

下面我们以 LED 路灯为例来介绍 Arduino 工程的可视化设计流程。LED 路灯是由一个亮度传感器模块和一个 LED 模块组成的。当亮度变暗（夜晚）时，控制 LED 点亮；当亮度增强（白天）时，控制 LED 熄灭，以达到自适应开关路灯的目的。后续我们为了路灯更智能、节能，增加了一个红外测距传感器，以达到当热源靠近路灯并且天黑时路灯才亮的效果。

1. 新建工程

打开新工程向导，在固件选项卡中选择流程图工程并选择一个 Arduino Uno 板来创建流程图工程。新建工程向导如图 9-10 所示。

图 9-10   新建工程向导

图 9-11   工程树添加外设

2．硬件外设调用

完成新建工程向导后，出现一个用于 Arduino 程序的，关于常用设置和循环程序的略图。同时，在原理图捕获标签页上，Arduino Uno 板的原理图已经连线并且放置好了。首先，我们需要添加硬件传感器，课题为"设计路灯"。因此添加 Grove 亮度传感器和 LED 模块。具体操作过程如图 9-11、图 9-12 和图 9-13 所示。当我们在流程图标签页上添加好外设时，切换到原理图捕获标签页上就会发现外设硬件电路已经自动连好并添加到原理图中，如图 9-14 所示。

图 9-12   添加 Grove 亮度传感器

图 9-13　添加 LED 模块

图 9-14　原理图一

3. 软件设计

Grove 亮度传感器的返回值为 0～1000，具体数值取决于光的亮度。因此，程序需要读取此值，测试此值并由此设置 LED 模块点亮或熄灭。可视化设计讲究"拖""放"的设计方式，无论是流程图板块还是外设方式的调用都适用。为了读取 Grove 亮度传感器的返回值，首先拖动工程树中 Grove 亮度传感器的读取亮度选项到主循环体上，如图 9-15 所示。其次需要判定 Grove 亮度传感器的返回值是否大于设定值（夜间光照强度）。具体操作为在流程图控制窗口拖动判决模块到主循环，设定判定条件，即是否大于夜间光照强度值，操作过程如图 9-16 所示。双击判决模块，设置判定条件为"Lux<300"，如图 9-17 所示。最后对判定结果做出相应的动作，即当光照强度小于 300 时，表明是夜间，设置 LED 模块亮，否则，设置 LED 模块灭。具体操作类似图 9-15，将工程树中 LED1 的"on"选项拖入判决条件下的"YES"分支，将"off"选项拖到"NO"分支，再进行流程图连线即可。这样，一个简单的路灯程序就完成了。路灯流程图如图 9-18 所示。

图 9-15　读取亮度程序

图 9-16　判断亮度程序

图 9-17　判定条件设置

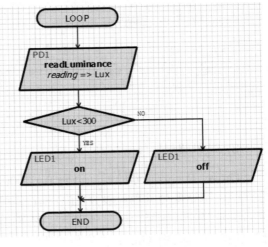

图 9-18　路灯流程图

4．数控自适应路灯的设计

为了使路灯功能更加数控，添加一个红外测距传感器作为扩展。从而保证当热源接近时，路灯才会亮。这就意味着在软件设计时，读取完光照强度还要读取距离，不仅要判定光照强度，而且要判定距离，设置判定条件为"cm<20"，当光照强度和距离都小于设定值时，LED 模块的"on"选项才会出现在此分支，否则，设定 LED 模块灭。需要注意的是，

因为又多加了一个外设模块，即红外测距传感器，所以需要保证前面的原理图模块 ID 不能重复。完整的原理图如图 9-19 所示，可以看到没有重复 ID。重复表明两个硬件电路连到 Arduino 单片机外设的相同的插槽上，也就是连着单片机相同的 I/O 口，功能自然得不到实现。此处添加红外测距传感器的操作类似图 9-11，从而实现添加 "Grove 80cm Infrared Proximity Sensor Module"。最终完整的流程图如图 9-20 所示。

图 9-19　原理图二

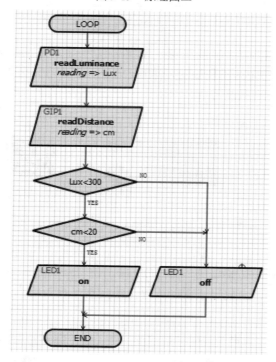

图 9-20　流程图

5. 仿真结果

硬件系统和软件程序均设计好之后，利用可视化设计仿真功能来调试程序，直观地看一下程序运行结果。单击仿真控制面板的开始仿真按钮，我们可以直观地看到系统运行效果。仿真结果如图 9-21 所示。可以看到，此时 A2 插槽的亮度传感器很形象地显示为夜晚的星星状态，即传感器的亮度返回值基本为零，再加上红外测距传感器的返回值为 19，因此 LED 模块亮。下面我们调节两个传感器的返回值，通过不同情况下的仿真结果来验证程序逻辑的正确性。

图 9-21　仿真结果

（1）调节亮度传感器的"+"调节键，使得云层不遮阳光，红外测距传感器的距离变小，可以看到仿真结果中 LED 模块熄灭，如图 9-22 所示。由此可以看到程序已经实现了天亮即使有人走过也不会亮的逻辑功能。

图 9-22　模拟天亮有人走过的仿真结果

（2）调节亮度传感器的"−"调节键，使得 Grove 亮度传感器的返回值减小，模拟夜晚的光线强度。调节红外测距传感器的"+"调节键，使得距离大于 20，模拟夜晚没人路过的情况。仿真结果如图 9-23，由此可以看到程序已经实现了夜晚没人走过时路灯也不会亮的逻辑功能。

图 9-23　模拟夜晚没人走过的仿真结果

（3）调节传感器的返回值和距离，使 Grove 亮度传感器的返回值较小，红外测距传感器的距离也小于 20，来模拟夜晚有人经过的情况。仿真结果如图 9-24，由此可以看到程序实现了夜晚有人走过路灯会亮的逻辑功能。

图 9-24　模拟夜晚有人走过的仿真结果

6. 系统调试

当准备好部署在硬件上时，插上真正的传感器，连接扩展板并按编译按钮，就可以将程序下载到 Arduino 及其扩展板上。扩展接口如图 9-25 所示。每个接口都与 Arduino 控制器上的 I/O 口对应，因此硬件原理图上各个外设的 ID 不能一样。整个系统的运行效果如图 9-26 所示，当手接近并且挡住 Grove 亮度传感器时，LED 亮。

图 9-25　扩展接口

图 9-26　整个系统的运行效果

通过系统调试之后的效果较好，这表明使用该平台进行可视化设计具有简单、直观和便捷的特点。从整个设计过程可以看出，可视化设计软件通过"拖""放"的编程过程和世界级的扩展板仿真，使大家对硬件可以更快速地上手。可视化设计仿真是一个"真实的世界"，它的示意图像仿佛被赋予生命一样，演示硬件将会如何运行，使初学者充满了成就感和探索创新的热情。

9.3　基于可视化设计的数控稳压电源的设计与开发

上面以一个自适应路灯的设计过程初步体现了可视化设计直观、便捷的流程图编程方法，本节将讲解一个较为复杂的系统在可视化设计平台上的实现方法，即基于可视化设计数控稳压电源的硬件设计和软件设计。

9.3.1 数控稳压电源的设计任务

本任务的目的是设计一种基于 Arduino Uno 的数控稳压电源，其原理是通过 Arduino Uno 控制数模转换，再经过模拟电路电压调整实现后面的稳压模块的输出。系统输出电压在 9.5～30.0V 之间步进可调，步进值为 0.1V，初始化显示电压为常用电压 10V，电压调整采用独立式按键调整，每按一次增加键，电压增加 0.1V，每按一次减少键，电压减少 0.1V。

9.3.2 数控稳压电源系统方案

系统结构分为 7 个部分，系统结构框图如图 9-27 所示，分别是控制核心电路部分、Arduino Uno 部分、控制 LCD 显示电路部分、D/A 转换电路部分、反相放大器模块部分、通过按键电路调整输出的数字量部分及输出电压显示部分。LCD 显示电路，显示和最终输出端的模拟电压相等的电压值。D/A 转换电路，将单片机输出的数字量转换为模拟量，以便于后续的电压调整电路调整电压。反相放大电路，将模拟电压放大 2 倍。电压调整电路，即反相求和运算电路，进一步调整电压值，使输出模拟电压为 LCD 显示的值。输出稳压电路，使电路的输出随着调整后的电压变化，并且达到输出稳压的效果。

图 9-27 系统结构框图

9.3.3 硬件设计与软件设计的可视化呼应

在传统的单片机设计过程中，往往是硬件设计和软件设计分开进行说明。使学生最终不能很好地结合起来两部分的功能，而且导致后期系统进行调试时不能快速地检测出是硬件问题还是软件问题，或者是二者不匹配的问题。本节基于可视化设计的理念，将硬件系统和软件设计结合起来进行说明。更加深刻地阐述了可视化设计的深层理念，即软件是硬件想表达的看法。硬件在本设计中要实现哪些功能，可视化设计程序就很直观、简洁地表明硬件想要完成的这些功能，由此一一对应地介绍来展现可视化设计的优点，同时使初学者能够很迅速、彻底地掌握硬件功能及软件实现方法。

1. 主控芯片及其可视化编程设计

主控芯片选择 Atmeg328 型单片机，它是 Arduino Uno 处理器的核心。后面进行可视化流程图编程时，只需要知道其有 14 路数字 I/O 口（包含 6 路可作为 PWM 输出的 I/O 口），6 路模拟输入口这些基本端口就可以了，无须更深入了解其内部繁杂的工作原理。

本设计需要微控制器控制数模转换，控制 LCD 显示电压值，接收按键输入信号。因此，与微控制器相对应的流程图程序只需要将各个职能所需的 I/O 口分配好，初始化时设置好其输入输出属性及数字输入口的初始状态量。

1）主控芯片的硬件电路

由于本设计的键盘调整模块和 D/A 转换模块不是现成的扩展外设，应直接连接主控芯片的 12 个数字 I/O 口，而 LCD 是现成的扩展外设，因此主控芯片的硬件电路只需要保证这 12 个 I/O 口和 LCD 在板块上所接的 I/O 口没有重复利用就行。主控芯片如图 9-28 所示，最终确定为 I/O1、I/O2 启动 DAC0832 进行数模转换，I/O4～I/O8 与 I/O11～I/O13 连接 DAC0832 的数字量输入端，I/O2、I/O3 用于连接按键输入产生外部中断，AD4、AD5 用于连接 LCD 外设接口。

图 9-28　主控芯片

2）主控芯片的可视化编程

主控芯片的流程图程序就是要完成前面硬件连接所准备实现的功能。

首先，主控芯片要完成的整个系统的主程序如图 9-29 所示。状态变量"update"更新时，执行电压值更新和电压值显示子程序。每当按键响应时，状态变量更新。

其次，对于主控芯片所连接外部元器件的 I/O 口，要进行 I/O 口初始化，如图 9-30 所示。本设计初始化用到的选项是工程树中"cpu"的"pinMode""enableInterrupt""digitalWrite"三个选项。"pinMode"选项用来初始化引脚的模式，0、1、9、8、11～13 引脚设为"OUTPUT"输出模式。连接按键的两个 I/O 口（I/O2、I/O3），用"enableInterrupt"选项设置中断模式为外部中断 INT0 和 INT1，中断方式为产生下降沿"FALLING"。"digitalWrite"选项给前面设置的输出模式的 I/O 口赋初始布尔量值 I/O0，I/O1 均设为"FALSE"，与 DAC0832 数字量输入口 DI7～DI0 相连的 I/O 口初始化状态为"00110111"，其中"0"对应布尔量"FALSE"，"1"对应布尔量"TRUE"。I/O0、I/O1 的初始化状态均为"0"。从流程图模块拖动"Assignment Block"，初始化整型变量"ain"为 55，该变量为显示电压值原变量；初始化状态变量"update"为布尔量"TRUE"。初始化这些引脚及变量的原因会结合后面的电路功能介绍。

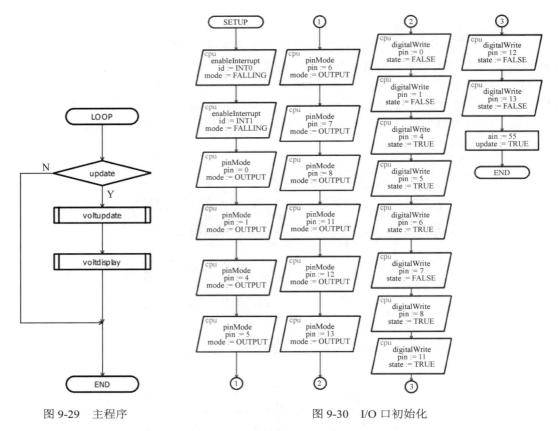

图 9-29　主程序　　　　　　　　　　　　　　图 9-30　I/O 口初始化

2. 按键调整模块、D/A 转换模块与其可视化编程设计

1）按键调整模块和 D/A 转换模块的硬件电路

按键调整电路如图 9-31 所示，按键没有按下时，I/O2、I/O3 为高电平，按下去时为低电平，即产生下降沿触发外部中断 INT0、INT1，与前面的引脚初始化相呼应。

D/A 转换模块电路如图 9-32 所示，采用 D/A 转换芯片 DAC0832 和运算放大电路 LM324 将控制芯片输出的数字量转化为模拟电压量。该模块的输出电压计算公式如式（9-1）所示。

$$V_{\text{OUT1}} = -B \times V_{\text{REF}}/256 \tag{9-1}$$

式中，B 的值为 DI0～DI7 组成的 8 位二进制数，取值范围为 0～255；V_{REF} 为由电源电路提供 −9V 的 DAC0832 的参考电压。

工作时"IOUT1"引脚为低电平时 DAC0832 开始 D/A 转换。

图 9-31　按键调整电路

图 9-32　D/A 转换模块电路

2）按键调整模块和 D/A 转换模块的可视化编程

按键模块功能是，当 ADD 键按下时，触发外部中断 IT0，微控制器输出的数字量加一；当 DEC 键按下时，触发外部中断 IT1，微控制器输出的数字量减一。下面以 INT0 子程序为例，介绍如何使微控制器输出的数字量加一。INT0 子程序如图 9-33 所示，"cpu" 的 INT0 被触发时，执行该子程序。"ain" 变量是整数型变量，即十进制变量。ADD 键按下时，该变量加一。为了使微控制器的 I/O 口输出的数字量加一，本设计采用将更新的整型变量 "除 2 取余" 转换为二进制变量的方法。每一个 "state" 变量就是转化后的二进制位。由于 "state" 变量依然是整型变量，没法直接赋值到相应的 I/O 口，故采取一对一条件赋值。如果 "state" 变量为 "1"，就给相应的 I/O 口赋值布尔量 "TRUE"，如果 "state" 变量为 "0"，就给相应的 I/O 口赋值布尔量 "FALSE"。这样，就实现了 ADD 键按下使得微控制器相应 I/O 口输出的数字量加一的逻辑功能。同理，DEC 键按下使得微控制器相应 I/O 口输出的数字量减一的 INT1 子程序如图 9-34 所示。

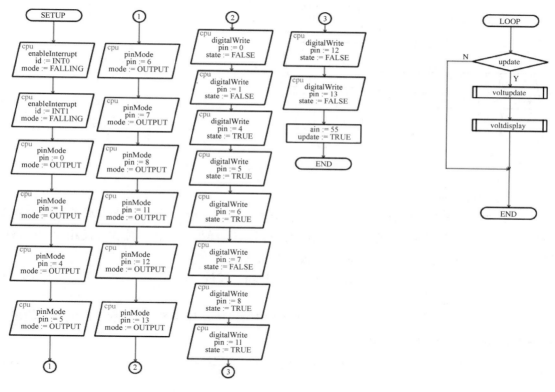

图 9-33　INT0 子程序

3. 反相放大、反相求和、输出稳压电路的设计

前面的按键调整电路和微控制器电路实现了按键按下微控制输出数字量增加或减小的功能以后，D/A 转换电路自动将该数字量转换为模拟电压量（这部分功能实现直接由硬件电路实现），下面的反相放大电路、反相求和电路、输出稳压电路均从硬件方面保证了设计指标的完成，即初始化电压显示值及按键电压调整的步进值的准确性。这三部分电路是模拟电路，无须编写程序。

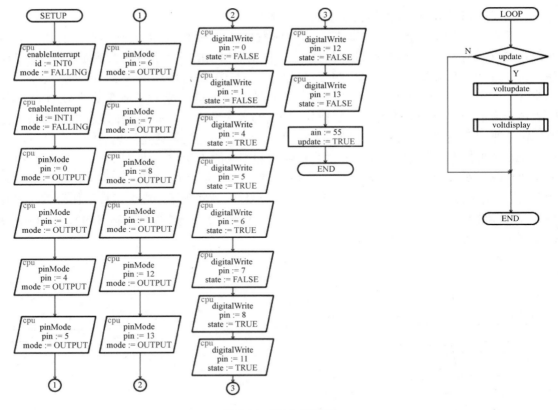

图 9-34　INT1 子程序

1）反相放大电路

反相放大电路由运算放大器 TL084 和相应电阻组成。由于前一级 D/A 转换电路的模拟电压较小，这一级电路选择的放大倍数为 2，将前一级模拟电压初步放大。反相放大电路如图 9-35 所示，该模块电压输出量的计算公式如式（9-2）所示。

$$V_{\text{OUT2}} = -(R_9/R_7) \times V_{\text{OUT1}} = -2V_{\text{OUT1}} \tag{9-2}$$

2）反相求和运算电路

该部分电路由运算放大器 TL084 和相应的电阻组成，如图 9-36 所示。该模块的输出电压值的计算公式如式（9-3）所示。

$$V_{\text{OUT}} = -(V_{\text{OUT2}} + V_P)\frac{\text{RV}_2}{R_{12}} \tag{9-3}$$

将式（9-1）和式（9-2）代入式（9-3）得式（9-4）。

$$V_{\text{OUT}} = -(V_{\text{OUT2}} + V_P)\frac{\text{RV}_2}{R_{12}} = 2V_{\text{OUT1}} \times \frac{\text{RV}_2}{R_{12}} - V_P \times \frac{\text{RV}_2}{R_{12}} = -2B \times \frac{V_{\text{REF}}}{256} \times \frac{\text{RV}_2}{R_{12}} - V_P \times \frac{\text{RV}_2}{R_{12}} \tag{9-4}$$

由式（9-4）可以分析得到，电压的最终输出值由数字量 B、RV_2、V_P 这几个变量决定。而 V_P 值由 RV_1 分压得到，因此硬件电路的输出电压值由 B、RV_2、RV_1 决定。继续分析步进值和初始电压分别由哪些变量决定。当输出数字量 B 加 1 时，电路输出电压的步进值的计算公式如式（9-5）所示：

$$V'_{\text{OUT}} - V_{\text{OUT}} = -2 \times \frac{V_{\text{REF}}}{256} \times \frac{\text{RV}_2}{R_{12}} = \frac{18}{256} \times \frac{\text{RV}_2}{10K} \tag{9-5}$$

由此可以得出，步进值只与 RV$_2$ 有关。本设计中步进值要求为 0.1V，只需由此式计算出相应的 RV$_2$ 值即可。RV$_2$ 值确定后，代入式（9-4）可计算出预设初始电压所对应的 P 点电压。由 P 点分压即可计算出 RV$_1$ 的值，即 RV$_1$ 的大小是电源预设初始化电压输出的硬件保证。

图 9-35　反相放大电路

图 9-36　反相求和运算电路

3）输出稳压电路

本电路用于使未经稳压的电源电路输出稳定可调的电压。我们期望输出电压跟随前一级电压可调。采用三端稳压器 7805 和运算放大器 NE5532 使输出电压稳定并且从 0 可调，如图 9-37 所示。电路最终的输出电压的计算公式如式（9-6）所示：

$$V_{\text{OUTPUT}} = \left(1 + \frac{R_{15}}{R_{16}}\right)V_{\text{OUT}} = 1.001V_{\text{OUT}} \tag{9-6}$$

由分析可知，电路最终输出电压为前端电压的 1.001 倍，可调输出稳压模块电路保证电路输出电压稳定且紧密跟随前级输出电压可调。

4. 显示电路与其可视化设计

1）显示电路

显示电路是由 Arduino 外设模块的 JHD-2X16-I2C 型显示器直接连接在 Arduino 的扩展槽上形成的，如图 9-38 所示。

2）显示电路的可视化设计

显示电路要将电路输出的实时电压值显示到 LCD 上。电压值更新程序如

图 9-37　输出稳压电路

图 9-39 所示，电压值源变量 "ain" 初始化时设为 55，这样在程序中其加 45 再除以 10，即可满足初始显示电压值为 10.0V 的要求。同时，"ain" 的步进值为 1，除以 10 即可保证 "voltdisp" 变量的步进值为 0.1V。电压值显示程序如图 9-40 所示，调用 LCD 外设选项直接显示 "voltdisp" 变量值。

图 9-38　显示电路

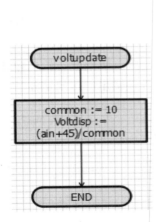

图 9-39　电压值更新程序　　　　　　　　图 9-40　电压值显示程序

5.　仿真结果

（1）初始化数字显示 10.0V，电压表测得电路终端输出也为 10.0V，如图 9-41 所示。

（2）当 ADD 键被按下时，数字显示和电压表测得的电路终端均为 10.1V，如图 9-42 所示。

（3）当 DEC 键被按下时，数字显示为 9.9V，电压表测得的电路终端均为 9.93V，有 0.03V 误差。误差原因：步进值设定电阻 RV_2 的误差及稳压输出电路中 1.001 倍的跟随误差，如图 9-43 所示。

本节主要介绍一个较为复杂的系统在可视化设计平台上的实现方法，即基于可视化设计数控稳压电源的硬件设计和软件设计。整个方案的硬件电路结合固有外设调用和传统原理图设计，硬件电路中的 RV_2 保证电路输出达到步进值的设定，RV_1 保证电路输出达到初始电压的设定。软件方案采用可视化流程图实现。从设计任务、系统方案及各部分模块硬件电路和流程图程序的设计细节可以得出可视化设计简单易上手的结论。

图 9-41　仿真结果一

图 9-42　仿真结果二

图 9-43　仿真结果三

 思考与练习

（1）可视化设计的优点有哪些？

（2）简述传统单片机设计与可视化设计的区别。

（3）利用可视化设计点亮一个七段数码管。

第 10 章　基于 PROTEUS 的 IoT 设计

IoT 是 Internet of Things 的缩写，字面翻译是"物体组成的互联网"，准确的翻译应该为"物联网"。物联网又称传感网，简要讲就是互联网从人向物的延伸。

"物联网"指的是将各种信息传感设备，如射频识别装置、全球定位系统、激光扫描器等与互联网结合起来而形成的一个巨大网络。其目的是让所有的物品都与网络连接在一起，方便识别和管理。随着人工智能技术的发展，物联网技术正在朝着"AI+IoT"的方向发展，使物联网的技术更加趋于智能化。在城市规划和交通行业，智能家居、智慧酒店、智慧停车场、智慧场馆等方案已经成熟；在可穿戴行业，智能手环销量已经突破百万，智能手表也正在异军突起。

PROTEUS 可视化设计可以使没有程序设计经验的人也有可能设计出复杂得令人惊讶的嵌入式应用和物联网应用。PROTEUS IoT Builder 是一款独创的物联网仿真产品，它可以仿真基于 PlayKit UNO、Arduino Yun 和树莓派 3B+搭建的物联网节点设备，通过移动设备（如手机），可以快速轻松地访问和控制远程节点。PROTEUS IoT Builder 使用面板编辑器来快速创建远程控制界面，使用流程图来编写应用逻辑。

10.1　IoT 设计简介

10.1.1　概述

物联网平台是基于现在的互联网、通信技术来建构的，而不是依赖特定的硬件模块，用户可以基于自身的设备技术架构，简单接入物联网，物联网的核心架构如图 10-1 所示。

图 10-1　物联网的核心架构

现在的云端物联网平台与设备之间的通信，本质上都是建立在 TCP/IP 协议上的，只是数据包的再封装，基于此我们可以使用无线网络和移动网络来实现设备与云平台的通信；设备与设备之间的通信方式有 4G、WiFi、蓝牙、Zigbee 等。

1．基于 4G 通信

图 10-2 所示为基于 3G/4G 的通信架构，这是最简单的架构，设备如同手机一般，基于移动网络来上网，主要需要考虑以下几个问题：

（1）每个设备都需要一个 SIM 卡；

（2）需要考虑到数据流量的问题，这种架构完全是使用数据流量，如果需要视频数据，那么会消耗大量的流量费用；

（3）通信质量也是要考虑的问题，这依赖于网络的情况，如果信号质量较差，那么在收发数据的时候会受到影响。

2．基于 WiFi 的局域网通信

图 10-3 所示为基于 WiFi 的通信架构，该架构适用于所有的设备运行在同一个局部环境中的情况，设备通过 WiFi 或有线网络连接到路由器，由路由器连接到物联网服务器。该架构需要注意以下事项。

（1）局域网内的设备没有独立的 IP，只有局域网内的 IP 会导致的问题是设备可以给物联网服务器发送数据，但是服务器不能给设备发送数据，因为设备没有独立的 IP。

（2）使用 WiFi 接入的设备功耗会比较大。

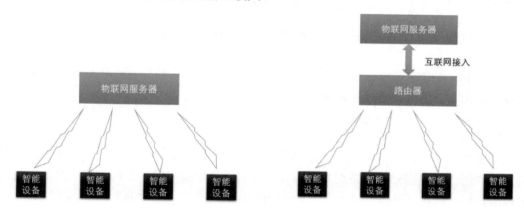

图 10-2　基于 3G/4G 的通信架构　　　　　　图 10-3　基于 WiFi 的通信架构

3．基于蓝牙的通信架构

图 10-4 所示为基于蓝牙的通信架构，基于蓝牙的物联网，会通过蓝牙网关来部署，基于蓝牙的通信架构，需要考虑以下问题。

（1）需要考虑蓝牙网关的容量，即一个蓝牙网关可以接入几个蓝牙设备；

（2）蓝牙的配对问题，蓝牙需要实现配对后才能通信，如果不能自动配对的话，大规模的部署比较难以实现。

4．基于 Zigbee 的通信架构

图 10-5 所示为基于 Zigbee 的通信架构。Zigbee 是一种流行的组网模式，本身的设计是

针对传感器之间的联网，具有非常低的功耗。Zigbee 接入网络依赖 Zigbee 网关，该网关本身也是 Zigbee 设备，Zigbee 设备是自组网的，在使用时需要注意到数据量的问题，设备的功耗与能力是矛盾的，由于 Zigbee 是超低耗的方案，在通信的能力上比较一般，比较适用于传感器数据的采集，对于大数据量的场景就不太适用。

图 10-4　基于蓝牙的通信架构

图 10-5　基于 Zigbee 的通信架构

10.1.2　PROTEUS IoT Builder 的特点

（1）PROTEUS IoT Builder 是一款独特的产品，旨在通过移动设备快速轻松地控制远程电子设备。

（2）在 PROTEUS 可视化设计功能中可以选择使用各种功能扩展板和 Grove 模块，创新性地以"搭积木"的方式设计嵌入式系统。

（3）在没有硬件设备的情况下，可以借助 PROTEUS 软件的仿真功能学习代码编程和嵌入式系统开发。

（4）提供了丰富的 IoT 控件，包括按钮、开关、显示屏、滑块、时钟和各种用于数据统计的图表，用户可以自己选择并编辑，以设计专属的前面板样式。例如，对于天气监测，用户可以选择统计图表（见图 10-6）或风玫瑰控件（见图 10-7），从而直观地显示气象状态。

图 10-6　统计图表

图 10-7　风玫瑰控件

在 PROTEUS IoT Builder 出现之前，物联网在课堂上的教与学需要很高的技巧，否则有可能让物联网课程完全变成理论课，这是因为物联网课程的实践环节需要对节点、网关和网络连接设备进行非常复杂的重新配置，才能使整个物联网系统正常工作。而修改节点或网关程序，修改配置文件，需要大量的嵌入式编程和网络编程知识，这大大降低了可实践性。一旦某些节点或网关或网络连接设备程序的修改出错或配置错误，则可能导致整个系统不工作。

PROTEUS IoT Builder 正是为解决此问题而生的，它基于各种开源硬件，使用端到端的流程来设计物联网应用，它不需要学生掌握 HTML/JavaScript/Python 和 TCP/IP 的知识就可以设计远程控制面板。它使用面板编辑器来绘制控制面板，并且还可以使用流程图或 C/Python 语言来编写功能逻辑和用户接口。因此，PROTEUS IoT Builder 非常适合物联网应用原理的教学，也非常适合物联网应用快速原型的设计开发。

10.2 智能宠物屋设计

10.2.1 智能宠物屋原理图设计

新建工程如图 10-8 所示。新建一个基于 Arduino Uno 的可视化设计工程，会打开图 10-9 所示的 Schematic Capture 界面。

图 10-8 新建工程

图 10-9 Schematic Capture 界面

在原理图编辑界面，学生不需要自己绘制原理图，只需要在 Visual Designer 界面（见图 10-10）选择需要的外围设备添加到编辑界面即可。

图 10-10　Visual Designer 界面

设计好的智能宠物屋可以控制灯光，检测宠物屋内的温湿度，可以通过电动机带动风扇来给屋内降温。因此在 Visual Designer 界面需要添加一些控件。添加外设按钮如图 10-11 所示。右击打开右键菜单，选择"Projects"中的"ARDUINO UNO"选项，选择添加外围设备"Add Peripheral"，在弹出的对话框中选择"Internet of Things"，选择其中的"GoKit3 Shield(ESP8266)"，如图 10-12 所示。

图 10-11　添加外设按钮

图 10-12　选择外围设备

双击添加外设或单击选中外设后单击"Add"按钮。添加外设后，在原理图编辑界面会出现相应的原理图。添加外设后的原理图编辑界面如图 10-13 所示。

还需要使用到红外检测装置，按照同样的方法在 Visual Designer 界面中添加。选择 Grove 分类，找到图 10-14 所示的红外检测装置后，将其添加到原理图中。

添加红外检测装置后的原理图如图 10-15 所示，此时的红外检测装置使用的是 I/O7，但是在按钮的原理图中，I/O7 已经被使用，因此需要更改红外检测装置的端口号。双击"D7"端口，打开元器件编辑对话框，如图 10-16 所示，在"Connector ID"的下拉菜单中选择一个没有使用过的端口号即可，这里选择"D8"，更改后的结果如图 10-17 所示。

图 10-13　添加外设后的原理图编辑界面

图 10-14　添加红外检测装置

图 10-15　添加红外检测装置后的原理图

图 10-16　元器件编辑对话框

图 10-17　修改端口后的原理图

至此，需要的外设添加完成，接下来开始进行流程图及前面板的编辑。

10.2.2　智能宠物屋前面板设计

在 Visual Designer 界面，选择添加物联网控件"Add IoT Control"，来设计前面板。选中"Projects"中的"ARDUINO UNO"选项并且右击，在弹出的右键菜单中选择"Add IoT Control"选项。

在物联网控件中，PROTEUS 提供了各种各样的控件，有按钮、统计图表、时钟等，用户可以根据自己的需要来选择合适的控件。本次需要使用的物联网控件有显示温度的温度计、调节灯光的按钮、显示湿度的控件、调节温度的按钮等。在"Display Controls"中选择一个温度计（见图 10-18），需要考虑的是温度计的量程。

按照上述方式，在"Buttons"分类中选择按钮（见图 10-19）。其中的"Radio-Buttons(round 2)"可以同时放置 2 个按钮。

图 10-18　选择温度计

图 10-19　选择按钮

这里使用一个 LED 条作为显示湿度的控件，就如同手机电量一样，根据 LED 条中绿色的长度，来显示湿度，也可以直接显示当前的湿度，如图 10-20 所示。

图 10-21 所示为选择调节灯光的控件，可通过调节滑动条的位置来调节灯光亮度。

图 10-20　选择显示湿度的控件

图 10-21　选择调节灯光的控件

到这里，需要的控件就已经添加到 Visual Designer 界面中了，如图 10-22 所示，可以开始绘制前面板。

图 10-22　控件添加完成的 Visual Designer 界面

双击"Main Controls"界面，之后打开"IoT Builder"编辑界面，可以拖动"IoT

Controls"中的控件到编辑界面来绘制面板。比如拖动温度计：先选择"IotTH1"，然后将其拖动到编辑界面，如图 10-23 所示。

图 10-23　放置温度计到"IoT Builder"的编辑界面

可以根据需要来设置"IoT Builder"编辑界面的大小，如图 10-24 所示，在"Main Controls"上右击，在弹出的右键菜单中选择"Panel Settings"选项，就会出现"Panel Properties"面板，如图 10-25 所示。

其中，"From Factor"提供了四种默认的大小，如图 10-25 所示，"From Factor"中的各项中文名称分别为"移动设备""表""桌面""定制模式"，也可以在后边的文本框中输入任意数值来改变面板的尺寸，设置完成后单击"OK"按钮完成设置。温度计及各控件的参数可以在图 10-26 所示的菜单栏中进行更改，里面包含了温度计所在的位置，控件的宽度、高度等。

图 10-24　设置"IoT Builder"编辑界面的大小

图 10-25　Panel Properties 设置对话框

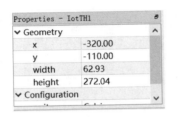

图 10-26　菜单栏

接下来放置调节灯光的滑动条控件，如图 10-27 所示放置控件，设置好第一个控件的属性后，接下来放置的两个相同的控件可以直接复制第一个控件的宽度和高度。

图 10-28 所示为放置后的灯光控件，它们同样可以在 IoT 属性菜单栏中修改控件属性，可以在图 10-29 所示的各项中修改滑动条的量程。

为了区分三个滑动条，可以绘制三个不同的颜色来指示，选择"IoT Builder"编辑界面左侧的 ◯ 圆形，来作为指示器。放置原型指示器如图 10-30 所示。

图 10-27　放置调节灯光的控件

图 10-28　放置后的灯光控件

图 10-29　修改控件的量程

改变指示器的颜色来进一步区分，单击"stroke color"后面的█，将弹出图 10-31 所示的选择颜色对话框。在其中任意一种颜色上单击后即可将指示器的轮廓变为该颜色，这里选择红色，单击"OK"按钮完成设置。单击"fillColor"后面的█，同样选择红色，可以将填充颜色也改变为红色，这时需要改变"fillOpacity"的填充透明度，这里改为 1。修改完的指示器颜色如图 10-32 所示。

接下来对原型指示器进行复制，并放置到第二个和第三个滑动条下，如图 10-33 所示。

图 10-30　放置原型指示器

图 10-31　选择颜色对话框

按照上述方式对第二个和第三个指示器的颜色进行修改，将第二个指示器的颜色修改为绿色，将第三个指示器的颜色修改为蓝色，如图 10-34 所示。

图 10-32　修改完的指示器颜色

图 10-33　复制指示器

图 10-34　修改完的指示器

单击左侧工具栏的 **T**，可以在"IoT Builder"编辑界面放置文本，如图 10-35 所示，在属性栏中可以修改文本框中的文本内容。

将文本框内容修改为"屋内灯光调节"，修改后的文本内容如图 10-36 所示。

图 10-35　修改文本内容

图 10-36　修改后的文本内容

接下来放置湿度控件，选择"IotLEDBar"将其拖动到编辑区，如图 10-37 所示。

在"LEDoffColor"中可以改变 LED 的颜色，这里将其改为绿色，如图 10-38 所示。

图 10-37　方式湿度控件

图 10-38　改变 LED 颜色

为湿度控件放置一个文本框来说明控件的功能，将文本内容改为"湿度"，修改后的结果如图 10-39 所示。

接下来放置一张图片，来填充前面板，单击左侧工具栏中的 **■**，接下来在编辑区绘制一个矩形框来放置图片，如图 10-40 所示。绘制完矩形框后会弹出一个选择图片的窗口，选择图片，就会在编辑区域放置该图片，如图 10-41 所示。

图 10-39　修改湿度控件的说明文本

图 10-40　放置图片

放置"IotLED1"控件作为宠物屋的指示灯，放置结果如图 10-42 所示。

图 10-41　添加图片后的编辑区域

图 10-42　放置宠物屋指示器

按照上述方法继续编辑前面板，为前面板添加红外探测开关，以及宠物屋送风开关等，编辑完成的前面板如图 10-43 所示。

图 10-43　编辑完成的前面板

至此前面板的设计完成，个人可以根据自己的需求对前面板进行修改。

10.2.3　宠物屋流程图设计

可视化设计流程图已经在前面章节介绍过，这里需要特别说明的是 IoT 控件的放置和之前各外设的放置是一样的，直接拖动到流程图即可。

首先要对各控件进行初始化，如图 10-44 所示。这里对各控件的初始化设置如下：电动机初始状态为"Stop"（停止）；温度计和湿度计的初始状态是从 0 开始。

接下来设置温湿度的检测与返回值的读取，如图 10-45 所示，选取"readTemperature"就是读取温度的状态，将返回值送到"IotTH1"也就是前面板对应的温度计中，就可以实现使用温度计来显示温度；"readHunidity"可以读取湿度的状态，将其返回值送到"IotLEDbar1"就可以将湿度信息返回到前面板。红外检测装置可以检测宠物是否在宠物屋内，当宠物屋内有宠物时才开启 LED，否则熄灭。具体的流程图如图 10-45 所示。

在控制电动机转动的流程图中，拖动 IoT 控件整体到流程图，会出现如图 10-46 所示的界面。在该界面中，"Trigger"是一个触发器，当按下按钮后触发器会触发中断，然后执行接下来的程序。

当需要电动机工作时按钮按下，读取电动机状态，因为初始的电动机状态为"Stop"，按下按钮后的电动机状态变为"Ture"，此时电动机就开始转动，否则依旧保持停止，具体的流程图如图 10-47 所示。

图 10-44　对控件进行初始化

图 10-45　流程图

图 10-46　拖动 IoT 控件整体到流程图中

图 10-47　电动机流程图

　　前面板设计中设计了三个滑动条来调节屋内的光亮，按照上述的步骤将"IoTSlider1" "IoTSlider2" "IoTSlider3"三个控件拖动到编辑区，分别使用三个滑动条来控制 RED （红）、GREEN（绿）、BLUE（蓝）三色，具体的流程图如图 10-48 所示。

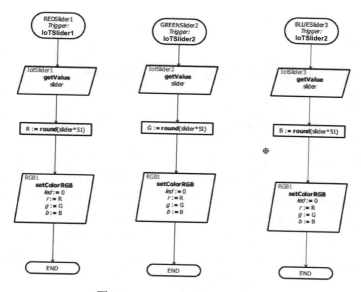

图 10-48　RGB 灯光控件流程图

至此，整个流程图的设计就完成了，可以通过仿真来查看结果。

单击下方菜单栏的运行按钮 ▶，开始仿真，如图 10-49 所示。

图 10-49　开始仿真

单击"送风"或"抽湿"按钮，电动机开始转动，分别调节 RGB 灯的三个滑动条，可以发现灯的颜色会发生相应的变化，如图 10-50 所示。

（a）红色

（b）绿色

（c）蓝色

图 10-50　调节 RGB 灯颜色

同时在前面板会显示温度及湿度，至此仿真功能基本实现，可以下载到开发板进行调试。

10.3　智能宠物屋硬件电路调试

上述两节完成了软件部分的设计，通过仿真也验证了程序设计的正确性，接下来可以将程序下载到开发板上进行硬件电路的调试。

本次使用 WiFi 局域网来进行通信，需要让单片机和移动端设备连接到同一个 WiFi 中，本次的 WiFi 模块为 ESP8266。通过 WiFi 的串口将程序下载到单片机中，当下载完成后，前面板服务器中会显示设计好的前面板图形，使用移动端去访问就可以在移动端设备操控前面板。

之后单片机会控制各 I/O 口进行相应的动作。图 10-51 所示为 PlayKit-UNO，它包括 PlayKit 控制板和 PlayKit 功能板两部分。其中，PlayKit 控制板是基于 Arduino UNO + ESP8266 WiFi 模块的实验开发板，两者通过插槽连接，可以灵活替换。PlayKit 控制板上设置了模式切换开关，可在 IoT 开发模式和 Arduino UNO 开发模式之间切换。

PlayKit 控制板具有以下特点：

（1）PlayKit 控制板作为 Proteus IoT Builder 的配套开发板，支持 PROTEUS 可视化设计和交互式仿真，非常适合作为电子创新项目的设计平台。

（2）PROTEUS IoT Builder 支持简单易学的流程图开发模式，配合直观的系统交互式仿真，是嵌入式编程初学者的最佳入门平台。

（3）依托强大的 PROTEUS 仿真软件作为设计、调试平台，使得有着复杂结构的物联网系统也能被快速设计并部署。

（4）支持机智云接入，通过简单配置，能自动生成通信协议代码，并能自动生成手机 App 或微信应用程序来控制硬件。

（5）PlayKit 控制板设置了模式切换开关，可以一键切换为标准的 Arduino UNO 开发板，支持 Arduino IDE，方便学习 Arduino 基础实验。

（6）基于 Arduino 开源平台，实验资源丰富，自带大量编程函数和传感器函数库。

（7）采用 Arduino 标准接口，可扩展丰富的外设资源。

（8）可灵活更换控制板，可设置多种实验任务。

本次使用的是基于 WiFi 局域网的通信，因此需要将开发板与移动端设备连到同一个 WiFi 中，当成功连接到 WiFi 模块后，会有 LED 常亮，如图 10-52 所示。

图 10-51　PlayKit-UNO

图 10-52　连接到 WiFi 模块

成功连接后需要将程序下载到开发板中，这时返回到 Visual Designer 界面，单击上方菜单栏中的工程设置按钮 ，会打开如图 10-53 所示的工程选项对话框。

在编译器"Programmer"一栏选择"ESP8266"，在交互界面"Interface"中选择"ESP8266 on Arduino Uno"，其余设置按照默认设置即可。设置完成后先单击"OK"按钮完成设置，然后单击上方工具栏的上传按钮 ，将程序上传到开发板。上传成功后就可以用移动设备打开前面板来控制开发板实现相应的功能，移动设备上的前面板如图 10-54 所示。

图 10-53　工程选项对话框

图 10-54　移动设备上的前面板

通过移动设备上的前面板中的按钮就可以实现相应的控制，与在 PROTEUS 仿真界面进行仿真时一样，可以调节 LED 灯光、控制电动机转动、实时显示温湿度，图 10-55 所示为使用前面板控制 LED 灯。

图 10-55　使用前面板控制 LED 灯

至此，基于 Arduino 的物联网设计全部结束。

10.4　基于树莓派的 IoT 设计

10.4.1　树莓派简介

Raspberry Pi，中文名为"树莓派"，是为学习计算机编程教育而设计的，只有信用卡大小的微型电脑，其系统基于 Linux。随着 Windows 10 IoT 的发布，我们也可以用上运行 Windows 的树莓派了。

树莓派可用于嵌入式开发和计算机编程，目前在中小学创客教育活动领域有着极为广泛的应用。借助于扩展板及"积木"编程，没有开发经验的设计者也可以比较轻松地使用树莓派开发出如超声波测距、定时闹钟、声控楼道灯、倒车提醒器等具有实际应用价值的"产品"，甚至还有智能语音输出、文字识别等更为高端的人工智能方面的应用（与百度 AI 关联）。作为树莓派的编程"黄金搭档"，Python 语言是目前正在广泛使用的通用高级编程语言，它主要是为强调代码可读性而开发的，其语法允许使用更少的代码行来表达概念，再配合使用丰富的通用型传感器和功能强大的语言"库"模块，来实现各种不同功能。Python 语言编程已经成为利用树莓派进行创客实验最为强势的应用之一。

本节使用 Python 作为编程语言来进行天气预报的设计，在 GUI 界面设计天气预报的人机交互界面，在对话框中实现查询功能，通过邮件的方式来实现天气查询功能。

10.4.2　树莓派天气预报的 Python 设计

首先需要新建一个基于树莓派的工程项目，在新建的工程向导中选择图 10-56 中的各个选项。

图 10-56　新建工程项目

之后打开一个新建的项目，如图 10-57 所示，这时会出现一个以 Python 为编程语言的操作界面，在主程序中列出了程序的主要框架，可以在该框架中进行修改，也可以自己编写程序。

需要使用 Python 设计一个 GUI 界面作为控制面板，它的主要功能是显示该操作界面的作用，即"天气预报"；提示用户查询天气的方式，即"在对话框中输入"。然后通过下方的按钮选择是利用邮件的方式将信息发送到默认的邮箱还是通过语音进行播报。生成的 GUI 界面如图 10-58 所示。

图 10-57 打开新建的项目

图 10-58 GUI 界面

设计好 GUI 界面后，就可以通过 PROTEUS 软件来进行程序编写，实现预期的功能。首先要导入库文件，之后在程序中调用相关的函数即可，如图 10-59 所示。

（a）导入库文件

图 10-59 Python 代码

```
def main () :
# Setup
postdata={'location':'beijing','key':'c222929e6840408688104252301c0a2f'}
stra=requests.post('https://free-api.heweather.net/s6/weather/forecast',data=postdata)
json_obj=json.loads(stra.text)
w0=json_obj['HeWeather6'][0]
b0=w0['basic']
wether=w0['daily_forecast'][1]

outstr=' {0} {1}    {2}-{3}.,Temperature:{4}-{5}  degree C.'.format(b0['location'],wether['date'],wether['cond_txt_d'],wether['cond_txt_n'],wether['tmp_min'],wether['tmp_max'])
email_host='smtp.163.com'
email_port=25
email_passwd='DVSOQFFDOJRTNKNK'
sender='lh_19961227@163.com'
receivers='lh_19970205@163.com'

msg=MIMEMultipart()
msg['Subject']='Weather forecast'
msg['From']=sender
msg['To']=','.join(receivers)
msg_text=MIMEText('hello!!!  '+outstr+'            edited by python',_subtype='plain',_charset='utf-8')
msg.attach(msg_text)

smtpObj=smtplib.SMTR(email_host,25)
smtpObj.login(sender, email_passwd)
smtpObj.sendmail(sender,receivers,msg.as_string())
smtpObj.close()
```

（b）调用函数

图 10-59　Python 代码（续）

　　其中天气预报需要使用到天气信息，可以直接调用 API 来获得所需的天气信息，本项目是通过"和风天气"这一在线天气 API 来获取天气信息的，只需要在相关的网站进行申请就可以获得免费的 APIkey，API 返回的是 json 格式的数据包，需要将 json 格式化输出成 Python 能够识别和处理的字符，在程序中还需要设置发送邮件的邮箱及接收邮件的邮箱。程序完成后对程序进行编译，无误后会出现如图 10-60 所示的编译成功界面。

```
VSM Studio Output
mkpython.exe "../../Raspberry Pi 3/main.py" -I "D:\Proteus 8 Professional\DATA\VSM Studio\drivers\RaspberryPi" -z "Debug.pyz"
Compiled successfully.
```

图 10-60　编译成功界面

　　在这里，PROTEUS 的仿真功能就代替了树莓派的运算过程，自己运行了 Python 代码。编译成功后先在 GUI 界面输入要查询的城市，比如 guangzhou（见图 10-61），然后单击获取邮件，就可以在邮箱内找到天气预报邮件。

图 10-61　查询天气

　　到这里通过 PROTEUS 来进行天气预报查询的功能就实现了。

10.4.3　基于树莓派的闪烁 LED 设计

PROTEUS 同样支持树莓派基于可视化设计进行 IoT 设计，其具体操作及流程与基于

Arduino 的可视化设计相似。本节将介绍一个通过按键来控制 LED 点亮的简单设计。首先需要创建一个基于树莓派可视化设计的工程项目，如图 10-62 所示，"Family"选择树莓派，其余设置选择保持默认即可。

图 10-62　新建树莓派工程项目

创建完成后会出现图 10-63 所示的界面。

图 10-63　成功创建新工程

成功创建后即可开始为工程添加外设和 IoT 控件，在"RPI3"处右击，在右键菜单中选择"Add Peripheral"添加外设。

在弹出的对话框中选择本次需要用到的按钮及 LED，如图 10-64 和图 10-65 所示。

图 10-64　添加按钮一

图 10-65　添加 LED 一

添加完成后原理图界面会自动添加对应的电路原理图，添加外设后的原理图界面如图 10-66 所示。

图 10-66　添加外设后原理图界面

添加完外设后还需要添加 IoT 控件，同样右击"RPI3"，在右键菜单中选择"Add IoT Control"添加 IoT 控件。

在弹出的对话框中选择按钮和 LED，如图 10-67 和图 10-68 所示。

图 10-67　添加按钮二

图 10-68　添加 LED 二

在外设和 IoT 控件添加后就可以开始设计流程图、绘制前面板，通过拖动的方式可以将模块放入流程图。

前面板设计与前面介绍的方法相似，双击"Main Controls"打开"IoT Builder"编辑界面，将"IoT Controls"中的控件拖入其中，如图 10-69 所示。

图 10-69　将 IoT 控件拖入"IoT Builder"编辑界面

单击控件，可以在左下角的属性栏更改控件的属性，如图 10-70 所示。

通过修改"labelText"中的内容可以修改控件的标签，如图 10-71 所示。

如果想要让 LED 在按下按钮时点亮，松开熄灭，可以在"mode"中选择"Momentary"，如果是"One-Click"，则是按下按钮后 LED 点亮，断开电路后 LED 熄灭；"Toggle"选项是每按下一次按钮，LED 的状态就改变一次，如图 10-72 所示。

图 10-70　更改控件属性

图 10-71　修改控件的标签

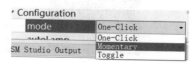
图 10-72　修改按钮模式

前面板的设计可以根据自己的需要进行调整，可以参考图 10-73 进行设计。

下一步需要进行的是流程图设计，流程图中需要新建一个变量来说明 LED 的状态，如图 10-74 所示。

图 10-73　设计好的前面板

图 10-74　新建变量

设计好的流程图如图 10-75 所示。

图 10-75　设计好的流程图

在循环中需要先对外设进行初始化设置，这里直接将 LED 的状态作为初始状态，当 LED 的状态为"Ture"时，让前面板的 LED 保持点亮状态，或者通过按键控制灯的亮灭：按下按键，点亮 LED；否则继续保持熄灭状态。单击左下角的运行按钮进行仿真，LED 仿真结果如图 10-76 所示。

图 10-76　LED 仿真结果

10.4.4　基于树莓派的可调 RGB 灯光设计

本节设计的是一个可以改变颜色的 RGB 灯，通过对 RGB 灯三原色的比例的更改，来改变灯的颜色。本例同样需要先新建一个基于树莓派的可视化设计工程，之后为项目添加外设及 IoT 控件，如图 10-77 和图 10-78 所示。

图 10-77　添加外设

图 10-78　添加 IoT 控件

添加完外设后的原理图编辑界面如图 10-79 所示。

图 10-79　添加完外设后的原理图编辑界面

下一步将 IoT 控件拖入"IoT Builder"编辑界面进行前面板设计，前面板设计如图 10-80 所示。

图 10-80　前面板设计

原理图中 RGB 灯分别由红、绿、蓝三原色构成，可以通过选择接通或不接通对应的通路来选择由哪些颜色来组合，这里选择六种常见的颜色来进行控制，当按下左下角的开关键后，灯变黑。调整 RGB 灯的颜色并不需要对灯进行初始化，因此不需要在循环中进行相关的初始化设置，将 IoT 控件拖入流程图中会出现图 10-81 所示的框图，Trigger 为一个触发器，当按下按钮后触发器会触发中断，然后执行接下来的程序。

具体的流程图的设计如图 10-82 所示。

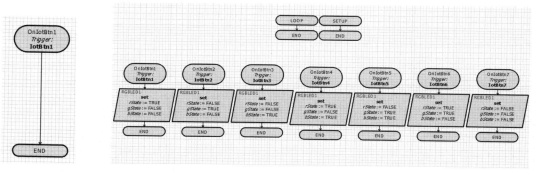

图 10-81　将 IoT 控件
　　　　拖入流程图中

图 10-82　流程图

　　其中按钮 1 对应红色，按钮 2 对应绿色，按钮 3 对应蓝色，按钮 4 对应粉色，按钮 5 对应青色，按钮 6 对应黄色，按钮 7 对应黑色。按下某个按钮后，RGB 灯会显示对应的颜色。RGB 灯仿真情况如图 10-83 所示。

图 10-83　RGB 灯仿真情况

根据仿真情况可以看到按下按钮后 RGB 灯的颜色会有相应改变。

 思考与练习

（1）物联网设计的一般流程是什么？

（2）如何使用 PROTEUS IoT Builder 来进行物联网项目设计？

第 11 章　PCB 设计简介

11.1　PCB 设计环境简介

印制电路板（PCB）可以在 PROTEUS ARES 环境中进行设计，它采用了高效的自动布局和自动布线算法，支持 16 个布线层、2 个丝网印刷层、4 个机械层，以及线路板边界层、布线禁止层、阻焊层等。它允许在任意角度放置元器件和焊盘连线，并能自动生成飞线（Ratsnest）和力向量，提供理想的基于图表的手动布线系统。该软件还具备物理设计规则检测功能，确保了设计的完整性，同时还提供电气设计规则来确保设计的正确性。PROTEUS ARES 提供 PCB 完整设计流程，并具有完整的 CAD/CAM 输出和嵌板工具，可以生成光绘文件。此外，它还具备自动的门交换功能和智能的布线算法。软件内置了超过 1000 个标准的元器件引脚封装，支持输出到各种 Windows 设备，并可导出其他线路板设计工具的文件格式。另外，在设计 PCB 时，PROTEUS ARES 环境还具备自动插入最近打开的文档的功能，当用户修改了原理图并重新加载网表时，PROTEUS ARES 会更新相关联的元器件和连线。同理，PROTEUS ARES 中的变化也将自动反馈到原理图中。

11.2　PROTEUS ARES 编辑环境

PROTEUS 的 PCB 是在 PROTEUS ARES 环境中进行设计的。其设计功能强大，使用方便，易于上手。

单击"开始"菜单，选择"Proteus 8 Professional"文件，在出现的子菜单中选择"Proteus 8 Professional"，如图 11-1 所示。

图 11-1　选择"Proteus 8 Professional"

这时就会出现系统界面，然后单击系统界面中的 ，进入 PROTEUS ARES 编辑环境，如图 11-2 所示。

图 11-2   PROTEUS ARES 编辑环境

图 11-2 中网状的栅格区域为编辑窗口，左上方为预览窗口，左下方为元器件列表区，即对象选择器。其中，编辑窗口用于放置元器件，进行连线等；预览窗口可显示选中的元器件及编辑区。同 PROTEUS ISIS 编辑环境相似，在预览窗口中有两个框，蓝框表示当前页的边界，绿框表示当前编辑窗口显示的区域。在预览窗口上单击，并移动光标，可以在当前页任意选择当前编辑窗口。

下面分类对编辑环境进行进一步介绍。

11.2.1   PROTEUS ARES 菜单栏介绍

PROTEUS ARES 的主菜单栏和主工具栏如图 11-3 所示。

PROTEUS ARES 的主菜单栏包括 File（文件）、Output（输出）、Edit（编辑）、View（视图）、Library（库）、Tools（工具）、Technology（工艺）、System（系统）、Help（帮助）。

图 11-3   PROTEUS ARES 的主菜单栏和主工具栏

（1）File 菜单：包括新建设计、打开设计、保存设计、导入/导出文件等。

（2）Output 菜单：包括打印设计、标记输出区域、设置原点、设输出各种类型的文件格式、PCB 的前期检查、手动添加注释、生成光绘文件、生成各种类型的文件和数据等。

（3）Edit 菜单：用于撤销/恢复操作、查找与编辑元器件、选择所有对象、剪切对象、复制对象、粘贴对象，改变过孔、斜切直角线等。

（4）View 菜单：用于设置各层的颜色、网格类型、原点、坐标、光标、线宽，查找元器件、查找引脚及缩放视图等。

（5）Library 菜单：用于从库中选择元器件/图形或将元器件/图形保存到库，以及设置贴片、导线、过孔样式。

（6）Tools 菜单：提供了多个用于对元器件/图形元素进行调整和编辑的命令，如自动轨迹跟随、自动角度锁定、自动轨迹选择、自动元器件名管理、自动布局、自动布线、生成和清除网络列表、断线检查等。

（7）Technology 菜单：包括 PCB 设计时元器件间距规则、网格、各层用途、文本格式、焊盘等设置。

（8）System 菜单：提供了多个属性设置命令，如设置层颜色、环境设置、板层设置、模板设置、绘图设置等。

（9）Help 菜单：帮助菜单，提供了众多帮助内容和条目，读者在学习过程中遇到问题时，可从中查找相应的解决方法。

11.2.2 PROTEUS ARES 工具栏

PROTEUS ARES 编辑环境中提供了很多可使用的工具，在 PROTEUS ARES 编辑环境的左侧选择相应的按钮，系统可提供相应的操作工具。

Selection Mode 按钮：光标模式，可以单击任意元器件并编辑元器件的属性。

Component Mode 按钮：放置和编辑元器件。

Package 按钮：放置和编辑元器件封装。

Track 按钮：放置和编辑导线。

Via 按钮：放置和编辑过孔。

Zone 按钮：放置和编辑铺铜。

Ratsnest 按钮：输入或修改连线。

Connectivity Highlight 按钮：以高亮度显示连接关系。

Round Through-hole Pad 按钮：放置圆形通孔焊盘。

Square Through-hole Pad 按钮：放置方形通孔焊盘。

DIL Pad 按钮：放置椭圆形通孔焊盘。

Edge Connector Pad 按钮：放置板插头（金手指）。

Circular SMT Pad 按钮：放置圆形单面焊盘。

Rectangular SMT Pad 按钮：放置方形单面焊盘，具体尺寸可在对象选择器中选。

Polygonal SMT Pad 按钮：放置多边形单面焊盘。

Padstack 按钮：放置测试点。

2D Graphics Line 按钮：直线按钮，用于绘制线。

2D Graphics Box 按钮：方框按钮，用于绘制方框。

2D Graphics Circle 按钮：圆形按钮，用于绘制圆。

⬭2D Graphics Arc 按钮：弧线按钮，用于绘制弧线。

∞2D Graphics Closed Path 按钮：任意闭合形状按钮，用于绘制任意闭合图形。

A2D Graphics Text 按钮：文本编辑按钮，用于插入各种文字说明。

≣2D Graphics Symbols 按钮：符号按钮，用于选择各种二维符号元器件。

✛2D Graphics Markers 按钮：标记按钮，用于产生各种二维标记图标。

⬈Dimension 按钮：测距按钮，用于放置测距标识。

对于具有方向性的对象，系统还提供了各种旋转图标按钮（需要选中对象）：

C Rotate Clockwise 按钮：顺时针方向旋转按钮，以 90° 偏置改变元器件的放置方向。

⟲Rotate Anti-clockwish 按钮：逆时针方向旋转按钮，以 90° 偏置改变元器件的放置方向。

↔X-mirror 按钮：水平镜像旋转按钮，以 Y 轴为对称轴，按 180° 偏置旋转元器件。

↕Y- mirror 按钮：垂直镜像旋转按钮，以 X 轴为对称轴，按 180° 偏置旋转元器件。

11.2.3 PCB 设计流程

PCB 的设计就是将设计的电路在一块板上实现。一块 PCB 上不但要包含所有必需的电路，而且还应该具有合适的元器件选择、元器件的信号速度、材料、温度范围、电源的电压范围及制造公差等信息，一块设计出来的 PCB 必须能够制造出来，因此 PCB 的设计除了要满足功能要求，还要满足制造工艺要求及装配要求。为了有效地实现这些设计目标，我们需要遵循一定的设计过程和规范。

图 11-4 所示为一个完整 PCB 设计的基本流程。

PCB 设计的一般步骤如下。

1）绘制原理图

这是 PCB 设计的前期工作，主要是完成原理图的绘制，包括生成网络表。当然，有时也可以不进行原理图的绘制，而直接进入 PCB 设计系统。原来用于仿真的原理图需将信号源及测量仪表的接口连上适当的连接器。另外，在生成网络列表时，要确保每个元器件都带有封装信息。由于元器件的封装在实际中是多种多样的，如果元器件的封装库中没有所需的封装，用户就必须自己动手创建元器件封装。

2）规划电路板

在绘制 PCB 之前，用户要对电路板有一个初步的规划，比如电路板采用多大的物理尺寸，采用几层电路板（单层板、双层板或多层板），各元器件采用何种封装形式及其安装位置等。这是一项极其重要的工作，是确定电路板设计的框架。

3）设置参数

参数的设置是 PCB 设计中非常重要的步骤。设置参数主要是设置元器件的布置参数、层参数、布线参数等。一般说来，有些参数采用其默认值即可。

4）装入网络表及元器件封装

网络表是电路板自动布线的灵魂，也是原理图设计系统与 PCB 设计系统的接口，因此这一步也是非常重要的环节。只有将网络表装入之后，才可能完成对电路板的自动布线。元器件的封装就是元器件的外形，对于每个装入的元器件必须有相应的外形封装才能保证电路板设计顺利进行。

5）元器件布局

元器件可以利用软件自动布局。规划好电路板并装入网络表后，可以让程序自动装入元器件，并自动将元器件布置在电路板边框内。当然，也可以进行手动布局。元器件布局合理后，才能进行下一步的布线工作。

6）自动布线

如果相关的参数设置得当，元器件的布局合理，自动布线的成功率就非常高。

7）手动调整

自动布线结束后，往往存在令人不满意的地方，这就需要手动调整。

8）文件保存及输出

完成电路板的布线后，先保存完成的电路线路图文件，然后通过设置输出光绘文件。

图 11-4　PCB 设计流程框图

11.3　PCB 板层结构介绍

PCB 由绝缘基板和附在其上的印制导电图形（焊盘、过孔、铜膜导线）及图文（元器件轮廓、型号、参数）等构成。印制电路板常见的板层结构有单层板、双层板和多层板。

单层板的电路板一面铺铜，另一面不铺铜，铺铜的一面用来布线及焊接，另一面放置元器件。单层板的成本低，适用于设计比较简单的电路。

双层板包括顶层和底层，且顶层和底层都铺铜，两层都可以布线，元器件一般放在顶层，顶层也叫作元器件面，底层为焊接面，两层的导电图形靠过孔实现电气连接。双层板适用于电路较为复杂的电路设计。

多层板是由交替的导电图形层及绝缘材料层叠压黏合而成的电路板。除了电路板顶层及底层两个表面有导电图形，内部还有一层或多层相互绝缘的导电层，各层之间通过金属化过孔实现电气连接。多层板适用于设计更为复杂的电路。

思考与练习

（1）PCB 是什么？

（2）简述 PCB 设计的一般步骤。

（3）简述 PCB 常见的板层结构。

第 12 章 创建元器件

 12.1 概述

PROTEUS 元器件库中有数万个元器件，它们是按功能和生产厂家的不同来分类的。前面已经介绍过用户可以单击 ▷ → P ，在出现的"Pake Devices"对话框中输入要查找的元器件名，就可以添加元器件到原理图界面上。但元器件库中的元器件毕竟是有限的，有时在元器件库中可能找不到所需的元器件，这时就需要创建新元器件，并将新的元器件保存在一个新的元器件库中，以备日后调用。

12.1.1 PROTEUS 元器件类型

用 Schematic Capture 绘制的电路图可用于各种仿真、PCB 设计等不同用途，因此元器件库中包含多种类型的元器件以供各种仿真和 PCB 设计使用。它们有不同的分类方法。

1）根据元器件是否商业化进行分类

（1）商品化的元器件符号，包括各种型号的晶体管、集成电路、A/D 转换器和 D/A 转换器等元器件。同时还提供配套信息，包括描述这些元器件功能和特性的模型参数（供仿真用），以及封装信息（供 PCB 设计用）。

（2）非商品化的通用元器件符号，如通常的电阻、电容、晶体管和电源等元器件，以及与电路图有关的一些特殊符号。

（3）常用的子电路可以作为图形符号存入库文件中，可以用移动和复制的方法先将选中的子电路添加到库文件中，然后对库文件中的子电路进行编辑修改。

2）根据元器件有无仿真模型分类

根据元器件有无仿真模型，可以将其分为有仿真模型和无仿真模型两种。无仿真模型的元器件是为 PCB 设计的。仿真模型可根据其属性分为 4 类。

（1）仿真原型（Primitive Models）：电子元器件模型，如电阻、电容等。

（2）SPICE 模型（SPICE Models）：该类模型是基于元器件的 SPICE 参数构建的模型。

（3）VSM 模型（VSM DLL Models）：该类模型是使用 VSM SDK 在 C++环境下创建的 DLL 模型，一般被用于设计 MCU 和较复杂的元器件，比如 LCD 显示屏。

（4）原理图模型：该模型是由仿真原型搭建的元器件模型。

3）根据元器件模型内部结构分类

根据元器件内部结构，可以将其分为三类：

（1）单组件模型：此模型的原理图符号与 PCB 封装是一一对应的，每一个引脚都有一个编号和名称。

（2）同类的多组件模型：此模型在一个 PCB 封装中有几个相同的组件。

（3）异类多组件模型：此模型是指在一个 PCB 封装中有几个不同的组件。

12.1.2　定制自己的元器件

制作元器件模型一般包括制作元器件模型原理图符号、模型封装设置、模型内电路设计、模型仿真验证、建立模型文件。其设计流程如图 12-1 所示。若无须仿真，只进行原理图设计和 PCB 设计，则可不进行模型内电路设计、模型仿真、建立元器件模型文件等过程。若不进行 PCB 设计而只进行电路仿真，则可以不进行元器件封装。

图 12-1　元器件设计流程图

在制作元器件时，有三个实现途径：

（1）使用 PROTEUS VSM SDK 开发仿真模型，并制作元器件；

（2）在已有的元器件基础上进行改造，比如把元器件改为 bus 接口；

（3）利用已制作好（别人的）的元器件，我们可以到网上下载一些新元器件并把它们添加到自己的元器件库。

本章只介绍前两种实现途径。

12.1.3　制作元器件命令、按钮

制作元器件时主要用到的按钮和命令如下。

（1）引脚模式按钮 ⇥ ；

（2）2D 图形操作模式按钮：方框模式按钮 ■ 、标记按钮 ✚ 等。

（3）菜单（Library）中的相关按钮：制作元器件按钮 Make Device、封装工具按钮 Packaging Tool、分解工具按钮 Decompose 等。

（4）菜单 Design（设计）中的相关命令：编辑页属性按钮 Edit Sheet Properties、切换页面工具按钮 Goto Sheet 等。

（5）右击引脚，使用右键菜单选项"Edit Properties"中的"Edit Pin"操作。

12.1.4　原理图介绍

在前面几章对原理图详细介绍的基础上，这里采用第 6 章仿真过的电原理图，对其进行后处理，如图 12-2 所示。

图 12-2　用于仿真的电路原理图

对于 PROTEUS ISIS 电路功能仿真来说，图 12-2 所示的电路图已经能够达到预期的目标，也就是说，该电路图的原理是正确的，其仿真结果如图 12-3 所示：

图 12-3　仿真结果

为使用图 12-2 所示的电路原理图进行 PCB 设计，必须对原理图进行中处理和后处理。在原理图中包含 3 组电源，它们分别是 VCC、+12V 和–12V；包含 3 组电源共地（GND）；还包含一组信号输出接口 V_{out}，输出电压以 GND 作为参考。

因此，在进行 PCB 设计之前需要添加两组连接器，即电源输入端和信号输出端。另外，PCB 设计过程中不需要示波器，要在原理图中将其删除。

12.2　自定义元器件符号

在原理图的后期处理过程中，若元器件库中没有所需要的元器件，用户可根据自身需要自行绘制元器件符号。本节以上面提到的两组连接器（电源输入端和信号输出端）为例，说明在 PROTEUS ISIS 中绘制元器件的方法。

12.2.1　制作单一元器件

制作单一元器件的一般步骤：

（1）用适当的图形样式（S）将图形对象定义为元器件的主体。

（2）放置元器件引脚对象来表示引脚。

（3）使用任何标准编辑技术（见编辑对象）或属性分配工具的名称和类型来指定引脚名称与类型，从而定义引脚。

（4）先选中所有对象，然后调用"Make Decive"命令，并设置任何默认属性。

1. 绘制 4 针连接器符号"POWER-CON-4P"，不定义封装

（1）单击 PROTEUS ISIS 工具箱中的"2D Graphics Box Mode"按钮■，在列表中选择"COMPONENT"，在编辑区域中单击并拖动鼠标，直至形成一个合适的矩形框，这时就绘制出一个矩形框，如图 12-4 所示。

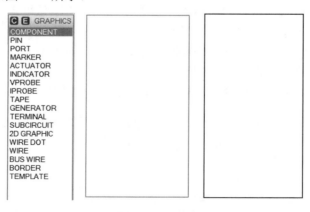

图 12-4　绘制矩形框

双击矩形框或选中图形右击，在出现的子菜单栏中选中"Edit Properties"，就会出现"Edit 2D Graphics"窗口，如图 12-5 所示。

（a）　　　　　　　　　　　　　　　　（b）

图 12-5　2D 图形编辑框

在"Edit Box"中，可以设置编辑主体图形的坐标和尺寸大小。在"Edit Style"中包含以下两项设置。

（1）Line Attributes：线型分配。

① Line style：线风格。

② Width：线宽。

③ Colour：线的颜色。

（2）Fill Attributes：填充分配设置。

① Fill style：填充风格。

② Fg.colour：填充颜色。

这里可以对线的格式和填充的实体进行设置。这里采用默认设置时，只需要勾选对应设置后面的"Follow Globql"即可。

也可以单击"Template"→"Set Graphic Style"，出现如图 12-6 所示的界面，在此界面中可以设置元器件的线的风格及填充风格。

按图 12-6 所示的参数设置元器件风格，设置完成的元器件如图 12-7 所示。

图 12-6　设置元器件格式　　　　　　　　　　　　图 12-7　设置完成的元器件

这种设计便于在白纸上打印。

单击✛→"ORIGIN"可以编辑元器件的原点，如图 12-8 所示。如果不指定一个原点，系统默认将原点放在元器件顶部左边的引脚边缘。原点定义完以后的图形如图 12-9 所示。

（2）单击工具箱中的"Device Pins Mode"按钮▷，则在列表中出现 6 种类型的引脚如图 12-10 所示。

图 12-8　编辑原点操作　　　图 12-9　原点定义完成后的图形　　　图 12-10　6 种类型的引脚

其中的各个引脚含义如下。

① DEFAULT：普通引脚；

② INVERT：低电平有效引脚；

③ POSCLK：上升沿有效的时钟输入引脚；

④ NEGCLK：下降沿有效的时钟输入引脚；

⑤ SHORT：较短引脚；

⑥ BUS：总线。

首先单击选择"DEFAULT"引脚类型，选中后单击下方的"Horizontal Reflection"按钮↔，将引脚水平翻转或使用小键盘上的"+"号翻转引脚；在编辑窗口中单击就会出现"DEFAULT"引脚，按照图 12-11 的形式添加 4 个引脚。在此处应注意添加引脚时的方向，引脚中带有"×"的一端为引脚的接线端，要放在元器件的外侧，如图 12-11 所示。

（3）完成以上设置后开始添加引脚名及引脚号，有两种方法。

① 右击选中引脚，再单击打开"Edit Pin"窗口，在"Pin Name"的文本框中输入引脚名"P1"，在"Default Pin Number"的文本框中输入默认的引脚号"1"如图 12-12 所示。

图 12-11　添加元器件引脚（DEFAULT 型）　　　　图 12-12　设置引脚属性

其中：

Pin name：设置引脚名称。　　Default Pin Number：设置引脚号。

Draw body：是否显示引脚。　　Draw name：是否显示引脚名称。

Draw number：是否显示引脚号。　　Rotate Pin Name：引脚名称是否旋转。

Rotate Pin Number：引脚号是否旋转。

PS-Passive：无源终端。　　TS-Tristate：三态引脚。

IP-Input：输入引脚。　　PU-Pull-up：上拉引脚。

OP-Output：输出引脚。　　PD-Pull-down：下拉引脚。

IO-Bidirectional：双向作用引脚。　　PP-Power Pin：电源引脚。

按照图 12-12 设置其他选项，设置完后单击"OK"按钮，保存设置。

② 单击"Tool"→"Properties Assignment Tool"，如图 12-13 所示，将出现图 12-14 所示的窗口，在这个窗口中也可以编辑引脚名、引脚属性。

图 12-13　单击"Tool"→
"Property Assignment Tool"

图 12-14　"Property Assignment Tool"窗口

此时选中的引脚设置如图 12-15（a）所示。按照图 12-15（b）编辑其他 3 个引脚的引脚名及引脚号。

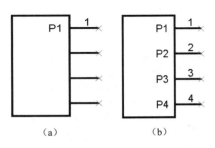

（a）　　　　　　　（b）

图 12-15　编辑元器件引脚

对引脚命名、编号时需要注意以下几项。

① 引脚必须有名称。

② 若两个或多个引脚名称相同，系统认为它们是相连接的。

③ 在引脚上放置下划线的方法：在引脚名前后添加符号"$"即可。

（4）选中整个元器件符号，在 PROTEUS 的菜单栏中单击"Library"→"Make Device"，弹出"Make Device"窗口，如图 12-16 所示。

图 2-16 所示的窗口中包括一般属性和活动元器件属性

① 一般属性：确定元器件的名称，以及引用前缀。这是出现在新放置元器件部分标识前面的数字或字母。

请注意：如果不添加前缀，新放置的元器件将不被注释，它们的部分参数值和属性文本也将被隐藏。这对框图类型的原理图及元器件（如虚拟示波器）是有用的。

图 12-16　"Make Device"窗口

② 活动元器件属性：用于使用 PROTEUS VSM 创建动画元器件。

图 2-16 在"General Properties"选项组中设置"Device Name"为"POWER-CON-4P"，在"Reference Prefix"文本框中输入字母"P"，单击"Next"按钮，进入下一步设置。定义元器件封装，如图 12-17 所示。

图 12-17　定义元器件封装

如果暂时不能确定元器件的封装情况，则可以跳过此步。单击"Next"按钮，进入下一步设置。设置元器件属性时各项属性基本保持默认值即可，如图 12-18 所示。

单击"Next"按钮，定义元器件的数据手册（Data Sheet），如图 12-19 所示。

单击"Next"按钮，设置元器件索引，如图 12-20 所示。

其中：

Device Category：元器件所属类。

Device Sub-category：元器件所属子类。

Device Manufacturer：元器件制造厂商。

图 12-18　设置元器件属性

图 12-19　定义元器件的数据手册

图 12-20　设置元器件索引

单击"OK"按钮，完成元器件定义，此时元器件列表中自动添加了新建的元器件"POWER_CON_4P"，将其添加到原理图中的元器件列表中，如图 12-21 所示。

2．绘制 BNC 连接器符号"BND_1"，并指定封装

（1）首先要按图 12-22 所示的模型绘制元器件符号，单击 PROTEUS ISIS 工具箱中的"2D Graphics Circle Mode"按钮 ，在列表中选择"COMPONENT"，在编辑区域中单击并拖动鼠

图 12-21   添加元器件"POWER_CON_4P"

标，直至形成一个所需要的圆形框则可以松开鼠标，这时就绘制出一个圆形框，如图 12-22 所示。

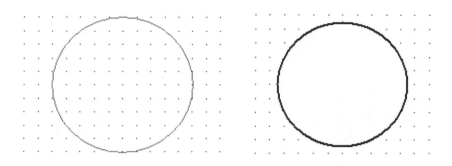

图 12-22   绘制圆形框

再单击列表选项中的"ACTUATOR"图标，在上述所画的圆形框中心位置单击并拖动鼠标，直至形成一个如图 12-23 所示的双环圆形框。

（2）其次开始添加元器件的引脚，按照图 12-24 添加 2 个引脚。单击工具箱中的"Device Pins Mode"按钮，先单击选择"DEFAULT"引脚类型，在编辑窗口中放置引脚 1，再点选"DEFAULT"引脚，选中后单击下方的"Rotate Anti-Clockwise"按钮 ，将引脚逆时针进行翻转；在此处应注意添加引脚时的方向，引脚中带有"×"号的一端为引脚的接线端，要放在元器件的外侧。

         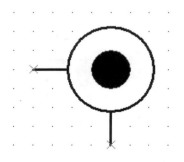

图 12-23   绘制双环圆形框   图 12-24   添加元器件的引脚（DEFAULT 型）

（3）再次开始添加引脚名及引脚号：右击选中引脚，再单击打开"Edit Pin"窗口，在
"Pin Name"文本框中输入引脚名"P"，在"Default Pin Number"文本框中输入默认的引脚
号"1"如图 12-25 所示。

图 12-25　设置引脚属性

按照图 12-25 设置其他选项，设置完后单击"OK"按钮，保存设置。此时选中的引脚
设置完如图 12-26（a）所示。按照图 12-26（b）编辑另一个引脚的引脚名及引脚号。

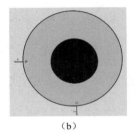

（a）　　　　　　　　　　　　　　　　　　　　　（b）

图 12-26　编辑元器件引脚

（4）最后选中整个元器件符号，在 PROTEUS 的菜单栏中单击"Library"→"Make
Device"，弹出"Make Device"窗口（见图 12-27）。

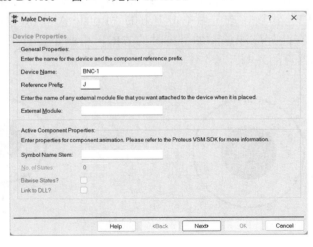

图 12-27　"Make Device"窗口

单击"Next"按钮，进入下一步设置，如图 12-28 所示。

图 12-28 设置封装

单击"Add/Edit"按钮，打开"Package Device"窗口，如图 12-29 所示。

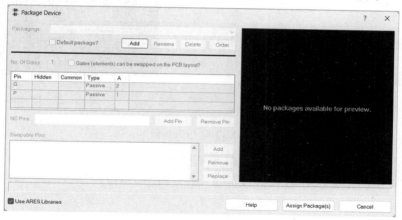

图 12-29 "Package Device"窗口

单击"Add"按钮，选中 PROTEUS 库中自带的封装"RF-SMX-R"，如图 12-30 所示。

图 12-30 查找库中的封装

单击"OK"按钮，导入封装，如图 12-31 所示。

图 12-31　导入封装

在表格区中选中引脚号"1"，在封装预览区中单击焊盘"S"，这样就将元器件符号中的 1 号引脚"P"映射为 PCB 封装中的焊盘"S"，如图 12-32 所示。同样，将 2 号引脚映射为焊盘"E"。

图 12-32　引脚映射

单击"Assign Package(s)"按钮，指定封装，如图 12-33 所示。

图 12-33　指定封装

单击"Next"按钮，定义元器件属性，如图 12-34 所示。

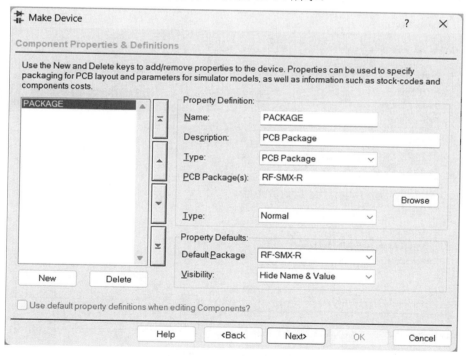

图 12-34　定义元器件属性

单击"Next"按钮，定义元器件手册，如图 12-35 所示。

图 12-35　定义元器件手册

单击"Next"按钮，指定元器件路径，如图 12-36 所示。

图 12-36　指定元器件路径

完成设置后单击"OK"按钮即可完成元器件符号制作。

3. 制作六十进制计时器模型

1）制作模型原理图符号框、编辑引脚

（1）画原理图符号框、放置引脚和原点。

首先单击 PROTEUS ISIS 工具箱中的 "2D Graphics Box Mode" 按钮■，在列表中选择 "COMPONENT"，在编辑区域中单击并拖动鼠标，直至形成一个需要的矩形框则可以松开鼠标，这时就绘制出一个矩形框，如图 12-37 所示。

其次单击工具箱 "Device Pins Mode" 按钮⏵，选择 "DEFAULT" 引脚类型，按照图 12-38 开始添加 14 个引脚。在此处应注意添加引脚时的方向，引脚中带有 "×" 号的一端为引脚的接线端，要放在元器件的外侧，如图 12-38 所示。

最后单击工具栏中的按钮✚，选择列表中的原点 "Orign"，将其放在符号框左下角，如图 12-39 所示。

图 12-37　原理图轮廓

图 12-38　添加元器件引脚（DEFAULT 型）

图 12-39　添加原点

（2）编辑引脚：

按照表 12-1 所列的信息编辑引脚。

表 12-1　引脚名称、编号、电气类型

引 脚 名 称	引 脚 编 号	显 示 引 脚	显 示 名 称	显 示 编 号	引脚电气类型
clk	1	√	√	√	IP
en	2	√	√	√	IP
d0	3	√	√	√	OP
d1	4	√	√	√	OP
d2	5	√	√	√	OP
d3	6	√	√	√	OP
d4	8	√	√	√	OP
d5	9	√	√	√	OP
d6	10	√	√	√	OP
VDD	14	×	×	×	×
GND	7	×	×	×	×
nc	11	×	×	×	×
nc	12	×	×	×	×
nc	13	×	×	×	×

右击选中引脚，再单击打开"Edit Pin"窗口，在"Pin Name"文本框中编辑引脚，如图 12-40 所示，编辑引脚后的元器件如图 12-41 所示。

图 12-40　设置引脚属性

图 12-41　编辑引脚后的元器件

2）使用"Make Device"制作元器件、设置封装、完成原理图符号制作

（1）选中整个元器件符号，在 PROTEUS 的菜单栏中单击"Library"→"Make Device"，弹出"Make Device"窗口，如图 12-42 所示，并定义设计属性，这里定义元器件名称为"JSQ60"，标号前缀为"JS"。

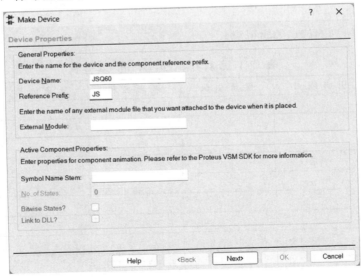

图 12-42　"Make Device"窗口

（2）设置元器件封装。

单击"Next"按钮，进入下一步设置，如图 12-43 所示。

单击"Add/Edit"按钮，打开"Package Device"窗口，如图 12-44 所示。

图 12-43　设置封装

图 12-44　"Package Device" 窗口

单击 "Add" 按钮，查找并选中 PROTEUS 库中自带的封装 "DIL14"，如图 12-45 所示。

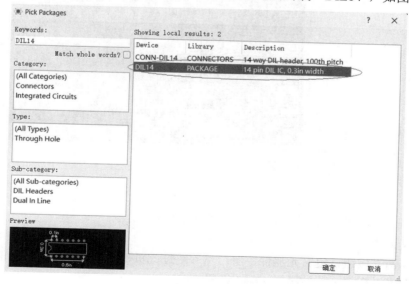

图 12-45　查找库中的封装

单击"OK"按钮，导入封装，如图 12-46 所示。

图 12-46　导入封装

　　然后按照之前介绍的方法将各个引脚按设计要求匹配。之后单击"Assign Package"，进入下一页，如图 12-47 所示。

图 12-47　指定封装

　　单击"Next"按钮，定义元器件属性，如图 12-48 所示。

（3）定义分类与库存并完成原理图符号制作。

　　单击"Next"按钮，定义元器件手册，然后跳过此页，出现图 12-49 所示的对话框。这里需要定义分类及所在库，按照图 12-49 设置。

图 12-48　定义元器件属性

图 12-49　定义分类及所在库对话框

　　设置完成后单击"OK"按钮，即可完成元器件符号制作并存入元器件库中；同时在原理图对象选择器中出现"JSQ60"，后续也可以从元器件库中查找和选取"JSQ60"。完成后的 ISIS 窗口如图 12-50 所示。

　　图 12-50 所示的窗口右侧封装浏览器说明 JSQ60 有封装，但没有仿真模型，因为上面的制作过程都仅仅制作了一个原理图，但不是元器件模型。它可以参与到 PCB 制作中，但需

要其具有仿真模型，还需要内电路的设计。下面具体介绍内电路的设计过程。

图 12-50　完成后的 ISIS 窗口

3）设计模型的内电路，进行仿真验证，生成模型文件

（1）进入内电路设计页。

将 JSQ60 放置到原理图编辑区域并双击它打开属性对话框，如图 12-51 所示。勾选 "Attach hierarchy module"，即捆绑模块，然后单击 "OK" 按钮，退出属性对话框并形成页名为 JS1 的下层设计页。按住 PgDn 键进入下层设计页，在这层进行内电路设计，此页也称为 "子页"，其对应的上层称为 "父页"。

图 12-51　编辑属性对话框

（2）在子页中设计元器件内电路。

在子页中设计元器件内电路的方法与在其他层的设计是一样的，设计完成的内电路如图 12-52 所示。

设计时需要注意：①内电路的终端标注应与元器件模型引脚相一致；②组成内电路的模型应该是仿真模型（若要求仿真）。

图 12-52 模型内电路设计

（3）设计验证电路进行仿真验证。

内电路设计完成后，按住 **PgUp** 键返回父页，设计验证电路，如图 12-53 所示，这里选用的数码管是 7SEG-BCD（带译码器的数码管），数字时钟频率设置为 5Hz。

图 12-53 验证电路

然后单击原理图界面下方的仿真按钮 ▶，查看数码管的显示情况，如图 12-54 所示。数码管应该从 0 开始，以 1 累加，累加到 59 时，返回 0，重新递增，反复循环。实际运行情况与期待的情况一致，证明内电路设计是正确的。

图 12-54　验证电路仿真

（4）由内电路生成模型文件（.MDF）。

再次进入子页，单击"Tools"→"Model Compiler"，弹出"Compiler Model"对话框，将文件保存成"JSQ60.MDF"。

4）进入父页启动"Make Device"，加载模型文件，完成模型制作

返回父页的设计页，选中"JS1"，执行"Make Device"操作，单击"Next"按钮，直到弹出图 12-55 所示的界面为止。单击左下方的"New"按钮，在弹出的菜单中选择"MODFILE"，属性名称和描述会自动出现。在"Default Value"文本框中填写"D:\proteus8.15\ceshi\JSQ60.MDF"，之后单击"Next"按钮。

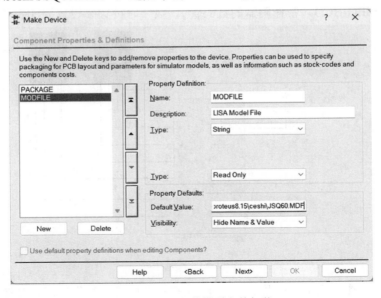

图 12-55　元器件模型文件加载

单击"Next"按钮，直到弹出图 12-56 所示的界面为止。先在该界面中单击"Device Category"处的"New"按钮，新建一种元器件分类即"MYLLIB"，然后将元器件存储到"USERDVC"库中，最后单击"OK"按钮，至此元器件仿真模型建立成功。

图 12-56　元器件仿真模型建立

仿真模型建立完之后，可以在各种电路设计与仿真中使用。在原理图界面，先单击元器件模式按钮，然后在出现的界面中单击按钮，就会出现如图 12-57 所示的界面，在元器件查找区域查找对应信息即可找见，在元器件封装查看区域可以看到该元器件已经具备了仿真模型，说明元器件仿真模型添加成功。

图 12-57　"六十进制计数器"模型元器件查找

12.2.2　制作同类多组件元器件

7400 系列是 TTL（Transistor-Transistor Logic）数字集成电路芯片系列，由美国德州仪器公司推出。该系列芯片具有低功耗、高速度、可靠性好等特点，在数字电路领域中得到广泛应用。本次同类多组件元器件就像 7400 一样，它由几个相同的元素构成物理部分，我们希望在原理图上以圆形展示。对于这种元器件，ISIS 必须允许一组引脚被应用到同一元素。对于一个 7400，有 4 组引脚，每组被集为一个门，哪组引脚被用于哪一个给定的门是由元器件参考后缀确定的。标签 7400 门为 U1：C，那么 ISIS 将使用 PIN 号码第三集：8、9 和 10。

本节将以"Relay"和四个 2 输入或非门 7436 模型为例，叙述同类多组件元器件模型的制作，具体介绍多元均匀元器件的制作过程。

1. "Relay"的制作

（1）单击 ▱→"COMPENNENT"，在原理图上合适的位置放置制作元器件所需的图形，图 12-58 所示为绘制主体图形的过程。

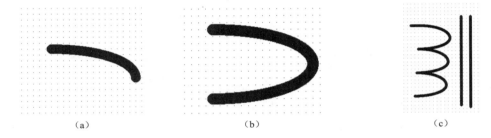

图 12-58　绘制主体图形的过程

（2）然后开始添加元器件的引脚，按照图 12-59 开始添加 3 个引脚。单击工具箱中的"Device Pins Mode"按钮 ⇥，分别单击选择"DEFAULT"和"INVERT"两种引脚类型，在编辑窗口中放置引脚 1，再选择"DEFAULT"引脚，选中后单击下方的"Rotate Anti-Clockwise"按钮 ↺，将引脚逆时针进行翻转；在此处应注意添加引脚时的方向，引脚中带有"×"号的一端为引脚的接线端。添加引脚如图 12-59 所示。

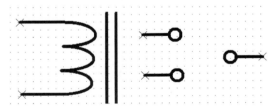

图 12-59　添加引脚

再单击 ╱→"COMPENNENT"，添加剩余的线。完善后的图形如图 12-60 所示。

（3）然后开始添加引脚名及引脚号：右击选中引脚，再单击打开"Edit Pin"窗口，在"Pin Name"文本框中输入引脚名，在"Default Pin Number"文本框中输入默认的引脚号，编辑引脚完成如图 12-61 所示。

（4）选中前面一部分元器件符号，在 PROTEUS 的菜单栏中单击"Library"→"Make Device"，弹出"Make Device"窗口，按图 12-62 进行设置。

图 12-60　完善后的图形

图 12-61　编辑引脚完成

图 12-62　"Make Device"对话窗口

　　按照正常的方式通过向导进行下面步骤，但不进行封装，最后要把该元素存储在一个库中。

　　元器件制作完成后可以单击 → "P"，在出现的菜单中输入 "RELAY:A" 即可找到。制作完成的元器件查找界面如图 12-63 所示。

图 12-63　制作完成的元器件查找界面

　　重复步骤（4）的过程，将另一半元素命名为 "RELAY:B"，如图 12-64 所示。

　　照上面步骤完成操作后，查找 "RELAY:B"，结果如图 12-65 所示。

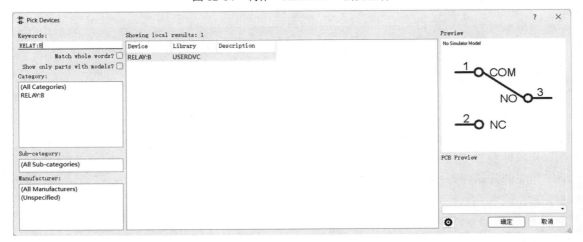

图 12-64　制作"RELAY:B"的元器件

图 12-65　查找"RELAY:B"的界面

图 12-66　放置"A""B""C"

现在在库里有两个部分："RELAY:A"和"RELAY:B"。选择元器件图标，并将一个元素 A（线圈）和两个元素 B（接触）放在原理图的一个自由区域，如图 12-66 所示（图中的"B"和"C"均为 RELAY:B）。

编辑 RL?:A 和 RL?:B 的第二个元素为 RL1:A 和 RL1:B，如图 12-67 所示。

编辑第二个元素 B 并重新标注元素 C，如图 12-68 所示。

编辑完成之后，选中这些图形，单击"Library"→"Packaging Tool"，或者单击菜单上的"Packaging Tool"按钮，出现图 12-69 所示的窗口。

图 12-67 编辑元素 RL?:A 和第一个 RL?:B　　　　图 12-68 编辑第二个元素 B 并重新标注元素 C

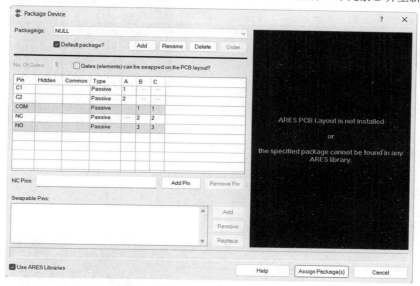

图 12-69 "Package Device"窗口

单击"Add"按钮，出现如图 12-70 所示的界面，在"Keywords"下的文本框中输入
"DIL08"，查找"DIL08"。

图 12-70 添加 DIL08 封装

单击"OK"按钮，出现图 12-71 所示的界面。

修改引脚编号并与 DIL08 对应，如图 12-72 所示。

图 12-71　添加上的封装

图 12-72　对应引脚编号

单击"Assign Package (s)"按钮，出现如图 12-73 所示的对话框。

图 12-73　选择封装的库

单击"Save Package (s)"按钮，完成封装。

在原理图中单击 ⟜→ "P"，查找"RELAY:A"和"RELAY:B"，出现图 12-74 和图 12-75 所示的界面。

图 12-74　查找"RELAY:A"

图 12-75　查找"RELAY:B"

图 12-74 和图 12-75 显示封装类型为"DIL08"，说明封装添加成功。

2. 7436 模型的制作

因前面对"Relay"做了详细介绍，故这里仅进行简要叙述。

1）制作模型原理图符号、编辑引脚

（1）绘制元器件符号库、放置引脚和原点：在原理图编辑区，采用 2D 图形模式下的某种图形风格，绘制元器件原理图符号库，如图 12-76 所示。

（2）编辑引脚：或非门的输入引脚命名为 A、B，电气类型为输入 IP，输出引脚命名为 Y，电气类型为 OP，并且引脚和引脚名可见。编辑好引脚的元器件如图 12-77 所示。

图 12-76　7436 的门符号

图 12-77　编辑好引脚的元器件

2）执行"Make Device"、设置封装属性、完成原理图符号制作

（1）选中或非门元器件，执行"Make Device"。

（2）在"Device Properties"窗口中输入元器件名"7436"和前缀"U"，单击"Next"按钮。

（3）设置封装，单击"Add/Edit"按钮，启动可视化封装工具。指定封装为"DIL14"。之后指定组件数目为 4，如图 12-78 所示。之后对每一组件设置对应引脚。四个与非门共 12 个引脚，其他两个需要自行添加，只需要单击图 12-78 界面上的"Add Pin"按钮即可添加引脚。将它们分别命名为"VCC"和"GND"。

图 12-78　对 7436 封装对应引脚

还可以指定输入引脚 A、B 可交换，方便 PCB 设计。只需要勾选"Gates Can be swapped on the PCB layout ?"即可，如图 12-79 所示。

（4）单击"Next"按钮，进入"Component Properties..."窗口，输入属性定义。

（5）单击"Next"按钮，进入"Device Data Sheet..."窗口，指定相关数据。

（6）单击"Next"按钮，进入"Indexing & Library Selection"窗口，选择存入自定义库。

图 12-79　对 7436 封装定义结果

至此，原理图符号库就制作成功了。单击 7436，在原理图编辑区域连续放置 4 个，如图 12-80 所示。

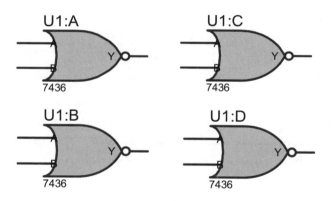

图 12-80　放置四个 7436

3）设计模型内电路、进行仿真验证、生成模型文件

进入内电路层，设计内电路。因为 7436 有 4 个相同的或非门，所以内电路可以通过一个 2 输入的或非门实现，设计好的 7436 内电路如图 12-81 所示。

在主页层对 7436 的电路进行仿真验证，其仿真电路如图 12-82 所示。

再根据之前设计 JSQ60 的方法设计内电路生成模型文件 7436.MDF。

4）进入父页执行"Make Device"、加载模型文件、完成模型制作

对制作的 7436 启动"Make Device"，添加 MODFILE 属性，使模型具有仿真功能。最后存入用户库，完成模型制作。

然后查找 7436，如图 12-83 所示，由此可见 7436 具有仿真模型。

图 12-81　7436 内电路

图 12-82　7436 仿真电路

图 12-83　查找 7436

12.2.3　把库中的元器件改成.bus 接口的元器件

这里可以修改 PROTEUS 中的元器件，比如把 74LS373 改成.bus 接口，有两种实现方案：一种是利用现有的元器件在 74LS373 的基础上直接修改；另一种就是利用图形和封装工具创建。

1．利用现有的元器件创建

（1）"拆"元器件：在原理图界面查找添加 74LS373，如图 12-84 所示，然后选中 74LS373，再单击工具栏中的"Decompose"按钮，操作完成后，元器件将会被分解，如图 12-85 所示。

图 12-84 74LS373

图 12-85 分解后的元器件图

（2）修改：先把 Q0 至 Q7、D0 至 D7 的引脚删掉，如图 12-86 所示。

单击 "Device Ping Mode" 按钮 ，在引脚列表中选择 "BUS" 引脚，并将其添加到元器件上，如图 12-87 所示。

图 12-86 删除引脚的元器件

图 12-87 添加总线引脚的元器件

选中左边的总线，右击，在出现的右键菜单中选择 "Edi Properties"，出现如图 12-88 所示的界面，开始编辑。

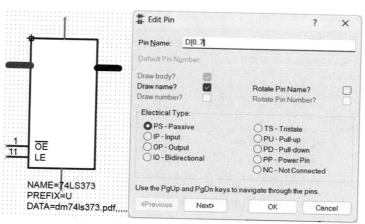

图 12-88 编辑输入引脚

　　按图 12-89 的方式编写引脚名，完成后单击"OK"按钮。然后用同样的操作编辑输出引脚，如图 12-89 所示。

　　编辑完成的元器件如图 12-90 所示。

　　图 12-89　编辑输出引脚　　　　　　　　　　　图 12-90　编辑完成的元器件

（3）重新制作元器件（Make Device）。

　　按住鼠标右键不放拖选整个元器件，单击"Library"→"Make Device"命令，出现如图 12-91 所示的窗口。

图 12-91　"Make Device"窗口

　　将"74LS373"改为"74LS373.BUS"，其他不变，如图 12-92 所示。

　　单击"Next"按钮，出现如图 12-93 所示的元器件封装效果图。

　　单击"Add/Edit"按钮，选择"DIL20"封装，出现如图 12-94 所示的界面。

图 12-92　修改元器件名

图 12-93　元器件封装效果图

图 12-94　引脚匹配

完成引脚匹配后，先单击"Asssign Package (s)"按钮，然后再单击"Next"按钮，出现如图 12-95 所示的封装属性界面。

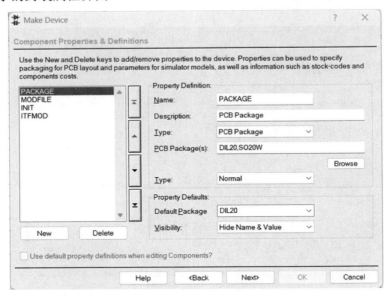

图 12-95　封装属性界面

不做修改，单击"Next"按钮，直到出现图 12-96 所示的界面。

图 12-96　封装库选择

单击"OK"按钮，元器件原理图符号创建完成。

参照之前的方法完成"74LS373.BUS"的仿真模型的建立，注意加载仿真模型"MODFILE"为"74LS373.BUS.MDF"，使其具有仿真功能。

完成后在原理图上先单击"Component Mode"按钮，然后单击"P"，查找"74LS373.BUS"，如图 12-97 所示。

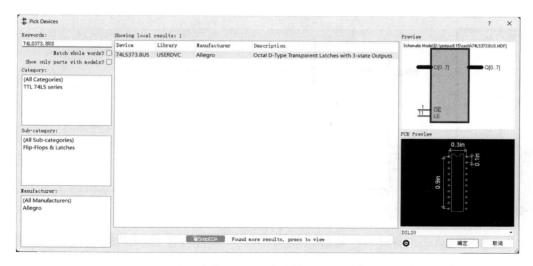

图 12-97　查找"74LS373.BUS"

至此，元器件创建成功。从图 12-97 中可以看出元器件具有仿真模型。

2．重新绘制元器件

（1）单击 PROTEUS ISIS 工具箱中的"2D Graphics Box Mode"按钮█，在列表中选择"COMPONENT"，在编辑区域中按住鼠标左键并拖动，直至形成一个所需要的矩形框再松开，这时就绘制出一个矩形框，如图 12-98 所示。

双击矩形框或选中图形右击，在出现的右键菜单中选择"Edit Properties"，将出现图 12-99 所示的界面，修改其尺寸为 0.3in×0.9in。

图 12-98　绘制矩形　　　　　　　　　图 12-99　2D 图形编辑框

单击✛（2D Graphics Markers Mode）→"ORIGIN"可以定义元器件的原点，定义完的图形如图 12-100 所示。

（2）单击工具箱"Device Pins Mode"按钮⤇，则在列表中选择"DEFAULT"和"BUS"两种线为元器件添加引脚，添加完成后如图 12-101 所示。

（3）修改引脚属性。

图 12-101 中各引脚的设置说明：①为 GND，PIN10；②为 D[0..7]；③为 OE，PIN1；④为 LE，PIN11；⑤为 VCC，PIN20；⑥Q[0..7]。

双击①引脚，在出现的引脚编辑对话框中输入如图 12-102 所示的数据。这里需要注意 GND 是隐藏的，所以"Draw Body"不选。

图 12-100　编辑原点　　　图 12-101　添加引脚　　　　　　图 12-102　编辑①引脚

双击⑤引脚，在出现的引脚编辑对话框中输入如图 12-103 所示的数据。这里需要注意"VCC"也是隐藏的，所以"Draw Body"不选。

图 12-103　编辑⑤引脚

接着编辑②和⑥引脚，引脚参数设置如图 12-104 和图 12-105 所示。

图 12-104　编辑②引脚　　　　　　　　　　　　图 12-105　编辑⑥引脚

接着编辑③和④引脚，引脚参数设置如图 12-106 和图 12-107 所示。

图 12-106　编辑③引脚

图 12-107　编辑④引脚

编辑好引脚的元器件图如图 12-108 所示。

图 12-108　编辑好的元器件图

（4）选中图 12-108 所示的元器件图，然后单击"Make Device"，与上面的制作引脚的方法操作完全一样，具体操作参见第一种方法，这里就不再介绍。

12.2.4　制作模块元器件

模块元器件是将具有仿真功能的电路作为元器件内电路与元器件捆绑到一块的元器件。在设计时，要双击元器件，勾选"Attach hierarchy module"（捆绑层次模块），这里要注意内电路应与主电路的引脚相匹配。内外电路的连接是通过同名引脚的终端来实现的。

1．制作模块元器件

下面以制作 5V 稳压电源为例，说明模块元器件的制作过程。

1）制作模块元器件的原理图符号

（1）绘制元器件符号框，放置引脚、原点，如图 12-109 所示。

图 12-109　模块元件外形设计

参照表 12-2 标注引脚。

表 12-2　5V 电压引脚属性

引脚名称	引脚标号	电气类型
AC$_1$	1	IP
AC$_2$	2	IP
GND	3	PP
+5V	4	PP
LE	5	OP
LE+	6	OP

（2）选中元器件符号，单击"Make Divice"，出现如图 12-110 所示的"Make Device"对话框，在对话框中输入元器件名"WY5"及前缀"W"。

图 12-110　"Make Device"对话框

（3）单击"Next"按钮，出现图 12-111 所示的对话框，单击"Add/Edit"按钮，添加封装，这里添加"DIL06"封装，将会出现如图 12-112 所示的界面。

图 12-111　添加封装界面

图 12-112　定义 WY5 的封装

（4）单击"Next"按钮，在"Component Properties & Definitions"界面中输入属性定义及默认值，如图 12-113 所示。

图 12-113　"Component Properties & Definitions"界面

（5）单击"Next"按钮，进入"Device Data Sheet & Help File"界面，如图 12-114 所示，在这里一般不修改设置。

（6）单击"Next"按钮，出现图 12-115 所示的界面，这里主要设置元器件的分类及存储的位置。

图 12-114   "Device Data Sheet & Help File"界面

图 12-115   "Indexing and Library Selection"界面

这里将元器件存放在用户库中，然后单击"OK"按钮，WY5 就出现在对象选择器中。

2）内电路设计与验证

在原理图编辑区放置 WY5，双击打开其属性编辑框，勾选"Attach hierarchy module"，进行内电路设计，图 12-116 所示为 WY5 内电路。

然后进行电路仿真验证，至此模块元器件 WY5 制作完成。

图 12-116　WY5 内电路

2. 模块元器件的捆绑

上面所设计的模块元器件内电路只存在于该设计中，并没有与库元器件 WY5 捆绑在一起，要实现内电路与库元器件的捆绑，需要进行外部模块设置操作。下面具体介绍捆绑过程。

（1）在原理图编辑区放置 WY5，并建立一个有模块元器件的层次电路。

（2）进入子页层，单击"Design"→"Edit Sheet Properties"执行页属性编辑，如图 12-117 所示。勾选左下角的"External.MOD file？"，然后单击"OK"按钮，此时系统会自动建立一个与设计文件在同一路径下且与模块元器件同名的文件 WY5.MOD。

（3）返回父页，选中元器件，单击"Make Device"，在图 12-118 所示的"Device Properties"界面内的"External Module"文本框中填写"WY5"。

图 12-117　生成.MOD 文件的操作

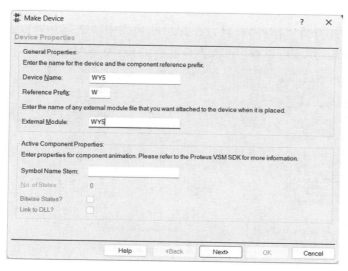

图 12-118　"Device Properties"界面

（4）单击"Next"按钮，直到最后一项，单击"OK"按钮。此时新放置的元器件自动与 WY5.MOD 捆绑，其内电路同 W1 的内电路一样。

这样新建立的具有外部模块的元器件就具有了仿真功能。

 ## 12.3   检查元器件的封装属性

右击选中一个元器件符号"AT89C51"，右击在列表中打开"Edit Component"对话窗口，勾选窗口左下角的"Edit all properties as text"，则所有元器件属性都以文本显示，如图 12-119 所示。

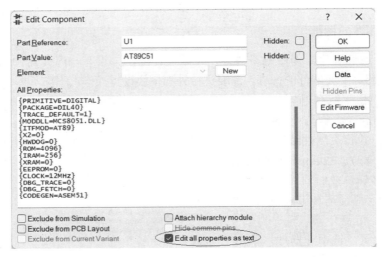

图 12-119   查看元器件"AT89C51"的属性

此元器件具有一条"PACKAGE=DIL40"属性，说明此元器件已被指定了封装，封装名称为"DIL40"。

右击选中元器件符号"DIPSW_4"，在弹出的列表中单击打开"Edit Component"对话框，查看元器件属性，从中可以看出此元器件没有定义 PACKAGE 属性，如图 12-120 所示。

图 12-120   查看元器件"DIPSW_4"的属性

对于没有"PACKAGE"属性的元器件，可以在"Edit Component"对话框中添加"PACKAGE=？"，为其指定封装，现在在此对话框中输入"{PACKAGE=DIP_SW_4_8P}"，设置完成后如图 12-121 所示。

图 12-121 添加"PACKAGE"属性

如果指定的封装是封装库里没有的，在进入 PCB 环境时会显示错误。用户可以在自己创建完成需要的元器件封装后再指定。

12.4 完善原理图

在原理图中添加电源输入及信号输出的接口。PCB 用原理图如图 12-122 所示。至此，原理图的前期工作已经完成。

图 12-122 PCB 用原理图

12.5   原理图的后续处理

完善原理图后，要对原理图的设计规则进行检查。单击"Tools"→"Electrical rules check"（电气规则校核），出现如图 12-123 所示的对话框，在其中检查电路原理图是否满足电气规则。

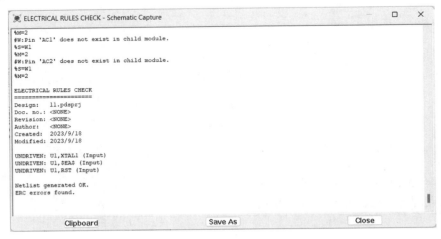

图 12-123   ERC 对话框

然后再单击工具栏中的"Design Explorer"按钮▓，出现如图 12-124 所示的界面。图 12-124 中包含了原理图所有的元器件的标号、类型、取值及封装类型，用户可以通过这里检查封装情况，从而对下面哪些元器件需要添加封装有所了解。

图 12-124   "Physical Partlist View"界面

最后查看网络列表的编译情况，单击"Tools"→"Netlist Compiler"，出现图 12-125 所示的界面，单击"OK"按钮，出现如图 12-126 所示的界面，即原理图网络列表。

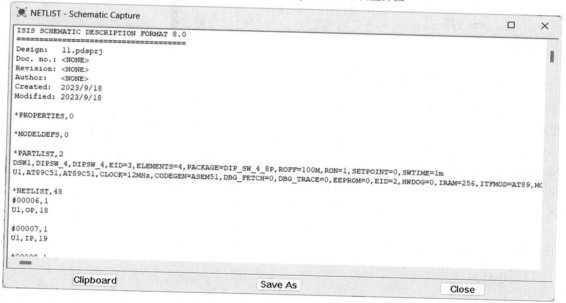

图 12-125　"Netlist Compiler"编译设置界面

图 12-126　原理图网络列表

思考与练习

（1）简述制作元器件模型的一般步骤。

（2）简述元器件的常用分类。

（3）在 PROTEUS 软件上创建 7431 模型。

第 13 章 元器件封装的制作

 ## 13.1 基本概念

元器件的封装是指元器件焊接到 PCB 时的外观及焊盘的位置。既然元器件封装只是元器件外观和焊盘的位置，那么元器件的封装仅仅只是空间的概念。因此，不同的元器件可以共用同一个元器件封装，另外，同种元器件也可以有不同的封装形式，因此在取用、焊接元器件的时候，不仅要知道元器件的名称，还要知道元器件的封装类型。

PCB 上的元器件大致可以分为三类，即连接器、分立元器件和集成电路。元器件封装信息的获取通常有两种途径，即元器件数据手册和自己测量实物。元器件数据手册可以从厂家或互联网上获取。

13.1.1 元器件封装的具体形式

元器件封装分为插入式封装和表面贴片式封装。其中将零件安置在板子的一面，并将引脚焊在另一面上，这种技术称为插入式（Through Hole Technology，THT）封装；而引脚焊在与零件同一面，不用为每个引脚的焊接而在 PCB 上钻洞的封装称为贴片式（Surface Mounted Technology，SMT）封装。使用 THT 封装的元器件需要占用大量的空间，并且要为每只引脚钻一个洞，因此它们的引脚实际上会占掉两面的空间，而且焊点也比较大；SMT 封装元器件也比 THT 封装元器件要小，因此使用 SMT 封装技术的 PCB 上零件要密集很多；SMT 封装元器件也比 THT 封装元器件要便宜，因此现今的 PCB 上大部分都是 SMT 封装。但 THT 封装元器件和 SMT 封装元器件比起来，与 PCB 连接的构造比较好。

1. 小外形封装

小外形封装（Small Outline Package，SOP）技术由飞利浦公司开发，其在发展过程中逐渐派生出 SOJ（J 型引脚小外形封装）、TSOP（薄小外形封装）、VSOP（甚小外形封装）、SSOP（缩小型 SOP）、TSSOP（薄的缩小型 SOP）、SOT（小外形晶体管）、SOIC（小外形集成电路）等形式。SOJ-14 如图 13-1 所示。

2. 双列直插式封装

双列直插式封装（Double In-line Package，DIP）属于插装式封装，引脚从封装两侧引出，封装材料有塑料和陶瓷两种。DIP 是最普及的插装型封装之一，应用范围包括标准逻辑 IC、存储器 LSI 及微机电路。DIP-14 如图 13-2 所示。

3．塑封 J 引线封装

塑封 J 引线封装（Plastic Leaded Chip Carrier，PLCC）外形呈正方形，四周都有引脚，外形尺寸比 DIP 封装小得多。PLCC 适合用 SMT 表面安装技术在 PCB 上安装布线，具有外形尺寸小，可靠性高的优点。PLCC-20 如图 13-3 所示。

图 13-1　SOJ-14　　　　图 13-2　DIP-14　　　　图 13-3　PLCC-20

4．薄塑封四角扁平封装

薄塑封四角扁平封装（Thin Quad Flat Package，TQFP）工艺能有效利用空间，从而降低印刷电路板空间大小的要求。由于缩小了高度和体积，这种封装工艺非常适合对空间要求较高的应用，如 PCMCIA 卡和网络器件。

5．塑封四角扁平封装

塑封四角扁平封装（Plastic Quad Flat Package，PQFP）的芯片引脚之间的距离很小，引脚很细，一般大规模或超大规模集成电路采用这种封装形式。PQFP84（N）封装如图 13-4 所示。

6．薄型小尺寸封装

薄型小尺寸封装（Thin Small Outline Package，TSOP）的一个典型特征就是在封装芯片的周围做出引脚，TSOP 适合用 SMT 技术在 PCB 上安装布线，适合高频应用场合，操作比较方便，可靠性也比较高。TSOP8×14 如图 13-5 所示。

7．球栅阵列封装

球栅阵列封装（Ball Grid Array Package，BGA）的 I/O 端子以圆形或柱状焊点按阵列形式分布在封装下面，BGA 技术的优点是 I/O 引脚数虽然增加了，但引脚间距并没有减小，反而增加了，从而提高了组装成品率；虽然它的功耗有所增加，但 BGA 能用可控塌陷芯片法焊接，从而可以改善它的电热性能；厚度和重量都较以前的封装技术有所减少；寄生参数减小，信号传输延迟小，使用频率大大提高；组装可用共面焊接，可靠性高。BGA12-25-1.5 如图 13-6 所示。

图 13-4　PQFP84（N）　　　　图 13-5　TSOP8×14　　　　图 13-6　BGA12-25-1.5

13.1.2　元器件封装的命名

元器件封装的命名规则一般是元器件分类+焊盘距离（或焊盘数）（+元器件外形尺寸）。下面具体介绍几种封装命名。

CAP10：普通电容的封装，CAP 表示电容类，10 表示两个引脚间距为 10mil。

CONN-DIL8：接插件封装，CONN 表示插件类，DIL 表示通孔式，8 表示 8 个焊盘。

0402：表面安装元器件的封装，两个焊盘，焊盘间距为 36th（毫英寸，即 10^{-3} 英寸），焊盘大小为 20th×30th。

13.1.3　焊盘的介绍

元器件封装设计中最主要的是焊盘的选择。焊盘的作用是放置焊锡从而连接导线和元器件的引脚。焊盘是 PCB 设计中最常接触也是最重要的概念之一。在选用焊盘时要从多方面考虑，PROTEUS 软件中可选的焊盘类型很多，包括圆形、正方形、六角形和不规则形等。在设计焊盘时，需要考虑以下因素：①发热量的多少；②电流的大小；③当形状上长短不一致时，要考虑连线宽度与焊盘特定边长的大小差异不能过大；④需要在元器件引脚之间布线时，选用长短不同的焊盘；⑤焊盘的大小要按元器件引脚的粗细分别进行编辑确定；⑥对于 DIP 封装的元器件，第一引脚应该为正方形，其他为圆形。

1. 通过孔焊盘层面分析

孔焊盘可以分为以下几层：

（1）阻焊层（Solder Mask）：又称为绿油层，是 PCB 的非布线层，用于制成丝网漏印板，将不需要焊接的地方涂上阻焊剂。由于焊接 PCB 时焊锡在高温下具有流动性，所以必须在不需要焊接的地方涂上一层阻焊物质，防止焊锡流动、溢出而造成短路。在阻焊层上预留的焊盘大小要比实际焊盘大一些，其差值一般为 10～20mil。在制作 PCB 时，使用阻焊层来制作涓板，再以涓板将防焊漆（绿、黄、红等）印到 PCB 上，所以 PCB 上除了焊盘和导通孔外，都会印上防焊漆。

（2）热风焊盘（Thermal Relief）：又称为花焊盘，是一个特殊的样式，在焊接的过程中，嵌入的平面所做的连接阻止热量集中在引脚或导通孔附近。通常是一个开口的轮子的图样，PCB Editor 不仅支持正平面的花焊盘，也支持负平面的花焊盘。花焊盘一般用于连接焊盘到敷铜的区域，放置在平面上，但也用于连接焊盘到布线层的敷铜区域。

（3）嵌入的平面所做的连接可以阻止热量集中在引脚或导通孔附近。通常是一个开口的轮子的图样，PCB Editor 不仅支持正平面的花焊盘，也支持负平面的花焊盘。花焊盘一般用于连接焊盘到铺铜的区域，放置在平面上，但也用于连接焊盘到布线层的铺铜区域。

（4）锡膏防护层（Paste Mask）：为非布线层，该层用来制作钢膜（片），而钢膜上的孔就对应着电路板上的表面贴装（SMD）器件的焊点。在 SMD 器件焊接时，先将钢膜盖在电路板上（与实际焊盘对应），然后将锡膏涂上，用刮片将多余的锡膏刮去，移除钢膜，这样 SMD 器件的焊盘就加上了锡膏，之后将 SMD 器件贴附到锡膏上去（手动或贴片机），最后通过回流焊机完成 SMD 器件的焊接。通常钢膜上孔径的大小会比电路板上实际的焊点小一些。

2. 焊盘的类型

焊盘类型如图 13-7 所示。

（a）热风焊盘

（b）规则通孔焊盘
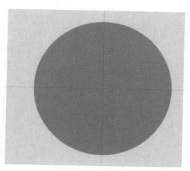
（c）规则贴片焊盘

图 13-7　焊盘类型

3. 焊盘操作、新建焊盘

在 ARES 界面左侧的工具栏中放置的焊盘形状有六种，如图 13-8 所示。它们依次是圆形通孔焊盘、方形通孔焊盘、DIL 焊盘、边缘连接焊盘、圆形 SMT 焊盘、方形 SMT 焊盘、多边形 SMT 焊盘及焊盘栈。

图 13-8　焊盘类型

下面具体介绍焊盘操作及如何新建焊盘。

（1）放置焊盘：单击焊盘模式按钮（⦿、■等），单击 PCB 编辑区左下角的层选择器，从弹出的列表中单击选中要求放置的层（默认为 ALL），从对象选择器中单击选中要放置的焊盘，将光标移至编辑区，单击完成放置焊盘的操作。

（2）焊盘编辑操作：在工具栏中选中某种焊盘，在对象选择器中将列出其下所有的焊盘名，如图 13-9 所示。选中方形通孔焊盘，单击焊盘名"S-80-40"，然后双击就会弹出焊盘编辑对话框，如图 13-10 所示，从中可以编辑焊盘尺寸等。编辑完成后单击"OK"按钮，将更新设计中所有的同名焊盘。

图 13-9　查找焊盘

① 方形通孔焊盘编辑：如图 13-10 所示，方形焊盘（外径）为 80th，钻孔标识为 25th，钻孔标识是用于钻孔定位的孔径，一般比孔径小，孔径为 40th。

Guard Gap 为安全间隙，当以 RESIST 模式输出时是对指定焊盘扩展的距离，若单击 "Present" → "Not Present"，焊盘就不会出现在 RESIST 模式的输出图形上。这里将安全间距设为 5th。

Local Edit 为本地有效。

Update Defaults 为长久有效设置。

② 圆形通孔焊盘编辑：圆形通孔焊盘的编辑对话框如图 13-11 所示。焊盘 C-90-40 直径为 90th，通孔为 40th。

③ DIL 通孔焊盘编辑：DIL 通孔焊盘编辑框如图 13-12 所示。焊盘为 STDDIL，焊盘宽为 60th，高为 0.1in，半径为 12th。

图 13-10　编辑方形通孔焊盘编辑对话框

图 13-11　编辑圆形通孔焊盘编辑对话框

④ 边沿连接焊盘编辑：边沿连接焊盘编辑对话框如图 13-13 所示，焊盘名为 STDEDGE，焊盘宽为 60th，高为 0.4in，圆端面一侧的半径为 0th，该半径要小于宽、高的一半。

图 13-12　DIL 通孔焊盘编辑对话框

图 13-13　边沿连接焊盘编辑对话框

⑤ 圆形 SMT 焊盘编辑：圆形 SMT 焊盘编辑对话框如图 13-14 所示。圆形焊盘名为 FIDUCIAL，直径为 1mm。

⑥ 方形 SMT 焊盘编辑：方形 SMT 焊盘编辑对话框如图 13-15 所示。方形焊盘宽为 25th，高为 40th。

（3）新建焊盘类型：下面以新建方形通孔焊盘 S-60-40 为例，介绍新建焊盘的方法。

单击 PCB 编辑区左侧工具栏的按钮 ，再单击对象选择器上的 "C" 按钮，弹出如

图 13-16 所示的创建新焊盘对话框。在"Name"文本框中填写"S-60-40"，在"Normal"中选择"Circular"，由于建立的是通孔焊盘，"SMT"栏不选择，然后单击"OK"按钮，接着就会弹出圆形焊盘属性编辑对话框。按图 13-17 所示的内容填写新建焊盘的尺寸，完成后新建焊盘就会出现在对象选择器中。

图 13-14　圆形 SMT 焊盘编辑对话框

图 13-15　方形 SMT 焊盘编辑对话框

图 13-16　创建新焊盘对话框

图 13-17　编辑新焊盘对话框

其他焊盘可以按照该步骤新建。

（4）新建多边形焊盘。

① 先用 2D 图形工具画一个封闭的焊盘外形，如图 13-18 所示。

② 选择原点标志，如图 13-19 所示，原点也是导线连接点，原点需要位于多边形内部。

图 13-18　焊盘外形

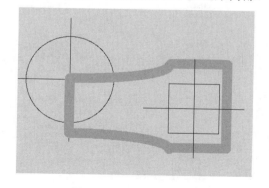

图 13-19　放置原点标志

③ 选中焊盘图形，单击"Library"→"New Pad Style"，弹出如图 13-20 所示的对话框，

输入焊盘名 DOT，选择"SMT"下面的"Polygonal"，单击"OK"按钮，出现如图 13-21 所示的对话框，可进行多边形编辑。完成后自建的 DOT 就会出现在对象选择器中。

图 13-20　焊盘类型及命名

图 13-21　编辑多边形焊盘

（5）新建焊盘栈：焊盘栈是用来解决普通焊盘不能跨层问题的，对于普通通孔式焊盘而言，它们只能放在单一的层或所有的铜箔层，对不同层、不同形状焊盘的引脚定义无能为力。焊盘栈可以有一个圆孔，一个方槽，或者仅有一个表面。仅有一个面的焊盘栈应用在要对阻焊、掩膜空隙有明确定义的地方。焊盘栈在所有层上孔和槽的直径都相等。在必须使用焊盘栈创建开槽孔的焊盘时，不能以普通的焊盘类型指定开槽孔。

下面具体介绍焊盘栈的创建过程。

定义新的焊盘栈：单击"Library"→"Creat New Pad Stack"，在图 13-22 所示的对话框中定义焊盘名称及初始焊盘类型，然后单击"Continue"按钮进入如图 13-23 所示的焊盘栈编辑对话框，所有的层都以该焊盘开始；可以调整焊盘层分配，指定全局层钻孔标识大小、钻孔大小，单击"OK"按钮，完成设计。

图 13-22　创建焊盘栈对话框

图 13-23　焊盘栈编辑对话框

13.1.4　与封装有关的其他对象

1．过孔（Via）

过孔即在各层需要联通的导线交会处钻出一个公共孔。过孔有以下三种。

（1）通孔：从顶层贯穿到底，穿透式过孔。

（2）盲孔：从顶层通到内层或从内层通到底层的盲过孔。

（3）埋孔：内层间隐藏的过孔。

2．导线与飞线

（1）导线（Track）：有电气连接的铺铜走线，用于连接各个焊盘、传递各种电流信号。

（2）飞线（Ratsnest）：表示连接关系的形式上的连线，并不具备实质性的电气连接关系。飞线在手动布局时可以起到引导作用，以便手动布局。飞线在导入网络表后生成，而飞线所指的焊盘间一旦完成实质性的布线，飞线就自动消失。当布线未通时，飞线不消失。因此可以根据电路板中有无飞线来判断是否已完成布线。

3．铺铜（Zone）

铺铜可以有效屏蔽信号，提高电路板的抗电磁干扰能力。

4．安全距离（Clearance）

安全距离是铜线与铜线、铜线与焊盘、焊盘与焊盘、焊盘与过孔之间的最小距离。

5．缩颈（Neck down）

当导线穿过较窄的区域时自动减缩线宽，以免违反设计规则。

13.1.5　设计单位说明

设计中的常用单位如下：
in—英寸（1in=25.4mm）；
th—毫英寸；
m—米；
cm—厘米；
mm—毫米；
μm—微米。

13.2　元器件的封装

PROTEUS 软件系统本身提供的封装库包含了较丰富的内容，有通用的 IC、三极管、二极管等大量的穿孔元器件封装库，有连接器类型封装库，还有包含所有分立元器件和集成电路的 SMT 类型封装库。

如果 PROTEUS 元器件库中包含所需的封装，可以直接使用"PACKAGE"属性调用，如果没有，则需要预先创建元器件封装。本节将举例说明在 PROTEUS ARES 中创建元器件封装的方法。这里主要介绍插入式和表面黏贴式两种元器件封装。

13.2.1　插入式元器件封装

1．元器件符号、实物与元器件封装介绍

原理图中的元器件符号反映的是元器件的电气信息，包括网络及引脚之间的互连，引脚名与引脚号的对应关系等；而元器件的封装反映的是元器件的物理信息，包括元器件外形、尺寸、引脚间距、引脚排列顺序等。下面结合信号发生器原理图说明插入式元器件的封装过程。

（1）DIP 开关"DIPSW_4"的符号、实物、PCB 封装与电路板如图 13-24 所示。

（a）符号　　　　　　　　（b）实物

（c）PCB 封装　　　　　　（d）电路板

图 13-24　"DIPSW_4"的符号、实物、PCB 封装与电路板

（2）电源插座"POWER_CON_4P"的符号、实物、PCB 封装与电路板如图 13-25 所示。

（a）符号　　　　　　　　（b）实物

图 13-25　"POWER_CON_4P"的符号、实物、PCB 封装与电路板

（c）PCB 封装

（d）电路板

图 13-25　"POWER_CON_4P" 的符号、实物、PCB 封装与电路板（续）

（3）单片机 "AT89C51" 的符号、实物、PCB 封装与电路板如图 13-26 所示：

（a）符号

（b）封装实物 1

（c）PCB 封装

（d）电路板

图 13-26　"AT89C51" 的符号、实物、PCB 封装与电路板

2. 创建 DIP 元器件封装

本节举例说明在 PROTEUS ARES 中创建 DIP 元器件封装的方法。通过制作四位拨码开关的封装 "DIP-8P" 过程来进行说明。

四位拨码开关 DIP-8 的封装尺寸见如图 13-27 所示，可根据其尺寸进行封装。

在 PROTEUS 工具栏中单击按钮，启动 ARES 界面，如图 13-28 所示。

单击 ARES 界面左侧工具栏中的 "Square Through – hole Pad Mode" 按钮，这时对象

选择器中列出了所有正方形焊盘的内径和外径尺寸，这里选择"S-60-25"（其中 S 表示正方形焊盘，60 为其外径尺寸，25 为其内径尺寸），如图 13-29 所示。

DIP-8元件封装尺寸图_电路图
DIP-8 DIMENSION (FIG. NO. DIM-DIP8-0103-B)

Symbol	Dimensions in Millimeters			Dimensions In Inches		
	Min	Nom	Max	Min	Nom	Max
A	——	——	4.31	——	——	0.170
A1	0.38	——	——	0.015	——	——
A2	3.15	3.40	3.65	0.124	0.134	0.144
B	0.38	0.46	0.51	0.015	0.018	0.020
B1	1.27	1.52	1.77	0.050	0.060	0.070
C	0.20	0.25	0.30	0.008	0.010	0.012
D	8.95	9.20	9.45	0.352	0.362	0.372
E	6.15	6.40	6.65	0.242	0.252	0.262
E1	——	7.62	——	——	0.300	——
e	——	2.54	——	——	0.100	——
L	3.00	3.30	3.60	0.118	0.130	0.142
θ	0°	——	15°	0°	——	15°

图 13-27　DIP-8 的封装尺寸

图 13-28　PROTEUS ARES 界面

图 13-29　选择焊盘

在原点处单击，摆放选中的焊盘，并把它放在一个原点的位置上，如图 13-30 所示。

图 13-30　添加一个焊盘

当需要的方形焊盘尺寸在列表中没有时，可以自己创建焊盘，比如要创建 "S-60-30" 的方形焊盘，就单击 ARES 界面左侧工具栏中的 "Square Through – hole Pad Mode" 列表上面的按钮 C，如图 13-31（a）所示，出现如图 13-31（b）所示的对话框，在 "Name" 文本框中填写 "S-60-30"，单击 "OK" 按钮，出现如图 13-31（c）所示的对话框。

（a）新建焊盘

（b）"Create New Pad St…" 对话框

（c）"Edit Square Pad Style" 对话框

图 13-31　创建新的方形焊盘

在 "Edit Square Pad Style" 对话框中设置焊盘参数。

（1）Square（焊盘边长）：60th。

（2）Drill Mark（钻孔标记尺寸）：20th。

（3）Drill Hole（钻孔直径）：30th。

（4）Guard Gap（安全间距）：20th。

单击"OK"按钮，完成焊盘设置，此时在焊盘列表中自动添加了新建的焊盘"S-60-30"，如图 13-32 所示。

图 13-32　方形焊盘列表

再在 ARES 窗口左侧的工具箱中选择"Round Through – hole Pad Mode"按钮 ⊙，此时需要在列表中选择焊盘"C-60-25"，而列表中没有需要的焊盘，则要单击列表上方的"Create Pad Style"按钮 ⓒ，如图 13-33（a）所示，弹出"Create New Pad St…"对话框，如图 13-33（b）所示。在"Create New Pad St…"对话框的"Name"文本框中输入焊盘名"C-60-25"，在"Normal"选项组中选中"Circular"选项，单击"OK"按钮，弹出"Edit Circular Pad Style"对话框，如图 13-33（c）所示。

（a）新建焊盘　　　　（b）"Create New Pad St…"对话框　　　（c）"Edit Circular Pad Style"对话框

图 13-33　创建新的圆形焊盘

在"Edit Circular Pad Style"对话框中设置焊盘参数。

（1）Diameter（焊盘直径）：60th。

（2）Drill Mark（钻孔标记尺寸）：20th。

（3）Drill Hole（钻孔直径）：25th。

（4）Guard Gap（安全间距）：20th。

单击"OK"按钮，完成焊盘设置，此时焊盘列表中自动添加了新建的焊盘"C-60-25"，如图 13-34 所示。

图 13-34　焊盘列表

选中焊盘"C-60-25",在坐标（100，0）处单击,添加一个圆形焊盘 C-60-25,如图 13-35 所示。

图 13-35　添加圆形焊盘 C-60-25

在编辑窗口右击选中新添加的圆形焊盘 C-60-25,如图 13-36 所示,在菜单栏中单击 "Edit"→"Replicate",在弹出的"Replicate"对话窗口中设置复制的参数,如图 13-37 所示。

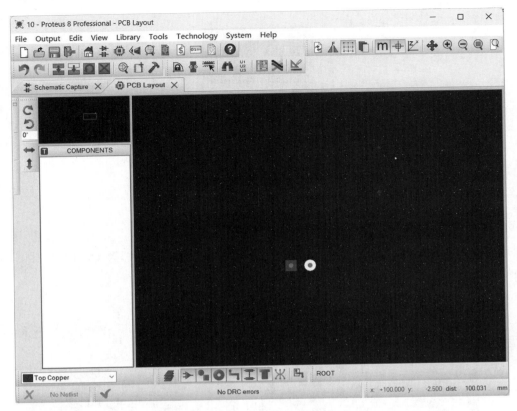

图 13-36　选中焊盘 C-60-25

单击"OK"按钮，将选中的焊盘沿 *X* 轴方向复制 2 份，间距为 100th，如图 13-38 所示。

图 13-37　"Replicate"对话框 1

图 13-38　批量复制焊盘 1

　　重复之前的操作，选中 3 个圆形焊盘，在菜单栏中单击"Edit"→"Replicate"。
在对话框中设置复制的参数，如图 13-39 所示。

　　单击"OK"按钮，可以将所选中的 7 个焊盘沿 *Y* 轴方向复制 1 份，间距为 400th，如
图 13-40 所示。

　　在坐标（0，400）处再添加一个圆形焊盘"C-60-25"，如图 13-41 所示。

图 13-39　"Replicate"对话框 2　　　图 13-40　批量复制焊盘 2　　　图 13-41　添加焊盘

右击选中左下角的方形焊盘，在出现的右键菜单中单击"Edit Properties…"，如图 13-42 所示，出现如图 13-43 所示的对话框，即"Edit Single Pin"对话框，在"Number"文本框中输入"1"，或者也可以直接双击方形焊盘，就会弹出图 13-43 所示的对话框，在其中进行设置。

图 13-42　选择"Edit Properties…"菜单命令　　　图 13-43　"Edit Single Pin"对话框

单击"OK"按钮，确认并关闭对话窗口，此时焊盘上会显示引脚编号，如图 13-44 所示。利用上述方法，按照图 13-45 为其余的引脚分配编号。

单击左侧工具箱中的"2D Graphics Box Mode"按钮 ，在左下方的下拉列表中选择层面 ，即顶层丝印层，按照图 13-46 添加丝印外框。

图 13-44　分配引脚编号　　　图 13-45　分配引脚编号　　　图 13-46　添加丝印外框

单击工具箱中的"2D Graphics Markers Mode"按钮 ，在列表中选择"ORIGIN"，在

第一个焊盘处添加原点标记，如图 13-47 所示。

单击工具箱中的"2D Graphics Markers Mode"按钮，在列表中选择"REFERENCE"选项，如图 13-48 所示。然后再按图 13-49 添加元器件 ID（添加 REFERENCE）。

图 13-47　添加原点标记

图 13-48　在列表中选择"REFERENCE"选项

图 13-49　添加 REFERENCE

选中所有焊盘及丝印图形，在菜单栏中单击"Library"→"Make Package"，打开"Make Package"对话框，如图 13-50 所示。

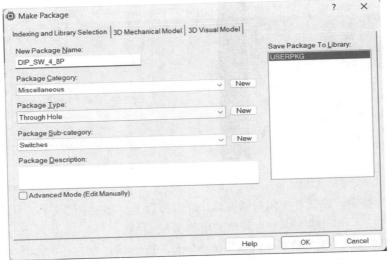
图 13-50　"Make Package"对话框

其中，"New Package Name"为新封装名称，"Package Category"为封装类别，"Package Type"为封装类型，"Package Sub-category"为封装子类别，"Package Description"为封装描述，"Advanced Mode（Edit Manually）"为高级模式（手动编辑），"Save Package To Library"为保存封装到指定库中。

设置对话框中的各项如下。

（1）New Package Name：DIP_SW_4_8P。

（2）Package Category：Miscellaneous。

（3）Package Type：Through Hole。

（4）Package Sub-category：Switches。

单击"OK"按钮，保存封装。

在拾取封装的窗口中即可找到 DIP_SW_4_8P，如图 13-51 所示。这时 DIP_SW_4_8P 就可以正常使用了。

图 13-51 DIP 封装 DIP_SW_4_8P

3. 直插式的其他元器件的封装

（1）制作电位器的封装 "POT_HG_3P"。电位器的实物模型如图 13-52 所示，数据手册如图 13-53 所示。

图 13-52 电位器的实物模型

根据数据手册可知焊盘间的间距为 100th，方形焊盘选 S-60-25 即可，圆形焊盘选 C-60-25 即可。

按照制作 "DIP_SW_4_8P" 封装的方式进行封装，得到的封装图如图 13-54 所示。

（2）制作 4 针电源插座封装 "CON_4P_W200"。通过测量可知方形焊盘选 S-60-25 即可，圆形焊盘选 C-60-25 即可。

单击 ARES 界面左侧工具栏中的 "Square Through – hole Pad Mode" 按钮 ▣，在列表中选择焊盘 "S-60-25"，放在坐标原点；然后单击 "Round Through – hole Pad Mode" 按钮 ◉，选择列表中的焊盘 "C-60-25"，放在（100,0）处，如图 13-55 所示。

图 13-53　数据手册

图 13-54　电位器封装"POT_HG_3P"

图 13-55　放置焊盘

选中圆形焊盘，单击"Edit"→"Replicate"，在弹出的"Replicate"对话框中设置复制的参数，如图 13-56 所示，单击"OK"按钮，出现如图 13-57 所示的焊盘。

图 13-56　"Replicate"对话框 3

然后双击各个焊盘，在出现的"Edit Single Pin"对话框中对焊盘进行编号，如图 13-58 所示。

图 13-57 批量复制焊盘

图 13-58 为焊盘编号

单击左侧工具箱中的"2D Graphics Box Mode"按钮 ■，在左下方的下拉列表中选择层
面 [■ Top Silk] 即顶层丝印层，按照图 13-59 添加丝印外框。

单击工具栏中的按钮 /，放置区分散热层的线段，如图 13-60 所示。

图 13-59 添加丝印外框

图 13-60 放置区分散热层的线段

单击工具箱中的"2D Graphics Markers Mode"按钮 ✛，在列表中选择"ORIGIN"，在
第一个焊盘处添加原点标记，如图 13-61 所示。

再次单击工具箱中的"2D Graphics Markers Mode"按钮 ✛，在列表中选择"REFERENCE"，
如图 13-62 所示。

图 13-61 添加原点标记

图 13-62 添加"REFERENCE"

选中所有焊盘及丝印图形，在菜单栏中单击"Library"→"Make Package"，打开
"Make Package"对话框，如图 13-63 所示，按图 13-63 进行设置。

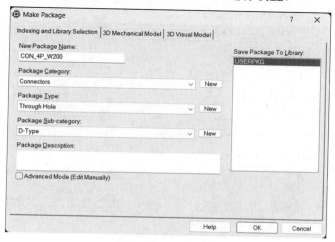

图 13-63 "Make Package"对话框

单击"OK"按钮完成封装，在拾取封装的列表中即可找到此元器件，如图 13-64 所示。

（3）制作发光二极管"LED_100"的封装。

查找红色发光二极管的数据手册如图 13-65 所示。

由数据手册可知焊盘间距为 100th，方形焊盘选 S-60-25 即可，圆形焊盘选 C-60-25 即可。

按照前面介绍的方法进行封装，封装完成如图 13-66 所示。

图 13-64　封装列表　　图 13-65　红色发光二极管的数据手册　　　图 13-66　LED 封装

13.2.2　贴片式元器件封装的制作

贴片式元器件封装主要用于分立元器件，分立元器件主要包括电阻、电容、电感、二极管和三极管等，这些都是电路设计中最常用的电子元器件。现在，60%以上的分立元器件都有贴片封装，下面主要介绍贴片的分立元器件封装的制作。

信号发生器电路原理图中的分立元器件 LED 可以采用贴片式元器件封装，通过查阅数据手册，这里采用贴片式的 0805 封装系列的黄色 LED 封装形式进行封装，其数据手册如图 13-67 所示。

图 13-67　LED 的数据手册

将数据手册推荐的焊盘尺寸 0.8mm×1.2mm 转化为 35th×50th，且两焊盘间距为 35th。根据其尺寸，下面进行封装。

单击 PROTEUS 软件界面上的按钮 ⚙，进入 PCB 设计界面，即 ARES 编辑界面，如图 13-68 所示。

图 13-68　ARES 编辑界面

然后单击 ARES 编辑界面左侧工具栏中的"Rectangular SMT Pad"按钮 ▮，这时对象选择器中列出了所有矩形焊盘的长和宽尺寸，如图 13-69 所示。

这里没有需要的焊盘尺寸（35th×50th），则需要单击列表上方的"Create Pad Style"按钮 ⓒ，弹出"Create New Pad St…"对话框，如图 13-70 所示。

图 13-69　焊盘列表

图 13-70　"Create New Pad St…"对话框

在"Create New Pad St…"对话框的"Name"文本框中，输入焊盘名"35×50"，在"SMT"选项组中选择"Square"选项，单击"OK"按钮，弹出"Edit Rectangular SMT Pad Style"对话框，如图 13-71 所示。

在"Edit Rectangular SMT Pad Style"对话框中设置焊盘参数。

（1）Width（焊盘宽）：35th。

（2）Height（焊盘高）：50th。

（3）Guard Gap（安全间距）：5th。

单击"OK"按钮，完成焊盘设置，此时焊盘列表中自动添加了新建的焊盘"35×50"，如图 13-72 所示。

图 13-71　创建新的矩形 SMT 焊盘　　　　　　　　图 13-72　焊盘列表

选中焊盘"35×50"，在坐标(0,0)处单击，添加一个矩形焊盘"35×50"，如图 13-73 所示。

图 13-73　添加矩形焊盘"35×50"

然后再在坐标(70,0)处再次添加一个相同的焊盘，如图 13-74 所示。

图 13-74　添加第二个焊盘

　　单击选中，然后右击打开左边的矩形焊盘，在出现的子菜单中单击"Edit Properties"出现如图 13-75 所示的对话框，即"Edit Single Pin"对话框，在"Number"文本框中输入"1"，或者也可以直接双击矩形焊盘，也会弹出如图 13-75 所示的对话框，从而进行设置。

　　用同样的方法对另一个矩形焊盘进行编号，编好号的矩形焊盘，如图 13-76 所示。

图 13-75　"Edit Single Pin"对话框

图 13-76　编好号的矩形焊盘

　　然后单击左侧工具箱中的"2D Graphics Box Mode"按钮 ，在左下方的下拉列表中选择层面 Top Silk 即顶层丝印层，按照图 13-77 添加丝印外框。

　　单击工具箱中的"2D Graphics Markers Mode"按钮，在列表中选择"ORIGIN"，在第一个矩形焊盘处添加原点标记，如图 13-78 所示。

图 13-77　添加丝印层

图 13-78　添加原点标记

单击"2D Graphics Markers Mode"按钮 ，在打开的列表中选择"REFERENCE"选项，如图 13-79 所示。

然后再添加元器件 ID，（添加 REFERENCE），如图 13-80 所示。

图 13-79　在列表中选择"REFERENCE"选项

图 13-80　添加 REFERENCE2

选中所有焊盘及丝印图形，在菜单栏中单击"Library"→"Make Package"，打开"Make Package"对话框，如图 13-81 所示。

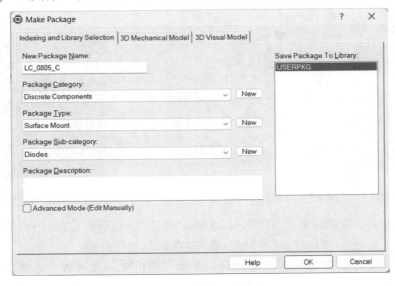

图 13-81　"Make Package"对话框

设置对话窗口。

（1）New Package Name：LC_0805_C。

（2）Package Category：Discrete Components。

（3）Package Type：Surface Mount。

（4）Package Sub-category：Diodes。

单击"OK"按钮，保存封装。

在拾取封装的窗口中即可找到 LC_0805_C，如图 13-82 所示。这时 LC_0805_C 就可以正常使用了。

图 13-82　LED 封装"LC_0805_C"

13.2.3　指定元器件封装

在原理图中，右击选中一个名为"SQUARE"的 LED，单击打开"Edit Component"对话框，勾选左下角的"Edit all properties as text"选项，在文本区域中添加一条属性"{PACKAGE=LED_100}"，如图 13-83 所示。此外，也可以双击名为"SQUARE"的 LED，同样会弹出如图 13-83 所示的界面，在其中进行设置。

图 13-83　为 LED 指定封装

使用上述方法将其他的三个 LED 指定封装为"｛PACKAGE=LED_100｝"。

右击选中 4 位拨码开关，单击打开"Edit Properties"对话框，勾选左下角的"Edit all properties as text"选项，在文本区域中添加一条属性"｛PACKAGE=DIP_SW_4_8P｝"，如图 13-84 所示。此外，也可以双击 4 位拨码开关，打开如图 13-84 所示的界面进行设置。

图 13-84　为 4 位拨码开关指定封装

用同样的方法为其他元器件选择封装。"POWER_CON_4P"选择封装"CON_4P_W200"。"POT-HG"选择封装"POT_HG_3P"。"LED-YELLOW"选择封装"LED_100"。

在进行 PCB 设计之前应该先检查一下元器件的封装是否全部指定或是否全部正确。单击工具栏中的按钮，出现如图 13-85 所示的窗口，在其中可以观察元器件封装是否全部指定。

图 13-85　查看元器件封装

之后再在菜单栏中单击"Library"→"Verify Packagings"，出现如图 13-86 所示的界面，从中可以查看元器件封装是否有错误。

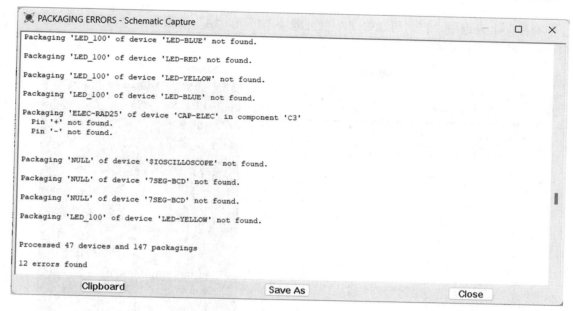

图 13-86　检查有错误

检查有错误，此处错误说明封装时 LED_100 的引脚没有对应上，可以进行以下操作消除错误。右击"SQUARE"，在弹出的右键菜单中单击"Packaging Tool"，出现图 13-87 所示的界面。

图 13-87　"Package Divece" 界面

在界面上先选中"1"，再选中"A",引脚号"1"和"A"就会对应，同理可操作"2"和"K"对应如图 13-88 所示。

（a）对应引脚"1"和"A"

（b）对应引脚"2"和"K"

图 13-88　引脚匹配操作

完成以后单击 "Assign Package (s)" 按钮将出现如图 13-89 所示的对话框，选择 "USERDVC"，单击 "Save Package (s)" 按钮，完成封装。

用同样的方法对其他 LED 进行封装。完成以后再在菜单栏中单击 "Library" → "Verify Packagings"，查看元器件封装是否有错误。

图 13-89　封装库选择

在检查没有错误后，单击工具栏中的按钮 ，进入 ARES PCB 编辑环境，如图 13-90 所示。

图 13-90　ARES PCB 编辑环境

思考与练习

（1）简述元器件封装的具体形式有哪些。

（2）简述焊盘类型并简述通过孔焊盘可以分为哪几层。

（3）将 RES40 改为 RES20。

第 14 章　PCB 设计参数设置

14.1　概述

在 PCB 布局前，首先要根据绘制的 PCB 的具体情况，对板层、编辑环境、栅格、保存路径及编辑界面进行设置，从而便于设计。下面将具体介绍板层及编辑环境参数的设置。

14.2　设置电路板的工作层

14.2.1　电路板的层介绍

在设置电路板的工作层前，首先介绍一下 PCB 由哪些层构成及各层的含义。PROTEUS 的 PCB 板由 Signal layer（信号层）、Internal plane layer（内部电源/接地层）、Mechanical layer（机械层）、Solder mask layer（阻焊层）、Paste mask layer（锡膏防护层）、Silkscreen layer（丝印层）、Drill layer（钻孔层）、Multi layer（多层）、Keep out layer（禁止布线层）组成。下面具体介绍各层的作用。

1．主要层

（1）Signal layer：信号层主要用于布置电路板上的导线，PROTEUS 提供了 16 个信号层，包括 Top layer（顶层）、Bottom layer（底层）和 14 个 Mid layer（中间层）。

① Top layer：设计为顶层铜箔走线，如为单层板则没有该层，也称元器件层，主要用来放置元器件，与单层板相比，多层板可以用来布线。

② Bomttom layer：设计为底层铜箔走线，也称焊接层，主要用于布线及焊接，有时也可放置元器件。

③ 中间层（Mid layer）：最多可有 14 层，在多层板中用于布信号线。

（2）Internal plane layer：PROTEUS 软件提供了 4 个内部电源层/接地层，即 Plane1~4。该类型的层仅用于多层板，主要用于布置电源线和接地线。双层板、四层板、六层板一般指信号层和内部电源／接地层的数目。

（3）Mechanical layer：PROTEUS 软件提供了 4 个机械层，它一般用于设置电路板的外形尺寸、数据标记、对齐标记、装配说明及其他的机械信息。默认 LAYER1 为外形层，LAYER2 等可作为机械尺寸标注或用在特殊用途，如某些板子需要制作导电电路时可以使用 LAYER2 等，但是必须在同层标识清楚该层的用途。这些信息因设计公司或 PCB 制造厂家的要求而有所不同。另外，机械层可以附加在其他层上一起输出显示。

（4）Solder mask layer：在焊盘以外的各部位涂覆一层涂料，如防焊漆，用于阻止这些部位上锡。阻焊层在设计过程中为了匹配焊盘，可以自动产生。PROTEUS 软件提供了 Top Solder（顶层）和 Bottom Solder（底层）两个阻焊层。

Top/Bottom Solder：顶层/底层敷设阻焊绿油，以防止铜箔上锡，保持绝缘。在焊盘、过孔及本层非电气走线处阻焊绿油开窗。焊盘在设计中默认会开窗（OVERRIDE：0.1016mm），即焊盘露铜箔，外扩 0.1016mm，波峰焊时会上锡。建议不做设计变动，以保证可焊性；过孔在设计中默认会开窗（OVERRIDE：0.1016mm），即过孔露铜箔，外扩 0.1016mm，波峰焊时会上锡。如果设计为防止过孔上锡，不要露铜，则必须勾选过孔的附加属性"SOLDER MASK"（阻焊开窗）中的"PENTING"选项，关闭过孔开窗。另外，本层也可单独进行非电气走线，则阻焊绿油相应开窗。如果是在铜箔走线上面，则用于增强走线过电流能力，焊接时加锡处理；如果是在非铜箔走线上面，一般设计用于做标识和特殊字符丝印，可省掉制作字符丝印层。

（5）Paste mask layer：它和阻焊层的作用相似，不同的是在机器焊接时对应的是表面粘贴式元器件的焊盘。PROTEUS 软件提供了 Top Paste（顶层）和 Bottom Paste（底层）两个锡膏防护层。

Top/Bottom Paste：其一般用于在贴片元器件的 SMT 回流焊过程中上锡膏，和印制板厂家制板没有关系，导出 GERBER 时可删除，PCB 设计时保持默认即可。

（6）Drill layer：钻孔层提供电路板制造过程中的钻孔信息（如焊盘、过孔就需要钻孔）。PROTEUS 提供了 Drill gride（钻孔定位层）和 Drill drawing（钻孔描述层）两个钻孔层。

① DRILL guide：焊盘及过孔的钻孔的中心定位坐标层。

② DRILL drawing：焊盘及过孔的钻孔孔径尺寸描述层。

（7）Silkscreen layer：丝印层主要用于放置印制信息，如元器件的轮廓和标注，各种注释字符等。PROTEUS 提供了 Top Overlay（顶部丝印层）和 Bottom Overlay（底部丝印层）两个丝印层。一般各种标注字符都在顶部丝印层，底部丝印层可关闭。

① Top Overlayer：用于标注元器件的投影轮廓、元器件的标号、标称值或型号及各种注释字符。

② Bottom Overlayer：与顶部丝印层作用相同，标注元器件的投影轮廓、元器件的标号、标称值、型号及各种注释字符。

2．其他层

（1）Multi layer：电路板上焊盘和穿透式过孔要穿透整个电路板，与不同的导电图形层建立电气连接关系，因此系统专门设置了一个抽象的层，即多层。一般焊盘与过孔都要设置在多层上，如果关闭此层，焊盘与过孔就无法显示出来。

（2）Keep out layer：用于定义在电路板上能够有效放置元器件和布线的区域。在该层绘制一个封闭区域作为布线有效区，在该区域外是不能自动布局和布线的。

14.2.2　设置设计规则管理器

进入 PROTEUS ARES 界面后，在菜单栏中单击"Technology"→"Design Rule Manager"，弹出"Design Rule Manager"对话框，具体设置如图 14-1 所示。

图 14-1　设置设计规则管理器

"Design Rule Manager"对话框提供了一个集中管理电路设计规则的界面，在其中可以定义各种规则来控制 PCB 布局和连接，并减少潜在的错误和问题。这些设计规则包括电气规则、物理规则和制造规则等，它使得设计人员能够更轻松地控制和管理设计规则，并确保电路设计的质量和可靠性。

14.2.3　设置层的颜色

单击"View"→"Edit Layer Colours/Visibility"，打开"Display Settings"对话框，如图 14-2 所示。

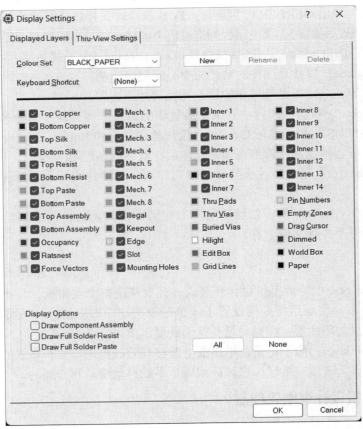

图 14-2　"Display Settings"对话框

该对话框给出了所有工作层的默认颜色。单击颜色块，可出现一个选择颜色的对话框，用于改选其他颜色，不过这里建议用户一般还是使用默认颜色比较好，这样可增加图的易读性。

14.2.4　定义板层对

PROTEUS ARES 可以将两个板层定义为一对，如顶层（Top Copper）和底层（Bottom Copper），这样在设计顶层时，可以用空格键将系统切换到底层，反之亦然。具体步骤如下。

单击"Technology"→"Edict Layer Pair"，弹出"Edit Layer Pairs"对话框，如图 14-3 所示。

图 14-3　"Edit Layer Pairs"对话框

在"Top"后面的框内可选择与"Top"成对的工作层，默认为"Bottom Copper"，在"Bottom"后面的框内可选择与"Bottom"成对的工作层，默认为"Top Copper"。若是想选择其他对应的工作层，方法与此相同。

14.3　栅格设置

单击"Technology"→"Set Grid Snaps"，弹出"Grid Configuration"对话框，如图 14-4 所示。可分别对英制和公制的栅格尺寸进行设置。

无论是英制还是公制，系统都提供了三种快捷方式对其尺寸进行实时调整，分别是 F2、F3、F4。

图 14-4　"Grid Configuration"对话框

14.4　路径设置

单击"System"→"System Settings"，弹出"System Settings"对话框，如图 14-5 所示。

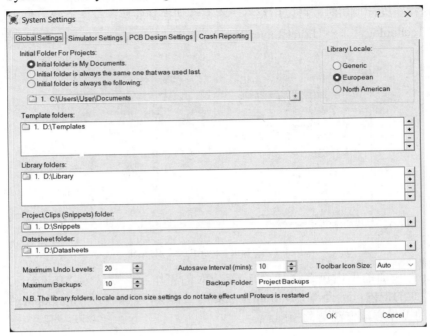

图 14-5　"System Settings"对话框

此对话框可用于设置初始文件夹及库文件夹的默认路径。另外，在使用第三方软件时，须在此分别增加"model"和"library"。单击"Simulator Setting"和"PCB Design Settings"可以设置与修改原理图及 PCB 的保存路径。

此外，单击"Technology"→"Save Layout As Template"，还可进行模板设置，这里不再详细说明。

14.5　批量操作设置

（1）对象批量对齐：在绘制 PCB 板时，有时需要将元器件批量对齐，具体操作如下。

① 首先选中需对齐的元器件，如图 14-6 所示。

图 14-6　选中元器件

② 单击"Edit"→"Align Objects",出现如图 14-7 所示的对话框,该对话框包括了左对齐、上对齐、居中纵对齐、居中水平对齐、右对齐、底对齐六种对齐方式,这里选择了上对齐,故勾选第 2 个,完成编辑后,单击"OK"按钮,元器件实现上对齐(见图 14-8)。

图 14-7　"Align"编辑对话框

图 14-8　完成对齐的元器件

(2)对象的批量复制:在绘制 PCB 板时,批量复制常常能节约大量的时间,下面以复制电阻为例具体介绍批量复制的过程。

首先选中电阻,然后单击"Edit"→"Replicate",出现如图 14-9 所示的对话框,该对话框中包括了复制的坐标、数量及编号。这里在 Y 轴方向以 100th 为间距复制 5 个同样的电阻且编号以 1 递增,设置内容如图 14-9 所示,批量复制好的电阻如图 14-10 所示。

图 14-9　"Replicate"对话框 4

图 14-10　批量复制好的电阻

(3)走线的批量斜化处理:在绘制 PCB 时,在导线转折处一般是成 45°斜化角,这里介绍批量斜化工具的使用。

先选中连接好的 PCB,然后单击"Edit"→"Mitre All Tracks on Layout",出现如图 14-11

所示的"Mitre Parameters"对话框，在该对话框中可以设置斜化的最小距离和最大距离。

图 14-11　"Mitre Parameters"对话框

同时也可以批量去斜化，只需要执行"Edit"→"Unmitre All Tracks on Layout"，打开如图 14-12 所示的对话框，单击"OK"按钮即可去斜化。

（4）自动命名生成器：在绘制 PCB 时，为让相同元器件的编号不同，并且可以自动为电路设计中的元器件和连接线生成唯一的名称，避免命名冲突和错误，可以启动"Auto Name Generator"，实现自动注释，只需要单击"Tools"→"Auto Name Generator"或直接单击工具栏中的按钮，此时出现如图 14-13 所示的"Auto Name Generator"对话框，该对话框可以自动命名生成器。

图 14-12　去斜化处理　　　　图 14-13　"Auto Name Generator"对话框

 ## 14.6　编辑环境设置

14.6.1　环境设置

单击"System"→"Set Environment"，弹出"Environment Configuration"对话框，如图 14-14 所示。

图 14-14　环境设置对话框

该对话框主要对引脚工具的延时时间进行了设置。

14.6.2　编辑界面的缩放

编辑界面的大小可以通过单击菜单中的"View"→"Zoom"或是利用下述的功能键进行控制。

按 F6 键，可以放大电路图，连续按会不断放大，直到最大。

按 F7 键，可以缩小电路图，连续按会不断缩小，直到最小。

以上两种情况无论哪种都以当前光标位置为中心重新显示。

按 F8 键，可以把一整张图缩放到完整显示出来。无论在任何时候，都可以使用此功能键控制缩放，即便是在滚动和缩放对象时也可以。

按"Shift"键，同时在一个特定的区域按住鼠标左键拖一个框，则框内的部分就会被放大，这个框可以是在编辑窗口内拖，也可以是在预览窗口内拖。

14.6.3　编辑器界面的其他设置

（1）单击"View"→"Redraw Display"，或者使用快捷键 R 键，还可以使用工具栏中的按钮 ，对电路进行刷新显示。

（2）单击"View"→"Toggle Board Flip"，或者使用快捷键 F 键，还可以使用工具栏中的按钮 ，使整个电路镜像翻转。

（3）单击"View"→"Toggle Grid"，或者使用快捷键 G 键，还可以使用工具栏中的按钮 ，使编辑区显示栅格或取消栅格。

（4）单击"View"→"Edit Layer Colours/Visibility"，或者使用快捷键 Ctrl+L 键，还可以使用工具栏中的按钮 ，打开一个如图 14-15 所示的层的显示设置对话框，该对话框可以设置绘图区的颜色，也可以设置哪些层被显示，哪些不需显示。其中"Ratsnest"不选中时，不显示飞线。

（5）单击"View"→"Toggle Metric/Imperial"，或者使用快捷键 M 键，还可以使用工具栏中的按钮 **m**，使编辑区内的坐标单位在公制和英制之间进行转换。

（6）单击"View"→"Toggle False Origin"，或者使用快捷键 O 键，还可以使用工具栏中的按钮 ，然后在编辑区内某处单击，将该点设为原点。

（7）单击"View"→"Toggle X-Cursor"，或者使用快捷键 X 键，可以使光标的显示形式在三种形式之间改变。

图 14-15　层的显示设置对话框

单击"View"→"Toggle Polar Co-ordinators"，以及"View"→"Goto Component"或"View"→"Goto Pin"，可以将光标快速移动到一个坐标点、某一个元器件或某个元器件的某个引脚（例如：C1 的第一个引脚。注意输入格式为 C1-1）。

思考与练习

（1）简述 PCB 由哪些层构成及各层的含义。

（2）了解 PCB 的设计参数及设计步骤。

第 15 章　PCB 布局及布线

15.1　概述

在 PCB 设计中，布局布线是一个重要的环节。布局的好坏将直接影响布线的效果，因此合理的布局是 PCB 设计成功的第一步。

在 PCB 布局中，布局的方式分两种，一种是交互式布局，另一种是自动布局。一般是在自动布局的基础上用交互式布局进行调整。在布局时，还可根据布线的情况对门电路进行再分配，将两个门电路进行交换，使其成为便于布线的最佳布局。

布线是完成产品设计的重要步骤，可以说前面的准备工作都是为它而做的。在整个 PCB 设计中，布线的设计过程要求最高、技巧最细、工作量最大。PCB 布线分为单面布线、双面布线及多层布线。PCB 布线可使用系统提供的自动布线和手动布线两种方式。虽然系统给设计者提供了一个操作方便、布通率很高的自动布线功能，但在实际设计中，仍然会有不合理的地方，这时就需要设计者手动调整 PCB 上的布线，以获得最佳的设计效果。

15.2　布局应遵守的原则

在实际设计中，布局的好坏直接关系到布线的质量，因此合理的布局是 PCB 设计成功的至关重要的一步。在实际设计中，布局必须遵守以下原则。

（1）按电路模块进行布局。实现同一功能的相关电路称为一个电路模块，电路模块中的元器件应就近集中，同时将数字电路和模拟电路分开。

（2）布局应该合理设置各个功能电路的位置，尽量使布局便于信号流通，使信号尽可能保持方向一致。

（3）以每一个功能电路的核心元器件为中心，围绕它们来布局。元器件应均匀、整齐、紧凑地摆放在 PCB 上，尽量减少和缩短元器件之间的引线和连接线。

（4）尽可能缩短高频元器件之间的连接线，设法减少它们的分布参数和相互之间的电磁干扰。易受干扰的元器件之间不可离得太近，输入和输出的元器件应该尽量远离。

（5）热敏元器件应该远离发热元器件，高热元器件要均衡分布。

（6）电感之间的距离和位置要得当，以免发生互感。

（7）定位孔、标准孔等非安装孔周围 1.27mm 内不得贴装元器件，螺钉孔等安装孔周围 3.5mm（对于 M2.5）、4mm（对于 M3）内不得贴装元器件。

（8）卧装电阻、电感（插件）、电解电容等元器件的下方避免布过孔，以免波峰焊后过孔与元器件壳体短路。

（9）元器件的外侧距板边的距离一般应大于 5mm。

（10）贴装元器件焊盘的外侧与相邻插装元器件的外侧距离应大于 2mm，PCB 的最佳形状为矩形，长宽比为 3:2 或 4:3。PCB 面尺寸大于 200mm×150mm 时，应考虑 PCB 的机械强度。

（11）金属壳体元器件和金属件（屏蔽盒等）不能与其他元器件相碰，不能紧贴印制线、焊盘，其间距应大于 2mm。定位孔、紧固件安装孔、椭圆孔及板中其他方孔外侧距板边的尺寸应大于 3mm。

（12）电源插座要尽量布置在印制电路板的四周，电源插座与其相连的汇流条接线端应布置在同侧。特别应注意不要把电源插座及其他焊接连接器布置在连接器之间，以利于这些插座、连接器的焊接及电源线缆设计和扎线。电源插座及焊接连接器的布置间距应考虑方便电源插头的插拔。

（13）尽量使贴片元器件单边对齐，字符方向一致，封装方向一致。

（14）有极性的元器件在同一电路板上的极性标志方向尽量保持一致。

（15）元器件疏密应该得当，布局应均匀合理。

布局后要严格进行以下检查。

（1）PCB 尺寸是否与加工图纸尺寸相符？能否符合 PCB 制造工艺要求？有无定位标志？

（2）元器件在二维、三维空间上有无冲突？

（3）元器件布局是否疏密有序、排列整齐？是否全部布完？

（4）需经常更换的元器件能否方便地更换？插件板插入设备是否方便？

（5）热敏元器件与发热元器件之间是否有适当的距离？

（6）调整可调元器件是否方便？

（7）在需要散热的地方是否装了散热器？空气流动是否通畅？

（8）信号流程是否顺畅且互连最短？

（9）插头、插座等与机械设计是否矛盾？

（10）线路的干扰问题是否有所考虑？

15.3　自动布局

对导入网络表之后的 PROTEUS ARES 界面进行层的设置和相关系统设置后，进行如下具体操作。

（1）在自动布局之前需要先画一个板框。在 PROTEUS ARES 左侧的工具箱中单击按钮 ，从主窗口底部左下角的下拉列表框中选择 "Board Edge"（见图 15-1），在适当的位置画一个矩形，作为板框，如图 15-2 所示。如果以后想修改这个板框的大小，需要再次单击 "2D Graphics Box" 中的按钮 ，在板框的边框上右击，这时会出现控制点，拖动控制点就可以调整板框的大小了。

图 15-1　选择图层

图 15-2　绘制板框

（2）单击"Tools"→"Auto Placer"，打开"Auto Place"对话框，如图 15-3 所示。

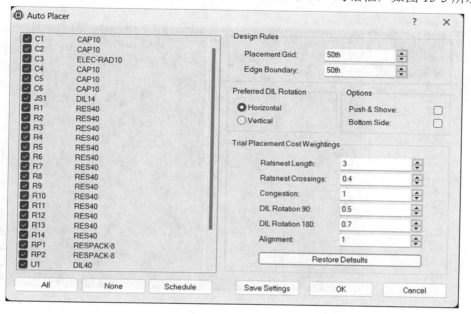

图 15-3　"Auto Place"对话框

窗口中的各项设置如下。

① Design Rules：设计规则。

Placement Grid：布局格点。

Edge Boundary：元器件距电路板边框的距离。

② Preferred DIL Rotation：元器件的方向。

Horizontal：水平。

Vertical：垂直。

③ Options：选项。

Push & Shove：推挤元器件。

Bottom Side：底边。

④ Trial Placement Cost Weightings：尝试摆放的权值。

Ratsnest Length：飞线长度。

Ratsnest Crossings：飞线交叉。

Congestion：密集度。

DIL Rotation 90：元器件旋转 90°。

DIL Rotation 180：元器件旋转 180°。

Alignment：对齐。

⑤ Restore Defaults：恢复默认值。

（3）在"Auto Placer"对话框的元器件列表中选中所有元器件，单击"OK"按钮，元器件会逐个摆放到板框中，如图 15-4 所示。

图 15-4　自动布局

在没有连线之前，软件界面下方会显示错误。

15.4　手动布局

单击 PROTEUS ARES 界面左侧工具箱中的"Component placement and editing"按钮，在元器件列表中会列出所有未摆放的元器件。在列表中选中元器件，在板框中单击鼠标左键，摆放选中的元器件。

自动布局后手动调整或手动布局时用到的一些操作。

（1）右击选中元器件，将其拖动到预期位置。选中的同时可按+键或−键旋转元器件。

（2）光标放在任意引脚上时，PROTEUS ARES 界面底部的状态栏将显示此引脚的属性。

（3）按下"Edit Objects"按钮后，可直接单击元器件，编辑其属性，相当于右击选中后，再单击编辑属性。

（4）C○▢ 表示在 PCB 的当前层垂直或按角度旋转。

（5）↔ ↕ 表示对元器件进行水平或垂直翻转。

（6）▱▱▮▮ 表示对元器件进行复制、移动、旋转和删除操作。

（7）显示飞线和向量符号：在菜单栏中单击"View"→"Edit Layers Colours/ Visibility"或单击工具栏中的按钮，弹出"Display Settings"对话框，如图 15-5 所示。勾选"Ratsnest"，显示飞线；取消勾选"Force Vectors"，不显示向量符号。

图 15-5　"Displayed Settings"对话框

　　根据布局的原则对自动布局后的 PCB 进行手动调整布局，步骤如下所示。

　　（1）摆放主要的中心大元器件，如图 15-6 所示，将 U_1、RP_1、RP_2、U_2、U_4 摆放到中心位置。

图 15-6　摆放中心大元器件

这里需注意：

① 摆放这些引脚多、连线多的元器件时要尽量使元器件走线最短、交叉最少。

② 元器件摆放疏密要得当。

　　（2）摆放晶振电路和复位电路，即摆放 C_1、C_2、C_3 和 X_1，如图 15-7 所示。

图 15-7　摆放晶振电路和复位电路

在摆放晶振电路时要使 C_1、C_2 和 X_1 靠近单片机 U_1，并且电容要分布于其两侧，同时也要靠近单片机。摆放时要根据飞线的指引来摆放，尽量使走线不相交且走线最短。

（3）摆放 4 个 LED，如图 15-8 所示。

图 15-8　摆放 LED 部分

（4）摆放拨码开关及其上拉电阻，如图 15-9 所示。

图 15-9　摆放拨码开关及其上拉电阻

（5）摆放电源电路，如图 15-10 所示，将 P_1、C_6、C_7、C_8、C_9、C_{10}、C_{11} 摆放到 PCB 图上。

★这里需注意：

① 电源电路一般要放在电路板的左边且靠近边缘，这样做的目的一方面是为了便于安装接线，另一方面是为了减少电磁干扰。

② 电源两边的电容是为了滤波，为有好的滤波效果，一般电容是输入放一边，输出放一边。

③ 放置电容时，要根据飞线指示的方向调整元器件方向以保证走线最短、交叉最少。

图 15-10　放置电源电路

（6）放置其他元器件，如图 15-11 所示。

这里将输出元器件 J1 及电位器放置在外侧，一方面是便于接线，另一方面是便于操作电位器，同样在放置时要考虑走线最短，无交叉。

图 15-11　放置其他元器件

（7）在放置好以后，综合考虑整体布局美观性，对布局做微调，得到如图 15-12 所示的整体布局图。

　　★这里需注意：尽管布局大致已经布好，但在实际布线过程中，还会根据布线要求对布局进行修改。

图 15-12　整体布局图

15.5　调整文字

　　如果元器件的标注不合适，虽然大多不会影响电路的正确性，但是对于一个有经验的电路设计人员来说，电路板面板的美观也是很重要的。因此，有必要按如下步骤对元器件标注加以调整。

　　右击选中元器件，在元器件 ID 号上单击，弹出"Edit Component"对话框，在其中可修改元器件 ID 号、属性、元器件的封装类型、所属层面、旋转角度，如图 15-13 所示。

　　其中的各个选项如下。

　　（1）Part ID：元器件 ID 号。

　　（2）Value：属性。

　　（3）Package：元器件的封装类型。

　　（4）Layer：所在层面。

　　（5）Rotation：旋转角度。

图 15-13　"Edit Component"对话框

　　通常可以像移动元器件一样移动元器件 ID 号，当需要旋转时，调出"Edit Component"对话窗口，修改"Rotation"值即可。调整后如图 15-14 所示。

图 15-14　调整文字

15.6　布线的基本规则

　　PCB 设计的好坏对 PCB 抗干扰能力影响很大。因此，在进行 PCB 设计时，必须遵守 PCB 设计的基本原则，并应符合抗干扰设计的要求，使电路获得最佳的性能。

　　（1）印制导线的布设应尽可能短，在高频回路中更应如此。同一元器件的各条地址线或数据线应尽可能保持一样长。印制导线的拐弯应呈圆角，因为直角或尖角在高频电路和布线密度高的情况下会影响电气性能。当双面布线时，两面的导线应互相垂直、斜交或弯曲走线，避免相互平行，以减小寄生耦合。作为电路的输入和输出用的印制导线应尽量避免相邻平行，最好在这些导线之间加地线。

　　（2）PCB 导线的宽度应满足电气性能要求而又便于生产，最小宽度主要由导线与绝缘基板间的黏附强度和流过的电流值决定，但最小不宜小于 0.2mm，在高密度、高精度的印制线路中，导线宽度和间距一般可取 0.3mm。导线宽度在大电流情况下还要考虑其温升，单层板实验表明，当铜箔厚度为 50μm，导线宽度为 1～1.5mm、通过电流为 2A 时，温升很小，一般选用 1～1.5mm 宽度的导线就可以满足设计要求而不致引起温升。印制导线的公共地线应尽可能粗，通常使用大于 2mm 的线条，这在带有微处理器的电路中尤为重要，因为当地线过细时，由于流过的电流的变化，地电位变动，微处理器时序信号的电平不稳，会使噪声容限劣化；在 DIP 封装的 IC 脚间布线，可采用 10—10 与 12—12 原则，即当两脚间通过两根线时，焊盘直径可设为 50mil，线宽与线距均为 10mil，当两脚间只通过一根线时，焊盘直径可设为 64mil，线宽与线距均为 12mil。

　　（3）印制导线的间距：相邻导线间距必须能满足电气安全要求，而且为了便于操作和生产，间距也应尽量宽。最小间距至少要能适合承受的电压。这个电压一般包括工作电压、附加波动电压及其他原因引起的峰值电压。如果有关技术条件允许导线之间存在某种程度的金属残粒，则其间距就会减小。因此设计者在考虑电压时，应把这种因素考虑进去。在布线密度较低时，信号线的间距可适当加大，对高、低电平悬殊的信号线之间应尽可能地缩短间距。

（4）PCB 中不允许有交叉电路，对于可能交叉的线条，可以用"钻""绕"两种方法解决，即让某引线从别的电阻、电容、三极管引脚下的空隙处钻过去，或者从可能交叉的某条引线的一端绕过去。在特殊情况下，如果电路很复杂，为简化设计也允许用导线跨接，解决交叉电路问题。

（5）印制导线的屏蔽与接地：印制导线的公共地线，应尽量布置在 PCB 的边缘。在 PCB 上应尽可能多地保留铜箔做地线，这样得到的屏蔽效果比一长条地线要好，传输线特性和屏蔽作用也将得到改善，还起到了减小分布电容的作用。印制导线的公共地线最好形成环路或网状，这是因为当在同一 PCB 上有许多集成电路时，由于它们在图形上的限制产生了接地电位差，从而引起噪声容限降低，当做成回路时，接地电位差减小。另外，接地和电源的图形应尽可能与数据的流动方向平行，这是抑制噪声能力增强的秘诀；多层 PCB 可采取其中若干层做屏蔽层，电源层、地线层均可视为屏蔽层，一般电源层和地线层设计在多层 PCB 的内层，信号线设计在内层或外层。还要注意的是，数字区与模拟区应尽可能进行隔离，并且数字地与模拟地要分离，最后接于电源地。

15.7　设置约束规则

在 PROTEUS ARES 界面的菜单栏中单击"Technology"→"Design Rule Manager"，弹出"Design Rule Manager"对话框，如图 15-15 所示。

图 15-15　"Design Rule Manager"对话框

接着单击"New"按钮打开"Edit Design Rule"对话框，如图 15-16 所示。
其中的各个选项如下。

（1）Name：规则名称。

（2）Apply to Region：应用区域。

（3）Apply to Net Class：网络种类。

（4）With Respect To：就网络种类而言。

（5）Clearances：间隙。

① Pad - Pad Clearance：焊盘间距。

② Pad-Trace Clearance：焊盘与 Trace 之间的间距。

③ Trace-Trace Clearance：Trace 与 Trace 之间的间距。

④ Graphics Clearance：图形间距。

⑤ Edge/Slot Clearance：板边沿/槽间距。

（6）Apply Defaults：应用默认值。

单击图 15-15 所示的对话框中的"Net Classes"选项卡，可弹出如图 15-17 所示的界面，按照图 15-17 设置 POWER 层的约束规则。

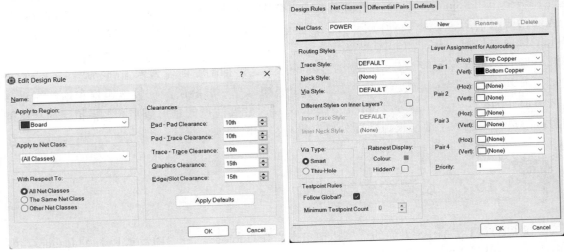

图 15-16   "Edit Design Rule"对话框   图 15-17   "Net Classes"界面

其中的各个选项如下。

（1）Net Class：网络种类，分别为 POWER 层或 SIGNAL 层。

（2）Routing Styles:布线样式。

① Trace Style：Trace 线的样式。

② Neck Style：Neck 线的样式。

③ Via Style：过孔的样式。

（3）Via Type：过孔。

① Smart：智能过孔类型。

② Thru-Hole：通孔。

（4）Ratsnest Display：构筑显示。

① Colour：颜色。

② Hidden：隐藏。

（5）Layer Assignment for Autorouting：自动布线的层分配。

Pair 1：层对 1，顶层水平布线，底层垂直布线。（此处只用到了 Pair1，其余为空。）

（6）Priority：优先级。

① Edge/slot Clearance：板边沿/槽间距。

② Apply Default：应用默认值。

③ Copy To All：复制到所有层。

单击"Net Class"框的下拉箭头，按照如图 15-18 所示的界面中的参数设置来设置 SIGNAL 层约束规则。

图 15-18　SIGNAL 层约束规则

15.8　手动布线及自动布线

布线就是在电路板上放置导线和过孔，并将元器件连接起来。前面讲述了设计规则的设置，当设置了布线的规则后，就可以进行布线操作了。PROTEUS ARES 提供了手动布线和自动布线两种方式，这两种布线方式不是孤立使用的，通常可以结合在一起使用，以提高布线效率，并使 PCB 具有更好的电气特性，也更加美观。

15.8.1　手动布线

PROTEUS ARES 提供了许多有用的手动布线工具，使得手动布线工作非常容易。另外，尽管自动布线器提供了一个简单而强大的布线方式，然而自动布线的结果仍可能有不尽如人意之处，所以很多专业的电路板布线人员还是非常青睐手动去控制导线的放置。下面仍以限号发生器电路为例来讲述手动布线的一些操作。

（1）单击"View"→"Edit Layers Colours/Visibility"或单击工具栏中的按钮■，弹出"Display Settings"对话框，如图 15-19 所示，勾选"Ratsnest"，显示飞线；勾选"Force

Vectors"，显示向量符号。

图 15-19　"Display Settings" 对话框

（2）在 PROTEUS ARES 界面左侧的工具栏中单击按钮，到列表框中选择合适的导线类型（如 T10），先在 PROTEUS ARES 界面左下角的层面列表中选择布线层 "Top Copper"，然后单击一个焊盘作为布线的起点，沿着飞线的提示开始布线，如图 15-20 所示。与该焊盘连接的飞线以高亮显示，到达目标引脚后单击完成布线，如图 15-21 所示。

在另一个焊盘上单击，完成布线，如图 15-21 所示。

图 15-20　布线的起点

图 15-21　完成布线

再在 PROTEUS ARES 界面左下角的层面列表中选择布线层 "Bottom Copper"，如图 15-22 所示，进行底层布线，如图 15-23 所示。

图 15-22　选择布线层

图 15-23　底层布线

① 电路的布线最好按照信号的流向采用全直线，需要转折时可用 45° 折线或圆弧曲线来完成，这样可以减少高频信号对外的发射和相互间的耦合，图 15-24 所示为两种走线方式，在使用弧线走线方式时，只需按住键盘上的 Ctrl 键即可实现弧线直线。

　　② 高频信号线与低频信号线要尽可能分开，必要时采取屏蔽措施，防止相互干扰。接收比较弱的信号输入端容易受到外界信号的干扰，可以利用地线做屏蔽将其包围起来或做好高频接插件的屏蔽。

　　③ 同一层面上应该避免平行走线，否则会引入分布参数，对电路产生影响。若无法避免时可在两平行线间引入一条接地的铜箔，构成隔离线。

　　④ 在数字电路中，对于差分信号线，应成对走线，尽量使它们平行、靠近一些，并且长短相差不大。

　　⑤ 高频信号线的布线应尽可能短。要根据电路的工作频率，合理地选择信号线布线的长度，这样可以减少分布参数，降低信号的损耗。制作双层板时，在相邻的两个层面上信号线最好相互垂直、斜交或弯曲相交，避免相互平行，这样可以减少相互干扰和寄生耦合。

（a）45° 走线方式　　　　　　　　　　　　　（b）弧线走线方式

图 15-24　转折处的走线方式

　　（3）需要删除导线时，先在 PROTEUS ARES 窗口左侧的工具栏中单击按钮 ▲，然后选中需要删除的导线，按 Delete 键删除，或使用右键菜单，选择 "Delete Route(s)" 删除导线。

　　（4）单击已布好的线，该 Trace 线以高亮显示，右击此线弹出如图 15-25 所示的快捷菜单。

　　其中各项如下。

　　① Drag Routes(s)：拖动连线。

　　② Modify Route：修改连线。

　　③ Delete Route(s)：删除导线。

④ Edit Via Properties：编辑过孔属性。

⑤ Move Via to：移动过孔。

⑥ Delete Via：删除过孔。

⑦ Copy Route：复制连线。

⑧ Move Route：移动连线。

⑨ Change Layer：改变层。

⑩ Change Trace Style：改变连线类型。

⑪ Change Via Style：改变过孔类型。

⑫ Mitre：转折带倒角。

⑬ Unmitre：转折不带倒角。

⑭ Set Mitre Depth：设定倒角的宽度。

⑮ Trim to vias：截取到过孔。

⑯ Trim to current layer：截取到当前层。

⑰ Trim to single segment：截取一段。

⑱ Trim manually：手动截取。

⑲ Show net in Design Explorer：在设计资源管理器中显示网络。

⑳ Highlight net on Schematic：在原理图上高亮网络。

㉑ Highlight net on PCB Layout：在 PCB 布局上高亮网络。

图 15-25 走线的相关快捷菜单

（5）当同一层中出现交叉线时，需要添加过孔。添加过孔的方法一般有两种，一种是在手动放置导线的过程中，选择需要添加过孔的位置，双击添加过孔；另一种方法是先选择 PROTEUS ARES 界面左侧的工具栏中的按钮 🔑，然后在编辑区内双击也可添加过孔，如图 15-26 所示。光标放在过孔上，右击，在弹出的右键菜单中选择"Edit Via"，即可打开过孔的属性对话框，如图 15-27 所示，其中包括过孔的起始层和结束层、过孔类型、过孔的网络等内容。设计人员可根据需要对其进行修改。

图 15-26 添加过孔

图 15-27 "Edit Via"对话框

（6）按照同样的方法将所有的线一一布完。

15.8.2　自动布线

PROTEUS ARES 基于网格的布线既灵活又快速，并能使用任何导线密度或孔径宽度，布线参数设置好后，就可以利用 PROTEUS ARES 提供的布线器进行自动布线了。这里我们以图 15-28 所示的对话框为例，介绍如何自动布线，以及如何修改布线错误。

在菜单栏中单击"Tools"→"Auto Router"，或者单击按钮 ，弹出"Shape Based Auto Router"对话框，按照图 15-28 中各项的参数进行设置。

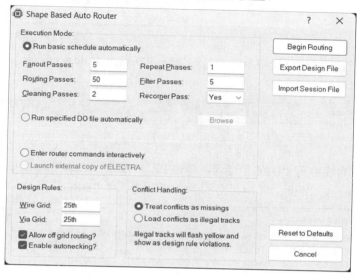

图 15-28　"Shape Based Auto Router"对话框

单击对话框中的"Begin Routing"按钮，完成自动布线，如图 15-29 所示。在布线的过程中，状态栏实时显示当前的操作，按下 Esc 键即可随时停止布线。

图 15-29　完成自动布线

图 15-30　布线错误提示框

此时会出现如图 15-30 所示的提示框，提示自动布线所出现的错误，单击"OK"按钮，下面查看"CRC"错误和"DRC"错误，如图 15-31 所示。

两项布线检查如下。

（1）CRC 检查：在菜单栏中单击"Tool"→"Connectivity Checker"，该检查主要侧重于电学错误的连通性检查，如是否有多余的、遗漏的连接等情况。

（2）DRC 检查：在菜单栏中单击"Tool"→"Design Rule Checker"，该检查主要检查违反规则的物理错误。

图 15-31　"CRC"错误和"DRC"错误

图 15-31 说明布线中有"DRC"错误，单击 PROTEUS ARES 界面最下面的错误框，将弹出"Design Rule Errors"界面，其中列出了"CRC"提示和"DRC"提示，如图 15-32 所示。

Design Rule Errors				
Design Rule	Violation Type	Layer(s)	Spec'd Clearance	Actual Clearance
DEFAULT	RESIST-TRACE	TOP	0.025mm	-1.127mm
DEFAULT	PAD-TRACE	TOP	0.254mm	-0.127mm
DEFAULT	RESIST-TRACE	TOP	0.025mm	-1.127mm
DEFAULT	PAD-TRACE	TOP	0.254mm	-0.127mm
DEFAULT	RESIST-TRACE	TOP	0.025mm	-1.061mm
DEFAULT	PAD-TRACE	TOP	0.254mm	-0.061mm
DEFAULT	RESIST-TRACE	TOP	0.025mm	-1.112mm
DEFAULT	PAD-TRACE	TOP	0.254mm	-0.112mm
DEFAULT	RESIST-TRACE	TOP	0.025mm	-0.357mm

图 15-32　"CRC"提示和"DRC"提示

下面介绍常见的几种自动布线中的错误。

（1）走线离焊盘太近，间距小于设定值报错。

① 在 PCB 图中查看具体错误，如图 15-33 所示，此处的错误是顶层的导线离元器件焊盘太近。

通过拖动该走线，使该线远离元器件焊盘，修改以后如图 15-34 所示。

图 15-33　布线错误一

图 15-34　修改布线错误一

② 走线离焊盘太近的另一种形式，如图 15-35 所示。对于焊盘 4 和 5、5 和 6、6 和 7、7 和 8 之间的走线错误可以通过拖动走线来修改这种错误，如图 15-36 所示。

图 15-35 走线错误二

图 15-36 修改走线错误二

这种错误之所以可以修改是因为两焊盘间距为 100mil，走线宽度为 10mil，而焊盘与走线的间距设定的是 10mil，所以两焊盘间是允许一条走线过去的，只是自动布线的局限性使走线通过的路径不对。

下面修改焊盘 13 和 14 之间的走线错误，对于这种错误，只能改变其中一条的走线路径，修改后如图 15-37 所示。

（2）走线之间的夹角成锐角或直角：图 15-38 所示为直角走线，这种直角走线在 PCB 设计中虽然不报错，但是是不允许的，这是由自动布线的局限性造成的。

图 15-37 修改走线路径

图 15-38 直角走线

这种错误可以通过修改走线路径来修改，修改之后如图 15-39 所示。

★注意事项：在 PCB 布线时为避免上下层走线相互干扰，一般要求顶层和底层走线处于垂直关系比较好。图 15-40 所示为上下层走线不垂直。

通过修改走线，使上下层走线相互垂直，修改后如图 15-41 所示。

图 15-39 修改直角走线

图 15-40 上下层走线不垂直

图 15-41 上下层走线垂直

15.8.3 交互式布线

在实际的 PCB 布线中，一般是采用交互式布线。交互式布线的优点在于它能在用户输入的交互命令下控制下一步布线，这样有利于观察、分析布线情况，有利于发现布线中不符合设计要求的情况，以便及时调整布线配置，使布线更加合理，更符合设计要求。下面具体介绍交互式布线过程。

（1）设置自动布线交互仿真模式。

先单击自动布线按钮，弹出自动布线对话框，单击选中交互式布线模式，如图 15-42 所示。然后单击"Begin Routing"按钮，弹出如图 15-43 所示的对话框，在这里可以根据用户需要设定布线规则。

图 15-42　设置自动布线为交互式布线模式

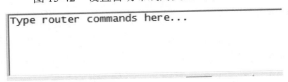

图 15-43　交互式布线模式命令框

（2）交互式布线。

① 交互第一步：在交互式布线模式命令框中输入布线命令"route2"，按回车键，自动布线情况如图 15-44 所示。图中飞线尚存，布线没有完成，且飞线数量比较多，说明布通率还不够。

② 交互第二步：在交互式布线模式命令框中输入布线命令"clean 2"，按回车键，自动布线情况如图 15-45 所示。从图中可以看出飞线还有，布线还没有完成，但图中的飞线数量已经不多了。

图 15-44 交互式布线第一步的自动布线情况

图 15-45 交互式布线第二步的自动布线情况

③ 交互第三步：在交互式布线模式命令框中输入布线命令"route 2"，按回车键，自动布线情况如图 15-46 所示。从图中可以看出没有飞线了。

④ 交互第四步：在交互式布线模式命令框中输入布线命令"recorner diagonal"，按回车键，自动布线情况如图 15-47 所示。该步骤可以将走线斜化。

图 15-46　交互式布线第三步后 PCB 布通

图 15-47　交互式布线第四步后布线斜化

15.8.4　手动布线与自动布线相结合

　　一般在设计过程中要将手动布线与自动布线相结合，中心大元器件一般先通过手动连线，然后执行自动布线，下面具体介绍此过程。

（1）手动连接中心大元器件，在此过程中要根据布线走线距离最近的原则调整元器件之间的方向和位置，手动调整元器件并连接中心大元器件如图 15-48 所示。

图 15-48　手动连接中心大元器件

（2）单击"Tools"→"Auto Router"，或者单击按钮 进行自动布线，单击之后弹出"Shape Based Auto Router"对话框，按照图 15-49 中的参数进行设置。

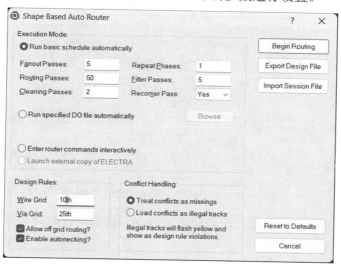

图 15-49　"Shape Based Auto Router"对话框

单击对话框中的"Begin Routing"按钮，完成自动布线，如图 15-50 所示。

此时会出现如图 15-51 所示的提示框，提示自动布线出现的错误，单击"OK"按钮，下面查看"CRC"错误和"DRC"错误，如图 15-52 所示。

图 15-50　完成自动布线的图

图 15-51　布线错误提示框

图 15-52　"CRC"错误和"DRC"错误

这里的错误明显比之前直接自动布线的错误少，说明现在的自动布线可以减少布线的错误，从而提高布线效率。

（3）根据布线错误提示修改布线错误。

图 15-50 中已将错误分类，①类错误是简单的一个焊盘与走线太近导致的；②类错误是两焊盘间走线错误。下面将对两类错误进行修改。

第一，修改①类走线错误，只需要拖动走线远离元器件焊盘即可。如图 15-53 所示，图中红色椭圆框标注的是修改后的走线。

图 15-53　修改①类走线

第二，修改②类走线，如图 15-54 所示。

图 15-54　修改②类走线

修改这类走线时，要重新修改周围的走线，从而达到完整布线的效果。至此 PCB 已经不再报错。

（4）根据走线最短原则及走线之间不能成锐角或直角的原则来完善 PCB 布线。完善布线后的 PCB 如图 15-55 所示。

图 15-55   完善布线后的 PCB 板

完成布线后，单击"Edit"→"Tidy Layout"，出现图 15-56 所示的提示框，单击"OK"按钮，清理区外元器件。

图 15-56   "PCB Layout"提示框

然后使用 3D 效果观察元器件，单击工具栏上的按钮，弹出 3D 效果图，如图 15-57 所示。

另外，利用三维显示页面左下角的工具，可以对视图进行缩放和改变视图的角度等操作，如图 15-58 所示。

其中各项如下。

① ⊕（Navigate）：导航键。

② （Zoom In）：放大。

③ （Zoom Out）：缩小。

④ （Flip The Board）：翻转电路板。

图 15-57　3D 效果图

⑤　■ (Top View)：俯视图。

⑥　▽ (Frot View)：正视图。

⑦　◀◀ (Left View)：左视图。

图 15-58　3D 视图工具

⑧　▲ (Back View)：后视图。

⑨　▶▷ (Right View)：右视图。

⑩　▦ (Height Bound)：高亮。

⑪　▮ (Show Compent)：显示元器件。

下面使用这些工具查看效果图，单击按钮▦，显示其高亮的 3D 图，如图 15-59 所示。

图 15-59　高亮的 3D 图

单击按钮▮，显示元器件图，如图 15-60 所示。

图 15-60　元器件图

☀功能：PROTEUS 8.15 版本功能中，可以方便查看 STEP/IGES 的 3D Model 视图，可以查看单个元器件的 3D Model 模型，这里我们查看 U1 的 3D Models 模型，在完成的 PCB 上，选中 U1，然后右击，在弹出的右键菜单中单击"3D Models"，出现图 15-61（a）所示的界面。

此时为"M-CAD File"的界面，在这里可以输出"STEP"或"IGES"的机械文件。

选中"Geometric Description"，出现如图 15-61（b）所示的界面，在这里可以对模型参数进行设置。

单击"3D Visual Model"，弹出如图 15-61（c）所示的界面，可以输出".3ds"格式的文件。

（a）"3D Mechanical Model"→"M-CAD File"

图 15-61　"3D Models"对话框

（b）"3D Mechanical Model" → "Geometric Description"

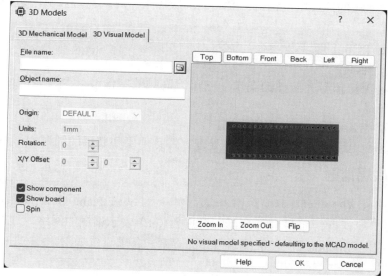

（c）3D Visual Model

图 15-61　"3D Models" 对话框（续）

思考与练习

（1）简述 PCB 布局的一般原则。

（2）简述 PCB 布局的重要性。

（3）常见的布线方式有哪些?

（4）常见的布线错误有哪些? 应该怎样处理这些布线错误?

第 16 章　PCB 后续处理及光绘文件的生成

 16.1　铺铜

为了提高 PCB 的抗干扰性，通常需要对性能要求较高的 PCB 进行铺铜处理。所谓铺铜，就是将 PCB 上闲置的空间作为基准面，然后用固体铜填充，这些区域又称为灌铜区域。铺铜的意义有以下几点。

（1）对于大面积的地或电源铺铜，会起到屏蔽作用；对某些特殊地，如 PGND，可起到防护作用。

（2）铺铜是 PCB 的工艺要求。一般为了保证电镀效果，或者层压不变形，对于布线较少的 PCB 要进行铺铜。

（3）铺铜是保持信号完整性的要求。它可给高频数字信号一个完整的回流路径，并减少直流网络的布线。

（4）散热及特殊元器件安装也要求铺铜。

接着，以普通电路板为例，讲述铺铜处理，并且顶层和底层的铺铜均与 GND 相连。

16.1.1　底层铺铜

在 PROTEUS ARES 菜单栏中单击"Tools"→"Power Plane Generator"，弹出"Power Plane Generator"对话框，如图 16-1 所示。其中"Net"表示铺铜的网络，"Layer"表示为哪一个层进行铺铜，"Boundary"表示铺铜边界的宽度。各项设置如下。

图 16-1　"Power Plane Generator"对话框 1

① Net：GND=POWER，选择铺铜网络为 GND。

② Layer：Bottom Copper，选择铺铜层面为底层。

③ Boundary：DEFAULT，使用默认的边界。

设置完成后，单击"OK"按钮，开始铺设底层铜皮，如图 16-2 所示。

注意，所有与 GND 相连的引脚或过孔都会以热风焊盘的形式与铜皮相连，如图 16-3 所示。

图 16-2　铺设底层铜皮

图 16-3　热风焊盘

16.1.2　顶层铺铜

按照同样的方法可以在顶层（Top Copper）进行铺铜，打开"Power Plane Generator"对话框，将 Layer 设置为顶层，如图 16-4 所示。单击"OK"按钮，铺设顶层铜皮，如图 16-5 所示。

图 16-4　"Power Plane Generator"对话框 2

图 16-5　完成铺铜

另外，也可以使用 PROTEUS ARES 界面左侧的按钮 来完成铺铜。具体操作如下。

（1）单击按钮 ，在列表框中选择铺铜边界的宽度，将当前层切换到底层，这时光标变成笔头。

（2）在 PCB 上拖出需要铺铜的区域，这时弹出如图 16-6 所示的"Edit Zone"对话框。进行设置。

（3）单击"OK"按钮，完成底层的铺铜，图 16-7 所示为局部底层铺铜。

（4）同样可对顶层进行铺铜，不同的是，当前层需切换为"Top Copper"。

铺铜编辑框介绍。

（1）Net：铺铜网络。

（2）Layer/Colour：铺铜所在层及颜色。

（3）Boundary：铺铜边线类型。

（4）Relief：热焊盘类型。

（5）Pad Hole Shape：焊盘孔的形状。

（6）Type：铺铜类型，有实心、轮廓线、网格线、混合铺铜。

（7）Clearance：铺铜与其他铜箔间距。

（8）Relieve Pins：引脚散热。

（9）Exclude Tracking：排除导线。

图 16-6　"Edit Zone"对话框

图 16-7　底层局部铺铜

16.2　输出光绘文件

GERBER 格式是线路板行业软件描述线路板（线路层、阻焊层、字符层等）图像及钻、铣数据的文档格式的一种集合。它是线路板行业图像转换的标准格式。不管设计软件如何强大，都必须最终创建 GERBER 格式的光绘文件才能光绘胶片。GERBER 文件是一种国际标准的光绘格式文件，PROTEUS 8.15 以前的版本包含 RS274D 和 RS274X 两种格式。其中 RS274D 称为基本 GERBER 格式，并要同时附带 D 码文件才能完整描述一张图形；RS274X 称为扩展 GERBER 格式，它本身包含 D 码信息。常用的 CAD 软件都能生成此两种格式文件。

PROTEUS ARES 具有多种输出方式，这里主要介绍一下 CADCAM 输出，PROTEUS 8.15 在原有的"RS274D"和"RS274X"输出格式上增加了"Gerber X2"的输出格式，删去了"RS274D"格式，其可以保存为 PDF 格式。下面将具体介绍"RS274X"和"Gerber X2"两种输出格式。

16.2.1　输出光绘文件为 RS274X 形式

在 PROTEUS ARES 的菜单栏中单击"Output"→"Generate Gerber/Excellon Files"，打开"CAD CAM (Gerber and Excellon) Output"对话框，按照图 16-8 中的各项设置参数进行设置。

图 16-8　设置"CAD CAM (Gerber and Excellon) Output"对话框 1

勾选"Run Gerber Viewer When Done？"，单击"OK"按钮，生成光绘文件，并弹出"Gerber View"对话框，如图 16-9 所示。

图 16-9　"Gerber View"对话框 1

单击"OK"按钮，在"Gerber Viewer"的菜单栏中单击"View"→"Edit layer colours/ visiability"选项，弹出"Display Settings"对话框，勾选不同的层（见图 16-10）可以得到相应的光绘层，如图 16-11 至图 16-16 所示。

图 16-10　"Display Settings"对话框

图 16-11　顶层铜

图 16-12　底层铜

图 16-13　顶层丝印

图 16-14　顶层阻焊层

图 16-15　底层阻焊层

图 16-16　钻孔层

在完成光绘文件的生成后，如果发现布局或布线有不合适的地方，我们还可以通过过滤器返回任一界面进行重新布局或布线，具体操作如下。

1）滤去铜皮层

单击"System"→"Set Selection Filter"，出现如图 16-17（a）所示的对话框。这里我们可以选择需要删去的东西。单击第一个下拉菜单出现如图 16-17（b）所示的对话框。

（a）

（b）

图 16-17　"Selection Filter Configuter"对话框

图 16-18　勾选"Zones/Power Planes"

下面介绍该编辑环境：

（1）Selection & Editing Mode：选择或编辑模型。

① Component Placement Mode：元器件摆放模型。

② Route Placement Mode：线路摆放模型。

③ Zone Placement Mode：区域摆放模型。

④ Pad Placement Mode：焊盘摆放模型。

⑤ Graphics Placement Mode：图形摆放模型。

⑥ Ratsnest Editing Mode：飞线摆放模型。

（2）Default Filter State：默认滤去的数据。

① Components：元器件。

② Graphic Object：图形。

③ Components Pins：元器件引脚。

④ Tracks：轨迹。

⑤ Vias：过孔。

⑥ Zones/Power Planes：区域或铜皮层。

⑦ Ratsnest Connections：连接起来的飞线。

在对话框中勾选"Zones/Power Planes"，如图 16-18 所示。

先选中整个 PCB，如图 16-19 所示，然后按键盘上的 Delete 键，删除铜皮后的 PCB 如图 16-20 所示。

图 16-19　选中整个 PCB

图 16-20　删除铜皮后的 PCB

2）滤去走线

单击"System"→"Set Selection Filter"，出现如图 16-21 所示的对话框。按图进行设置，同样选中整个 PCB，如图 16-22 所示，按 Delete 键将滤去所有走线，如图 16-23 所示。

3）选择性滤去元器件

单击"System"→"Set Selection Filter"，出现如图 16-24 所示的对话框。按图设置，同样选中需要滤去的元器件，如图 16-25 所示，按 Delete 键将滤去该元器件，如图 16-26 所示。

图 16-21　选择滤去"Tracks"的设置

图 16-22　选中整个 PCB

图 16-23　滤去走线的 PCB 板

图 16-24　选择滤去元器件的设置

图 16-25　选中需要滤去的元器件

图 16-26　滤去后的 PCB

16.2.2　输出光绘文件为 Gerter X2 形式

在 PROTEUS ARES 的菜单栏中单击"Output"→"Generate Gerber/Excellon Files"，打开"CADCAM (Gerber and Excellon) Output"对话框，按照图 16-27 进行设置。

图 16-27　设置"CADCAM (Gerber and Excellon) Output"对话框 2

勾选"Run Gerber Viewer When Done"。单击"OK"按钮，生成光绘文件。此时会弹出"Gerber View"对话框，如图 16-28 所示。

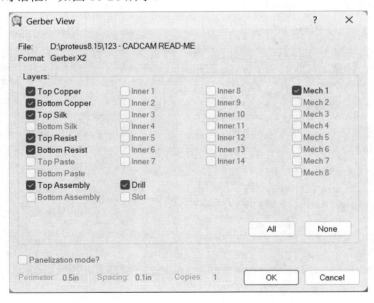

图 16-28　"Gerber View"对话框 2

　　单击"OK"按钮，在"Gerber Viewer"的菜单栏中单击"View"→"Edit layer colours/visiability"，勾选不同的层，可以得到相应的光绘层，与上面图 16-11 至图 16-16 所示相同，只是生成的光绘格式不同。

　　然后单击"Output"→"Export Graphics"→"Export　Adobe PDF File"，就可以将各层生成的文件保存为 PDF 格式，如图 16-29 所示。

图 16-29　单击"Output"→"Export Graphics"→"Export　Adobe PDF File"

思考与练习

（1）PCB 为什么要铺铜，铺铜有哪些意义？

（2）为什么要输出光绘文件？

参考文献

[1] Labcenter 公司. PROTEUS ISIS 用户手册[Z]. 2016.

[2] 周润景，张丽娜. 基于 PROTEUS 的电路及单片机系统设计与仿真[M]. 北京：北京航空航天大学出版社，2006.

[3] 周润景，袁伟亭，景晓松. PROTEUS 在 MCS-51&ARM7 系统中的应用百例[M]. 北京：电子工业出版社，2006.

[4] 周润景，张丽娜，丁莉. 基于 PROTEUS 的电路及单片机系统设计与仿真[M]. 2 版. 北京：北京航空航天大学出版社，2009.

[5] 周润景，蔡雨恬. PROTEUS 入门实用教程[M]. 2 版. 北京：机械工业出版社，2011.

[6] 康华光，邹寿彬，秦臻. 电子技术基础数电部分[M]. 5 版. 北京：高等教育出版社，2006.

[7] 胡建波. 微机原理与接口技术实验：基于 Proteus 仿真[M]. 北京：机械工业出版社，2011.

[8] 冯博琴，吴宁. 微型计算机原理与接口技术[M]. 北京：清华大学出版社，2011.

[9] 顾晖. 微机原理与接口技术：基于 8086 和 Proteus 仿真[M]. 北京：电子工业出版社，2011.

[10] 唐思超. 嵌入式系统软件设计实战[M]. 北京：北京航空航天大学出版社，2010.

[11] 周灵彬，任开杰. 基于 Protues 的电路与 PCB 设计[M]. 北京：电子工业出版社，2010.

[12] 周润景，李志，张大山. Altium Designer 原理图与 PCB 设计[M]. 3 版. 北京：电子工业出版社.

[13] 周润景，赵建凯，任冠中. PADS 高速电路板设计与仿真[M]. 北京：电子工业出版社.

[14] 周润景，刘浩，屈原. 嵌入式处理器及物联网的可视化虚拟设计与仿真：基于 PROTEUS[M]. 北京：北京航空航天大学出版社，2020.